原 子 量 表

(元素の原子量は，質量数 12 の炭素 (^{12}C) を 12 とし，これに対する相対値とする。但し... ない中性原子を示す。)

多くの元素の原子量は通常の物質中の同位体存在度の変動によって変化する。...原子量の変動範囲を $[a, b]$ で示す。この場合，元素 E の原子量 $A_r(E)$ は $a \le A_r(E) \le b$ の範囲にある。ある特定の物質に対してより正確な原子量が知りたい場合には，別途求める必要がある。その他の 71 元素については，原子量 $A_r(E)$ とその不確かさ(括弧内の数値)を示す。不確かさは有効数字の最後の桁に対応する。

原子番号	元 素 名	元素記号	原子量	脚注	原子番号	元 素 名	元素記号	原子量	脚注
1	水　　　　素	H	[1.00784, 1.00811]	m	60	ネ オ ジ ム	Nd	144.242(3)	g
2	ヘ リ ウ ム	He	4.002602(2)	g r	61	プロメチウム*	Pm		
3	リ チ ウ ム	Li	[6.938, 6.997]	m	62	サ マ リ ウ ム	Sm	150.36(2)	g
4	ベ リ リ ウ ム	Be	9.0121831(5)		63	ユ ウ ロ ピ ウ ム	Eu	151.964(1)	g
5	ホ ウ 素	B	[10.806, 10.821]		64	ガドリニウム	Gd	157.25(3)	g
6	炭　　　　素	C	[12.0096, 12.0116]		65	テ ル ビ ウ ム	Tb	158.925354(8)	
7	窒　　　　素	N	[14.00643, 14.00728]	m	66	ジスプロシウム	Dy	162.500(1)	g
8	酸　　　　素	O	[15.99903, 15.99977]	m	67	ホ ル ミ ウ ム	Ho	164.930328(7)	
9	フ ッ 素	F	18.998403163(6)		68	エ ル ビ ウ ム	Er	167.259(3)	g
10	ネ オ ン	Ne	20.1797(6)	gm	69	ツ リ ウ ム	Tm	168.934218(6)	
11	ナ ト リ ウ ム	Na	22.98976928(2)		70	イッテルビウム	Yb	173.045(10)	g
12	マグネシウム	Mg	[24.304, 24.307]		71	ル テ チ ウ ム	Lu	174.9668(1)	g
13	ア ル ミ ニ ウ ム	Al	26.9815384(3)		72	ハ フ ニ ウ ム	Hf	178.49(2)	
14	ケ イ 素	Si	[28.084, 28.086]		73	タ ン タ ル	Ta	180.94788(2)	
15	リ ン	P	30.973761998(5)		74	タ ン グ ス テ ン	W	183.84(1)	
16	硫　　　　黄	S	[32.059, 32.076]		75	レ ニ ウ ム	Re	186.207(1)	
17	塩　　　　素	Cl	[35.446, 35.457]	m	76	オ ス ミ ウ ム	Os	190.23(3)	g
18	ア ル ゴ ン	Ar	[39.792, 39.963]	g r	77	イ リ ジ ウ ム	Ir	192.217(2)	
19	カ リ ウ ム	K	39.0983(1)		78	白 金	Pt	195.084(9)	
20	カ ル シ ウ ム	Ca	40.078(4)	g	79	金	Au	196.966570(4)	
21	スカンジウム	Sc	44.955908(5)		80	水 銀	Hg	200.592(3)	
22	チ タ ン	Ti	47.867(1)		81	タ リ ウ ム	Tl	[204.382, 204.385]	
23	バ ナ ジ ウ ム	V	50.9415(1)		82	鉛	Pb	207.2(1)	g r
24	ク ロ ム	Cr	51.9961(6)		83	ビ ス マ ス *	Bi	208.98040(1)	
25	マ ン ガ ン	Mn	54.938043(2)		84	ポ ロ ニ ウ ム *	Po		
26	鉄	Fe	55.845(2)		85	アスタチン *	At		
27	コ バ ル ト	Co	58.933194(3)		86	ラ ド ン *	Rn		
28	ニ ッ ケ ル	Ni	58.6934(4)	r	87	フランシウム *	Fr		
29	銅	Cu	63.546(3)	r	88	ラ ジ ウ ム *	Ra		
30	亜 鉛	Zn	65.38(2)	r	89	アクチニウム *	Ac		
31	ガ リ ウ ム	Ga	69.723(1)		90	ト リ ウ ム *	Th	232.0377(4)	g
32	ゲルマニウム	Ge	72.630(8)		91	プロトアクチニウム *	Pa	231.03588(1)	
33	ヒ 素	As	74.921595(6)		92	ウ ラ ン *	U	238.02891(3)	gm
34	セ レ ン	Se	78.971(8)	r	93	ネプツニウム *	Np		
35	臭 素	Br	[79.901, 79.907]		94	プルトニウム *	Pu		
36	ク リ プ ト ン	Kr	83.798(2)	gm	95	アメリシウム *	Am		
37	ル ビ ジ ウ ム	Rb	85.4678(3)	g	96	キ ュ リ ウ ム *	Cm		
38	ストロンチウム	Sr	87.62(1)	g r	97	バークリウム *	Bk		
39	イ ッ ト リ ウ ム	Y	88.90584(1)		98	カリホルニウム *	Cf		
40	ジルコニウム	Zr	91.224(2)	g	99	アインスタイニウム *	Es		
41	ニ オ ブ	Nb	92.90637(1)		100	フェルミウム *	Fm		
42	モ リ ブ デ ン	Mo	95.95(1)	g	101	メンデレビウム *	Md		
43	テクネチウム *	Tc			102	ノ ー ベ リ ウ ム *	No		
44	ル テ ニ ウ ム	Ru	101.07(2)	g	103	ローレンシウム *	Lr		
45	ロ ジ ウ ム	Rh	102.90550(2)		104	ラザホージウム *	Rf		
46	パ ラ ジ ウ ム	Pd	106.42(1)	g	105	ド ブ ニ ウ ム *	Db		
47	銀	Ag	107.8682(2)	g	106	シーボーギウム *	Sg		
48	カ ド ミ ウ ム	Cd	112.414(4)	g	107	ボ ー リ ウ ム *	Bh		
49	イ ン ジ ウ ム	In	114.818(1)		108	ハ ッ シ ウ ム *	Hs		
50	ス ズ	Sn	118.710(7)	g	109	マイトネリウム *	Mt		
51	アンチモン	Sb	121.760(1)	g	110	ダームスタチウム *	Ds		
52	テ ル ル	Te	127.60(3)	g	111	レントゲニウム *	Rg		
53	ヨ ウ 素	I	126.90447(3)		112	コペルニシウム *	Cn		
54	キ セ ノ ン	Xe	131.293(6)	gm	113	ニ ホ ニ ウ ム *	Nh		
55	セ シ ウ ム	Cs	132.90545196(6)		114	フレロビウム *	Fl		
56	バ リ ウ ム	Ba	137.327(7)		115	モスコビウム *	Mc		
57	ラ ン タ ン	La	138.90547(7)	g	116	リバモリウム *	Lv		
58	セ リ ウ ム	Ce	140.116(1)	g	117	テ ネ シ ン *	Ts		
59	プラセオジム	Pr	140.90766(1)						

* : 安定同位体のない元素。これらの元素については原子量が示されていないが、ビスマス、トリウム、プロトアクチニウム、ウランは例外で、これらの元素は地球上で固有の同位体組成を示すので原子量が与えられている。
g : 当該元素の同位体組成が通常の範囲を越えるような地質学的試料が知られている。そのような試料中では当該元素の原子量とこの表の値との差が、表記の不確かさを越えることがある。
m : 不詳な、あるいは不適切な同位体分別を受けたために同位体組成が変動した物質が市販品中に見出されることがある。そのため、当該元素の原子量が表記の値とかなり異なることがある。
r : 通常の地球上の物質の同位体組成に変動があるために表記の原子量より精度の良い値を与えることができない。表中の原子量および不確かさは通常の物質に適用されるものとする。

© 日本化学会　原子量専門委員会

溶液内イオン平衡と
分析化学

小倉 興太郎 著

丸善出版

まえがき

　本書は，大学学部あるいは工業高等専門学校における分析化学の教科書・参考書として，あるいは環境関連の技術者の実践的参考書として著したものである．また，非化学系の学生にも理解できるように努めた．
　最近，高度な分析機器の普及に隠れて，研究室あるいは教育現場において分析化学の基礎である溶液内イオン平衡の取り扱いが疎かになっているのではないかと懸念される．溶液内におけるイオン種の平衡，例えば異なる平衡反応の競合などの問題は分析機器の利用に先立ち十分理解しておく必要がある．また，レベルの異なる学生の教育にはかなりの工夫が必要であることを痛感している．このような昨今の事情により，本書は溶液内イオン平衡について原点に立ち返り，基本から理解してもらうことを目標としたものである．事項の説明は最小限にとどめ，多くの問題を解くことによってイオン平衡への興味と理解が深まるよう努めた．特に，計算の途中における単位の重要性，あるいは近似解を得る際のグラフの適用の有用性を強調した．さらに，種々の平衡反応を利用した滴定操作において，各段階におけるpH，金属イオン濃度あるいは電極電位を計算し，量的関係を明らかにすることによって滴定曲線を容易に理解してもらえるように配慮した．内容は，溶液と濃度（第1章），活量と濃度（第2章），溶液内化学平衡（第3章），酸塩基平衡（第4章），沈殿平衡（第5章），錯体平衡（第6章），酸化還元平衡（第7章），溶液内イオン平衡とグラフ（第8章）から成っている．
　各章末には，多くの演習問題を設け，類似の問題を続けて配置した．解答は，偶数番は丁寧に，奇数番は結果のみ記述した．これは，読者がある問題を自分で解き，別の問題に挑戦してその結果を確認できるようにするためである．読者が一つでも多くの問題を解くことによって，溶液内イオン平衡への理解が深まることを願っている．

本書の出版にあたって，ご尽力戴いた丸善出版事業部の安平進氏ならびに本間光子氏に深く感謝する．

2005年　春

小 倉 興 太 郎

目　　次

第1章　溶液と濃度 ─── 1
- 1.1　モル濃度 ─── 1
- 1.2　規定度 ─── 2
- 1.3　式量濃度 ─── 4
- 1.4　重量パーセント ─── 4
- 1.5　ファクター ─── 6
- 1.6　規定液の調製 ─── 7
- 演習問題 ─── 8

第2章　活量と濃度 ─── 11
- 2.1　活量と活量係数 ─── 11
- 2.2　イオン強度 ─── 12
- 2.3　デバイ-ヒュッケルの式 ─── 14
- 2.4　電解質と非電解質 ─── 16
  - 2.4.1　溶液の電気伝導度 ─── 17
  - 2.4.2　当量伝導度と電離度 ─── 18
- 演習問題 ─── 20

第3章　溶液内化学平衡 ─── 23
- 3.1　化学平衡と質量作用の法則 ─── 23
- 3.2　平衡定数と自由エネルギー ─── 26
- 3.3　化学平衡の移動 ─── 28
  - 3.3.1　温度の影響 ─── 28

   3.3.2 ル・シャトリエの原理 ———————————— 28

   3.3.3 共通イオン効果 ———————————————— 29

 3.4 平衡定数を用いる計算 ————————————————— 30

   3.4.1 物質収支条件 ————————————————— 30

   3.4.2 電気中性条件 ————————————————— 31

   3.4.3 プロトン条件 ————————————————— 31

   3.4.4 問題の解き方 ————————————————— 31

 演習問題 ————————————————————————— 35

第4章 酸塩基平衡 ———————————————————— 39

 4.1 酸と塩基 ————————————————————— 39

 4.2 水のイオン積とpH ————————————————— 40

 4.3 弱酸または弱塩基のみを含む溶液 ————————— 42

 4.4 弱酸と共役塩基を含む溶液 ————————————— 46

 4.5 弱塩基と共役酸を含む溶液 ————————————— 48

 4.6 緩衝作用 ————————————————————— 50

 4.7 酸と塩基の混合 —————————————————— 54

 4.8 多塩基酸 ————————————————————— 57

 4.9 多塩基酸の塩 ——————————————————— 61

 4.10 酸塩基滴定曲線 —————————————————— 63

   4.10.1 標準液 ———————————————————— 63

   4.10.2 強酸と強塩基の滴定 ————————————— 64

   4.10.3 弱酸の滴定 ————————————————— 66

   4.10.4 弱塩基の滴定 ————————————————— 69

   4.10.5 多塩基酸の滴定 ———————————————— 72

 演習問題 ————————————————————————— 76

第5章 沈殿平衡 —————————————————————— 79

 5.1 溶解度と溶解度積 ————————————————— 79

 5.2 単純な沈殿平衡 —————————————————— 81

 5.3 共通イオンを含む沈殿平衡 ————————————— 82

5.4	分別沈殿	84
5.5	沈殿平衡のpHによる影響	87
5.6	硫化物の沈殿	90
5.7	沈殿滴定曲線	92
	演習問題	95

第6章　錯体平衡 — 99

6.1	安定度定数	99
6.2	平均配位数とジョブの連続変化法	103
6.3	錯体平衡のpHによる影響	107
6.4	錯体平衡と沈殿平衡の競合	109
6.5	EDTAを含む溶液の平衡	111
6.6	キレート滴定曲線	115
	演習問題	119

第7章　酸化還元平衡 — 123

7.1	半反応と電池反応	123
7.2	標準水素電極と基準電極	124
7.3	標準電極電位	125
7.4	起電力と平衡定数	129
7.5	酸化還元反応と電位	131
7.6	酸化還元滴定曲線	137
	演習問題	141

第8章　溶液内イオン平衡とグラフ — 145

8.1	酸塩基平衡におけるグラフ	145
	8.1.1　主変数法と水の解離平衡	145
	8.1.2　弱酸の溶液	147
	8.1.3　弱塩基の溶液	150
	8.1.4　酸塩基混合溶液	152
	8.1.5　多塩基酸の溶液	153

viii 目　次

　　8.2　沈殿平衡におけるグラフ ———————————————— 157
　　8.3　錯体平衡におけるグラフ ———————————————— 160
　　8.4　酸化還元平衡におけるグラフ —————————————— 164
　　演習問題 —————————————————————————— 168

参考書 ——————————————————————————————— 171

演習問題解答 ————————————————————————————— 173

付　表 ———————————————————————————————— 207

　　付表A　25°Cにおける酸の解離定数 ————————————— 207
　　付表B　25°Cにおける溶解度積 ———————————————— 209
　　付表C　錯イオンの安定度定数 ———————————————— 212
　　付表D　25°Cにおける半反応の形式電位 ———————————— 214
　　付表E　単位換算表（エネルギー） —————————————— 216
　　付表F　基本物理定数の値 —————————————————— 216

索　引 ———————————————————————————————— 217

第1章　溶液と濃度

　溶液（solution）は液体状態にある2種類以上の物質の均一な混合物（mixture）である．溶液は液体に固体，気体または他の液体を溶解して作られる．溶液を構成している1つの成分を溶媒（solvent）といい，別の成分を溶質（solute）という．溶液が固体または気体から作られるとき，固体または気体は溶質である．液体と液体の混合溶液の場合には，一般に多く存在する方が溶媒である．溶液の濃度は種々の方法で決められる溶質の量によってモル濃度（molarity），規定度（normarity），式量濃度（formality）で表される．また，試料の大まかな濃度を表すのに重量パーセント（weight percentage）が用いられる．

1.1　モル濃度（C）

　モル濃度は溶液 $1\,\mathrm{dm}^3$ 中に含まれる溶質のモル数である．記号は C，単位は $\mathrm{mol/dm^3}$ または M で表される*．

$$C = \frac{\mathrm{mol}}{V(\mathrm{dm}^3)} = \mathrm{M} \tag{1.1}$$

モルは量を表し，モル濃度は単位体積当たりの量である．また，モル数は溶質（g）を分子量（g/mol）で割った値である．

$$\mathrm{mol} = \frac{溶質(\mathrm{g})}{分子量(\mathrm{g/mol})} \tag{1.2}$$

結局，モル濃度は次式で示される．

$$C = \frac{溶質(\mathrm{g})}{分子量(\mathrm{g/mol}) \times V(\mathrm{dm}^3)} \tag{1.3}$$

---

*　溶質の量（mol）を溶媒の質量（kg）で割ったものを重量モル濃度といい，m で表す．単位は mol/kg である．

[例題 1.1]
（a） 25 g の NH_3 を含む $0.25\,dm^3$ の溶液のモル濃度を計算せよ．
（b） $CoCl_2 \cdot 6H_2O$ を用いて 0.1 M の Co^{2+} 溶液を $0.2\,dm^3$ 作るとき塩化コバルト水和物は何 g 必要か．
（c） 市販の濃硫酸（98 wt%, 密度 $1.84\,g/cm^3$）のモル濃度はいくらか．

[解答]（a） 溶質は 25 g，分子量は 17.03 g/mol，体積は $0.25\,dm^3$ であるので式 (1.3) より

$$C = \frac{25\,(g)}{17.03\,(g/mol) \times 0.25\,(dm^3)} = 5.872\,mol/dm^3$$

（b） モル濃度は 0.1 M，分子量は 237.9 g/mol，体積は $0.2\,dm^3$ であるので式 (1.3) より

$$x = 0.1\,(mol/dm^3) \times 237.9\,(g/mol) \times 0.2\,(dm^3) = 4.758\,g$$

（c） 純硫酸 $1\,dm^3$ の質量を $x\,(g)$ とすると

$$x = 1.84\,(g/cm^3) \times 10^3\,(cm^3/dm^3) \times 1\,(dm^3) \times \frac{98}{100} = 1803.2\,g$$

硫酸の分子量は 98.07 g/mol であるので式 (1.3) より

$$C = \frac{1803.2\,(g)}{98.07\,(g/mol) \times 1\,(dm^3)} = 18.39\,mol/dm^3$$

1.2　規定度（N）

規定度は当量濃度ともよばれているが，溶液 $1\,dm^3$ 中の溶質の当量数（eq, equivalent）である．規定度の記号は N，単位は eq/dm^3 である．

$$N = \frac{\text{当量数}\,(eq)}{V\,(dm^3)} \tag{1.4}$$

当量数は溶質（g）を g 当量（equivalent weight）で割った値である．

$$\text{当量数} = \frac{\text{溶質}\,(g)}{\text{g 当量}\,(g/eq)} \tag{1.5}$$

当量には，化学当量（chemical equivalent）と電気化学当量（electrochemical equivalent）[*] がある．化学当量は化学反応性に基づいて決まる単体または化

---

[*] 電気化学反応において 1 クーロンの電気量によって析出または溶解する原子または原子団の質量を，その原子または原子団の電気化学当量という．化学当量をファラデー定数で割ったものに等しい．Ag の電気化学当量は 0.001 118 g である．

合物の一定量であるが，元素の化学当量，酸および塩基の化学当量，酸化剤および還元剤の化学当量に分けて定義すると便利である．元素の化学当量は0.5モルの酸素原子（7.999 g）と結合する元素の質量をいう．酸素と結合しない元素の化学当量は酸素以外の元素を仲介して定めることができる．元素の原子量と化学当量の比はその元素の原子価に等しい．酸および塩基の化学当量は酸として作用する1当量の水素イオンを含む酸の量およびこれを中和する塩基の量である．酸化剤および還元剤の化学当量は還元反応に関与する水素イオン1当量を含む還元剤の量およびこれに相当する酸化剤の量をいう．

式 (1.4) と式 (1.5) より

$$N = \frac{溶質(g)}{g 当量(g/eq) \times V(dm^3)} \tag{1.6}$$

酸化還元反応において授受される電子数あるいは酸塩基反応において授受される水素イオンの数を n とすると分子量と g 当量の間には次の関係がある．

$$分子量(g/mol) = n \times g 当量(g/eq) \tag{1.7}$$

n は eq/mol の次元に相当し，式 (1.6) と式 (1.7) から

$$N = \frac{n(eq/mol) \times 溶質(g)}{分子量(g/mol) \times V(dm^3)} \tag{1.8}$$

である．また，式 (1.3) と式 (1.8) より

$$N = n(eq/mol) \, C(mol/dm^3) \tag{1.9}$$

となり，規定度はモル濃度を n 倍したものに等しい．

［例題 1.2］
（a） 0.05 M の H_2SO_4 濃度は何 N か．
（b） 0.2 N の炭酸ナトリウム溶液を $0.25 \, dm^3$ 作るとき必要な無水炭酸ナトリウムは何 g か．
（c） 市販の濃塩酸（37.2 wt%，密度 $1.19 \, g/cm^3$）を用いて，0.3 N の HCl 溶液を $0.2 \, dm^3$ 作るとき濃塩酸は何 cm^3 必要か．

［解答］ (a) H_2SO_4 は二塩基酸であるので1モルは2g当量である．
$$N = 0.05(mol/dm^3) \times 2(eq/mol) = 0.1 \, eq/dm^3$$
(b) 炭酸ナトリウム（分子量105.9）の1モルは2g当量である．
$$1 \, g 当量 = \frac{105.9(g/mol)}{2(eq/mol)} = 52.95 \, g/eq$$
溶質を $x(g)$ とすると当量数は式 (1.5) より，$x(g)/52.95(g/eq)$ となり，こ

の値が溶液中の当量数に等しくなければならない．

$$\frac{x}{52.95\,(\text{g/eq})} = 0.2\,(\text{eq/dm}^3) \times 0.25\,(\text{dm}^3)$$

$$x = 2.648\,\text{g}$$

(c) この溶液の当量数は

$$0.3\,(\text{eq/dm}^3) \times 0.2\,(\text{dm}^3) = 0.06\,\text{eq}$$

である．HClの1モルは1g当量である．必要なHClの容積を$x\,(\text{cm}^3)$とすると次式が成立する．

$$\frac{1.19\,(\text{g/cm}^3) \times x\,(\text{cm}^3)}{36.46\,(\text{g/eq})} \times \frac{37.2}{100} = 0.06\,\text{eq}$$

$$x = 4.9\,\text{cm}^3$$

となる．

1.3 式量濃度（F）

式量濃度は溶液1 dm³中の溶質のg式量数と定義されている．式量濃度は固体中で分子として存在しないイオン性塩の溶液において用いられる．一般に，モル濃度と式量濃度は同じ意味で使われているが，厳密にはモル濃度は溶液1 dm³中に実際に存在する特定の化学種のモル数である．つまり，モル濃度は平衡濃度を意味し，式量濃度は全濃度を表す．例えば，0.01 g式量のNaClを水に溶解して1 dm³とした溶液は，NaClが0.01 F（式量濃度）である．一方，0.01 FのNaCl水溶液中のNaClはほぼ完全に解離してNa^+とCl^-となり，非解離のNaClはほとんど存在しないので，この水溶液中のNa^+とCl^-の濃度は事実上0.01 M（モル濃度）であるという．

1.4 重量パーセント（wt%）

これは固体試料や液体試料の大まかな濃度を表すのに用いられる．固体試料に含まれる溶質の重量パーセントは次のように示される．

$$\frac{溶質(\text{g})}{試料の質量(\text{g})} \times 100 = \text{wt\%} \tag{1.10}$$

微量濃度の場合には，ppm（mg/kg）やppb（μg/kg）を用いる．

$$\frac{溶質(g) \times 10^{-6}}{試料の質量(g)} = \frac{溶質(mg)}{試料の質量(kg)} = \mathrm{ppm} \tag{1.11}$$

$$\frac{溶質(g) \times 10^{-9}}{試料の質量(g)} = \frac{溶質(\mu g)}{試料の質量(kg)} = \mathrm{ppb} \tag{1.12}$$

液体試料の場合には，質量/体積を定義すると便利である．

$$\frac{溶質(g)}{試料の体積(cm^3)} \times 100 = \mathrm{wt\%/vol} \tag{1.13}$$

また，微量濃度の場合には，ppm（mg/dm^3）や ppb（$\mu g/dm^3$）を用いる．

$$\frac{溶質(g) \times 10^{-6}}{試料の体積(cm^3)} = \frac{溶質(mg)}{試料の体積(dm^3)} = \mathrm{ppm(wt/vol)} \tag{1.14}$$

$$\frac{溶質(g) \times 10^{-9}}{試料の体積(cm^3)} = \frac{溶質(\mu g)}{試料の体積(dm^3)} = \mathrm{ppb(wt/vol)} \tag{1.15}$$

[例題 1.3]
(a) 0.1 N の NaOH 溶液の密度は 1.004 g/cm^3 である．この溶液の重量％はいくらか．
(b) シュウ酸結晶 $(COOH)_2 \cdot 2H_2O$ の 30 g を水に溶解して 0.2 dm^3 とした溶液（密度 1.02 g/cm^3）がある．この溶液中のシュウ酸の重量％とモル濃度を計算せよ．
(c) 1 ppm の $HClO_4$ を含む溶液のモル濃度はいくらか．
(d) 5 μmol の Na_2CO_3 を含む溶液 0.1 dm^3 がある．この溶液の Na^+ と Na_2CO_3 はそれぞれ何 ppm か．

[解答]　(a) 0.1 N の NaOH 1 dm^3 の質量は式 (1.8) より

$$\frac{0.1(eq/dm^3)}{1(eq/mol)} \times 1(dm^3) \times 40(g/mol) = 4\,g$$

である．溶液 1 dm^3 の質量は

$$1.004(g/cm^3) \times 10^3(cm^3/dm^3) \times 1(dm^3) = 1\,004\,g$$

である．したがって，重量％は

$$\frac{4(g)}{1\,004(g)} \times 100 = 0.4\,\mathrm{wt\%}$$

となる．
(b) 純シュウ酸（分子量 90.03）の質量はシュウ酸結晶（分子量 126.05）との比より求める．

$$(COOH)_2 の質量 = \frac{(COOH)_2}{(COOH)_2 \cdot 2H_2O} \times 30(g) = \frac{90.03(g/mol)}{126.05(g/mol)} \times 30(g)$$

$$= 21.43\,\text{g}$$

$0.2\,\text{dm}^3$ の溶液の質量は

$$1.02\,(\text{g/cm}^3) \times 10^3\,(\text{cm}^3/\text{dm}^3) \times 0.2\,(\text{dm}^3) = 204\,\text{g}$$

したがって，重量％は

$$\frac{21.43\,(\text{g})}{204\,(\text{g})} \times 100 = 10.5\,\text{wt\%}$$

となる．シュウ酸溶液はシュウ酸結晶を用いて調製するのでモル濃度は式 (1.3) より

$$C = \frac{30\,(\text{g})}{126.05\,(\text{g/mol}) \times 0.2\,(\text{dm}^3)} = 1.19\,\text{M}$$

である．

(c) 1 ppm は $1 \times 10^{-3}\,\text{g/dm}^3$，$HClO_4$ の分子量は $100.4\,\text{g/mol}$ であるのでモル濃度は

$$C = \frac{1 \times 10^{-3}\,(\text{g/dm}^3)}{100.4\,(\text{g/mol})} = 9.96 \times 10^{-6}\,\text{M}$$

(d) Na_2CO_3 を 1 モル溶解すると，2 モルの Na^+ と 1 モルの CO_3^{2-} が生成する．1 モルの Na^+ は $22.9\,\text{g/mol}$ であるので

$$\frac{2 \times 5 \times 10^{-6}\,(\text{mol}) \times 22.99\,(\text{g/mol})}{0.1\,(\text{dm}^3)} = 2.3 \times 10^{-3}\,(\text{g/dm}^3)$$

$$= 2.3 \times 10^{-6}\,(\text{g/cm}^3)$$

$$= 2.3\,\text{ppm}$$

Na_2CO_3 の 1 モルは $105.9\,\text{g/mol}$ であるので

$$\frac{5 \times 10^{-6}\,(\text{mol}) \times 105.9\,(\text{g/mol})}{0.1\,(\text{dm}^3)} = 5.3 \times 10^{-3}\,(\text{g/dm}^3)$$

$$= 5.3 \times 10^{-6}\,(\text{g/cm}^3)$$

$$= 5.3\,\text{ppm}$$

1.5 ファクター

これは規定度係数（normality factor）ともよばれ，端数のついた規定度を端数のない近似規定度に係数 f を掛けて表す方法である．例えば，0.106 N の NaOH 溶液を 0.1 N（$f_{\text{NaOH}} = 1.06$）のように表す．この場合，f が 1 より大きいので NaOH 溶液は 0.1 N よりも濃いことを示し，f が 1 より小さいときには

0.1 N より薄いことを意味する．

1.6 規定液の調製

規定液の調製について例に従って考えてみよう．

[例 1] 0.2 N の NaOH 溶液を 0.5 dm³ 作るのに必要な純度 96 wt% の NaOH の量はいくらか．

NaOH の 1 モルは 1 g 当量であるので，1 g 当量は 39.997 g/eq である．0.2 N の溶液を 1 dm³ 作るには，39.997 (g/eq)×0.2 (eq)=7.999 g 必要である．しかし，実際には純度 96 wt% で，容積は 0.5 dm³ であるので，必要な質量は 7.999 (g/dm³)×0.5 (dm³)×100/96=4.166 g である．したがって，4.166 g の NaOH を秤量し，水で溶解して 0.5 dm³ とする．

[例 2] 0.5 N の HCl 溶液 0.05 dm³ に水を 0.2 dm³ 加えて希釈した溶液の規定度はいくらか．

規定度 N_1 と N_2 の溶液の体積をそれぞれ V_1 と V_2 とすると

$$V_1 \text{ 中の溶質の当量数}=N_1\times V_1 \qquad (1.16)$$

$$V_2 \text{ 中の溶質の当量数}=N_2\times V_2 \qquad (1.17)$$

2 つの溶液が当量関係にあれば，

$$N_1\times V_1=N_2\times V_2 \qquad (1.18)$$

$$N_2=\frac{N_1\times V_1}{V_2} \qquad (1.19)$$

となる．この例題において，$N_1=0.5$ N，$V_1=0.05$ dm³ であり，液の収縮がなければ $V_2=0.05+0.2=0.25$ dm³ となるから

$$N_2=\frac{0.5\,(\text{eq/dm}^3)\times 0.05\,(\text{dm}^3)}{0.25\,(\text{dm}^3)}=0.1\,(\text{eq/dm}^3)=0.1\,\text{N}$$

となる．したがって，希釈した溶液の濃度は 0.1 N である．

[例 3] 純度 68 wt% の硝酸（密度 1.41 g/cm³）から 1 N の HNO_3 溶液を 1 dm³ 作るのに必要な硝酸の量はいくらか．

必要な硝酸の容積を x cm³ とすると，硝酸は 63.01 g/eq であるので，この溶液の当量数は式 (1.5) より次のようになる．

$$\frac{1.41\,(\text{g/cm}^3)\times x\,(\text{cm}^3)}{63.01\,(\text{g/eq})}\times\frac{68}{100}=0.015x\,(\text{eq})$$

この当量数の HNO_3 が 1 N の HNO_3 溶液 1 dm³ 中に存在するので

$$0.015x\,(\mathrm{eq}) = 1\,(\mathrm{eq/dm^3}) \times 1\,(\mathrm{dm^3})$$
$$x = 66.7\,\mathrm{cm^3}$$

となる．したがって，68 wt％の HNO_3 溶液 66.7 cm³ に水を 933.3 cm³ 加えれば 1 N HNO_3 溶液が得られる．しかし，実際には，1 dm³ のメスフラスコに 68 wt％ HNO_3 を 66.7 cm³ 採取して水を加えて 1 dm³ にする．

演習問題*

1.1 次の化合物を水に溶解して 0.5 dm³ とした溶液のモル濃度を計算せよ．
  (1) 10.215 g の $CuSO_4$ (2) 3.564 g の K_3AsO_4
  (3) 5.641 g の $(NH_4)_2S_2O_3$ (4) 15.314 g の $Na_2WO_4 \cdot 2H_2O$

1.2 次の化合物を用いて 0.5 M の金属イオン溶液を 0.5 dm³ 作るには，それぞれ何 g 必要か．
  (1) $CuSO_4 \cdot 5H_2O$ (2) $AgClO_4$ (3) NH_4Cl (4) $NaNO_2$

1.3 次の溶液のモル濃度を計算せよ．
  (1) 71 wt％の $HClO_4$ 溶液（密度 1.68 g/cm³）
  (2) 12.1 wt％の NH_3 溶液（密度 0.952 g/cm³）
  (3) 34.06 g の NH_3 を含む 0.5 dm³ の溶液
  (4) 8 g の NaOH を含む 0.125 dm³ の溶液
  (5) 2.45 g の H_2SO_4 を含む 2 dm³ の溶液
  (6) 5 ppm の Na_2CO_3 を含む溶液
  (7) 10 ppb の $BaSO_4$ を含む溶液

1.4 次の溶液の各イオンの濃度を計算せよ．
  (1) 0.5 モルの $BaCl_2$ と 0.2 モルの LiCl を含む 0.5 dm³ の溶液
  (2) 20 g の $BaCl_2$ と 12 g の KCl を含む 0.5 dm³ の溶液
  (3) 20 g の $FeSO_4 \cdot 5H_2O$ と 15 g の $CoSO_4$ を含む 0.6 dm³ の溶液
  (4) 8.57 g の $Ba(OH)_2$，0.1 モルの $BaCl_2$ および 0.3 M の NaOH を含む 0.2 dm³ の溶液を水で希釈して 0.5 dm³ とした溶液

1.5 次の溶液の規定度を計算せよ．

---

* 特に断らないかぎり，温度は 25℃ とする．また，必要な定数は巻末の表を利用すること．

(1)　1 g の $(COOH)_2 \cdot 2H_2O$ を含む $0.5\,dm^3$ の溶液
   (2)　0.5 g の HCl を含む $0.2\,dm^3$ の溶液
   (3)　0.5 g の H_2SO_4 を含む $2\,dm^3$ の溶液
   (4)　5 g の $KMnO_4$ を含む $1\,dm^3$ の溶液
   (5)　1 g の $K_2Cr_2O_7$ を含む $2\,dm^3$ の溶液

1.6　クエン酸結晶 $C(OH)(COOH)(CH_2COOH)_2 \cdot H_2O$ の 10 g を水に溶解して $0.5\,dm^3$ とした溶液（密度 $1.10\,g/cm^3$）がある．この溶液のクエン酸の (1) 重量 %，(2) モル濃度，(3) 重量モル濃度，(4) 規定度を計算せよ．

1.7　不純物を含む亜鉛試料 5 g を 1 N の HCl で溶解するのに $0.1\,dm^3$ を要した．亜鉛試料の純度を計算せよ．ただし，不純物は HCl と反応しないものとする．

1.8　密度 $1.055\,g/cm^3$ の食用酢 $20\,cm^3$ を中和するのに必要な 0.5 N の NaOH 溶液は $23\,cm^3$ であった．この試料に含まれている酢酸の重量 % を計算せよ．

1.9　0.032 M の $K_2Cr_2O_7$ 酸性溶液を用いて不純物を含む 0.9634 g の $Fe(OH)_2$ 試料を滴定したところ，$27.8\,cm^3$ を要した．$Fe(OH)_2$ 試料の純度を計算せよ．

1.10　0.1 M の Fe^{2+} 酸性溶液 $20\,cm^3$ を $KMnO_4$ 溶液で滴定したところ $26.5\,cm^3$ を要した．$KMnO_4$ 溶液のモル濃度を計算せよ．

第 2 章　活量と濃度

　液体は分子間の相互作用によって成り立っているので，理想気体と同じ意味で理想溶液を想定することは困難である．しかし，溶液内でイオン間の相互作用が少なく，イオンが無秩序に分布している理想に近い状態は可能である．例えば，分子の大きさが同じ程度で，しかも分子間の力も同じ程度であるベンゼンとトルエンを混合して調製された溶液は均一になり，ほぼ理想溶液（ideal solution）である．ほとんどの溶液は十分希薄な条件であれば理想溶液とみなすことができる．しかし，実際の溶液では，イオン間の相互作用は無視できず，イオンの濃度や化学平衡に影響を及ぼす．一般に，平衡とは無関係な塩（無関係塩）の共存によって，弱電解質の解離度や沈殿の溶解度は増加する．これは弱電解質や沈殿の陽イオンあるいは陰イオンが無関係イオンと相互作用するためである．無関係イオンが平衡に関与するイオンと静電的に結合すると平衡に有効なイオンの濃度が変化し，溶解反応や沈殿反応の平衡は移動する．

2.1　活量と活量係数

　上記の現象は溶液が理想状態から大きくずれたことに起因するが，溶液を濃度ではなく有効濃度つまり活量（activity）で表すことによって理解することができる．すなわち，理想状態からのずれは平衡に対する無関係イオンによる塩効果である．

　イオンの活量 a_i は次式で定義される．

$$a_i = C_i f_i \tag{2.1}$$

ここで，C_i は i イオンの濃度，f_i はその活量係数（activity coefficient）である．溶液が無限希釈の理想溶液に近くなれば活量係数は 1 に近づき，活量は濃度

に等しくなる.活量係数は溶液中の全イオンの濃度と電荷に依存する.したがって,活量係数はイオン間の静電力を補正する係数とみなすことができる.活量係数はイオン間の静電力,未解離分子の存在,イオン対の生成,錯体の生成,溶媒の誘電率の変化などさまざまな因子によって影響を受ける.平衡に関与するイオンは無関係塩の反対符号のイオンを引き付け,イオン雰囲気を形成する.この静電的な相互作用は熱力学的には自由エネルギーの増加をもたらし,活量係数に影響する.また,速度論的にはイオン雰囲気の存在はイオンの運動を妨げ,活量係数を減少させる.

活量係数は実際測定されているが,これは単独イオンによるものではなく陽イオンと陰イオンの平均値である.このため,平均活量係数 (mean activity coefficient) $f_{\pm}$ を定義し,通常この値を用いる.$M_m N_n$ の活量係数と平均活量係数の関係は次のとおりである.

$$f_{M_m N_n} = f_M{}^m f_N{}^n = f_{\pm}{}^{m+n} \tag{2.2}$$

例えば,f_{NaCl} や f_{BaCl_2} に対して

$$f_{NaCl} = f_{Na^+} f_{Cl^-} = f_{\pm}{}^2 \tag{2.3}$$

$$f_{BaCl_2} = f_{Ba^{2+}} f_{Cl^-}{}^2 = f_{\pm}{}^3 \tag{2.4}$$

となる.化合物の平均活量係数は種々の濃度の無関係塩を含む溶液中において,その溶解度を測定することによって得られる.つまり,次節で述べるイオン強度の異なる溶液中で溶解度を測定し,イオン強度0に外挿して得られる理想溶液における溶解度と実際の溶液における溶解度の比から求められる.

2.2 イオン強度

活量係数は溶液中の全イオンの濃度と電荷に依存する.溶液中のイオンの濃度と電荷は次式で定義されるイオン強度 (ionic strength) μ によって表される.

$$\mu = \frac{1}{2} \sum C_i Z_i{}^2 \tag{2.5}$$

イオン強度は各イオンの濃度と電荷の2乗の積の総和の1/2である.強酸や塩は水中でほとんど解離しているのでイオン強度は濃度に比例する.活量係数はイオンの電荷が大きくなれば減少する.また,無電荷の分子はイオン強度0であるので理想に近い溶液とみなすことができる.

[例題 2.1]
(a) 0.5 M の Na_2SO_4 溶液のイオン強度を計算せよ.
(b) 0.2 M の NaCl と 0.1 M の $Al_2(SO_4)_3$ を含む溶液のイオン強度を計算せよ.
(c) 1.0 M の $Tl(NO_3)_3$ と 0.5 M の $Pb(NO_3)_2$ を含む溶液のイオン強度を計算せよ.

[解答]　(a)　$Na_2SO_4 \longrightarrow 2\,Na^+ + SO_4^{2-}$
0.5 M の Na_2SO_4 は 1 モルの Na^+ と 0.5 モルの SO_4^{2-} を生じる. 式 (2.5) において $[Na^+]=1\,M$, $Z_+=+1$, $[SO_4^{2-}]=0.5\,M$, $Z_-=-2$ であるので

$$\mu = \frac{1}{2}(0.5 \times 2 \times 1 + 0.5 \times 1 \times 4) = 1.5$$

(b) $NaCl \longrightarrow Na^+ + Cl^- \qquad Al_2(SO_4)_3 \longrightarrow 2\,Al^{3+} + 3\,SO_4^{2-}$

イオンの供給源が 2 つ以上になると煩雑になるので次のような表を作ると便利である.

	C_i	Z_i	Z_i^2	$C_i Z_i^2$
Na^+	0.2	1	1	0.2
Cl^-	0.2	-1	1	0.2
Al^{3+}	0.2	3	9	1.8
SO_4^{2-}	0.3	-2	4	1.2

$$\mu = \frac{1}{2}\sum C_i Z_i^2 = 1.7$$

(c) $Tl(NO_3)_3 \longrightarrow Tl^{3+} + 3\,NO_3^- \qquad Pb(NO_3)_2 \longrightarrow Pb^{2+} + 2\,NO_3^-$

	C_i	Z_i	Z_i^2	$C_i Z_i^2$
Tl^{3+}	1	3	9	9
NO_3^-	4	-1	1	4
Pb^{2+}	0.5	2	4	2

$$\mu = \frac{1}{2}\sum C_i Z_i^2 = 7.5$$

2.3 デバイ-ヒュッケルの式

　異種イオンが多数存在する溶液では，同じ符号のイオンは互いに遠ざかり，反対符号のイオンは接近する．ある特定のイオンの周囲に分布する他のイオン全体をイオン雰囲気（ionic atmosphere）という．デバイとヒュッケルはこのイオン雰囲気のモデルを用いて，イオンの運動を妨げる静電力がこれとは逆に作用する熱的なかく乱との間に均衡が成り立つという考え方に基づいてイオンの活量係数に関する式を誘導した．イオン i の活量係数 f_i はイオン強度 μ と電荷 Z_i を用いて次式で表される．

$$-\log f_i = \frac{AZ_i^2 \sqrt{\mu}}{1 + Ba\sqrt{\mu}} \tag{2.6}$$

ここで，A と B は定数であり，25℃水溶液においてそれぞれ $0.51\ \mathrm{mol^{-1/2}dm^{3/2}}$ と $3.3 \times 10^7\ \mathrm{cm^{-1}mol^{-1/2}dm^{3/2}}$ である．a はイオンサイズパラメーターとよばれ，単位は cm である．B と a の積（Ba）はイオンの種類によって異なり，表 2.1 に示すとおりである．

　ほとんどの 1 価イオンに対しては，$Ba=1.0$ となるので式（2.6）は次のよう

表 2.1 Ba の値（25℃）

$Ba/\mathrm{mol^{-1/2}\,dm^{3/2}}$	
1.0	K^+, NH_4^+, Ag^+
	NO_3^-, ClO_4^-, OH^-, SCN^-, SH^-
	F^-, Cl^-, Br^-, I^-
1.3	Na^+, Pb^{2+}
	CO_3^{2-}, SO_4^{2-}, PO_4^{3-}, HPO_4^{2-}
	$H_2PO_4^-$, CrO_4^{2-}
1.7	Cd^{2+}, Ba^{2+}, Sr^{2+}, Hg^{2+}
	CH_3COO^-, $(COO)_2^{2-}$, S^{2-}
2.0	Li^+, Ca^{2+}, Sn^{2+}, Zn^{2+}, Mn^{2+}
	Fe^{2+}, Ni^{2+}, Co^{2+}, Cu^{2+}
2.6	Mg^{2+}
3.0	H^+, Al^{3+}, Cr^{3+}, Fe^{3+}
3.6	Sn^{4+}, Ce^{4+}

に近似できる.

$$-\log f_i = \frac{0.51 Z_i^2 \sqrt{\mu}}{1+\sqrt{\mu}} \tag{2.7}$$

[例題 2.2]
(a) 0.04 M の HCl 溶液における H^+ と Cl^- の活量係数を計算せよ.
(b) 0.002 M の K_2SO_4 溶液における K^+ と SO_4^{2-} の活量係数を計算せよ.
(c) 0.01 M の $CaCl_2$ 溶液における Ca^{2+} と Cl^- の活量係数を計算せよ.

[解答] (a) まず，溶液のイオン強度を求め，デバイ-ヒュッケルの式 (2.6) より活量係数を計算する.

$$HCl \longrightarrow H^+ + Cl^-$$

	C_i	Z_i	Z_i^2	$C_i Z_i^2$
H^+	0.04	1	1	0.04
Cl^-	0.04	-1	1	0.04

$$\mu = \frac{1}{2} \sum C_i Z_i^2 = 0.04$$

表 2.1 より Ba の値は H^+ に対して 3.0，Cl^- に対して 1.0 である．これらの値を式 (2.6) に代入してそれぞれの活量係数を求める.

$$H^+: \quad -\log f_{H^+} = \frac{0.51\sqrt{0.04}}{1+3.0\sqrt{0.04}} = 0.064$$

$$f_{H^+} = 0.863$$

$$Cl^-: \quad -\log f_{Cl^-} = \frac{0.51\sqrt{0.04}}{1+1.0\sqrt{0.04}} = 0.085$$

$$f_{Cl^-} = 0.822$$

(b) $K_2SO_4 \longrightarrow 2K^+ + SO_4^{2-}$

	C_i	Z_i	Z_i^2	$C_i Z_i^2$
K^+	0.004	1	1	0.004
SO_4^{2-}	0.002	-2	4	0.008

$$\mu = \frac{1}{2} \sum C_i Z_i^2 = 0.006$$

表 2.1 より Ba の値は K^+ に対して 1.0，SO_4^{2-} に対して 1.3 である.

$$K^+: \quad -\log f_{K^+} = \frac{0.51\sqrt{0.006}}{1+1.0\sqrt{0.006}} = 0.0367$$

$$f_{K^+} = 0.919$$

$$SO_4^{2-}: \quad -\log f_{SO_4^{2-}} = \frac{0.51 \times 4\sqrt{0.006}}{1+1.3\sqrt{0.006}} = 0.1436$$

$$f_{SO_4^{2-}} = 0.718$$

(c)　$CaCl_2 \longrightarrow Ca^{2+} + 2\,Cl^-$

	C_i	Z_i	Z_i^2	$C_i Z_i^2$
Ca^{2+}	0.01	2	4	0.04
Cl^-	0.02	−1	1	0.02

$$\mu = \frac{1}{2}\sum C_i Z_i^2 = 0.03$$

表 2.1 より Ba の値は Ca^{2+} に対して 2.0，Cl^- に対して 1.0 である．

$$Ca^{2+}: \quad -\log f_{Ca^{2+}} = \frac{0.51 \times 4\sqrt{0.03}}{1+2.0\sqrt{0.03}} = 0.2624$$

$$f_{Ca^{2+}} = 0.547$$

$$Cl^-: \quad -\log f_{Cl^-} = \frac{0.51\sqrt{0.03}}{1+1.0\sqrt{0.03}} = 0.0753$$

$$f_{Cl^-} = 0.841$$

2.4　電解質と非電解質

　電解質（electrolyte）は水，液体アンモニア，過酸化水素などの誘電率の大きな極性溶媒に溶解したときイオンとして電離（electrolytic dissociation）*し，電気伝導性を示す物質である．電解質は電離の程度により，強電解質（strong electrolyte）と弱電解質（weak electrolyte）に区別される．強電解質は強酸，強塩基またはその塩類のように水中で完全にイオンに電離している物質である．強酸には，HCl，HNO_3，$HClO_4$，H_2SO_4，HBr，HI，H_2SeO_4 がある．これ以外の酸は弱酸であり，イオン化は不完全である．HCl，$HClO_4$，H_2SO_4 は 10 M 以下ではほぼ完全にイオン化する．しかし，HNO_3，HBr，HI，H_2SeO_4 においては，完全イオン化は 1 M 以下の比較的薄い溶液である．強塩基は NaOH，KOH，LiOH，$Ba(OH)_2$ などであるが，水中で完全にイオン化する．塩類のほ

---

* 電解質が溶媒中でイオンとして分かれるとき電離といい，分子，原子団または原子に分かれるとき解離という．しかし，前者も含めて解離という場合が多い．

とんどは水中で完全にイオン化する．しかし，完全にイオン化しない塩類の例として $HgCl_2$，$CdBr_2$ などの錯体がある．未解離の塩やイオン対は中性分子であるので溶液の電気伝導度には寄与しない．

弱電解質は溶液中でわずかにイオン化するが，ほとんど分子として存在する．弱電解質には，弱酸，弱塩基，錯体，有機化合物が含まれる．H_2S，H_2CO_3，HF，$HAsO_2$（メタ亜ヒ酸），CH_3COOH，C_6H_5COOH（安息香酸）などほとんどの無機酸と有機酸は弱電解質である．NH_3，N_2H_4（ヒドラジン），$C_6H_5NH_2$（アニリン）などは弱塩基であり，イオン化はわずかである．

電解質の電離の程度は電離度（degree of electrolytic dissociation）α で定義される．0.1 M の水溶液における主な化合物の α は次のとおりである．

	HCl	HNO_3	NaOH	NaCl	$NaHCO_3$	H_2SO_4	CH_3COOH	NH_3 水
α	0.92	0.92	0.84	0.84	0.78	0.61	0.013	0.013

例えば，$NaHCO_3$ の 0.1 M 水溶液においては，78% が Na^+ と HCO_3^- として電離し，22% は分子（$NaHCO_3$）として存在する．

電解質には，酸性と塩基性の両方の性質をもつものがある．すなわち，この物質はプロトンを受け取ることも与えることもできるもので，両性電解質（amphoteric electrolyte）とよばれている．例えば，水酸化アルミニウムのように酸性溶液中では塩基として作用し，塩基性溶液中では酸として作用するものである．

$$Al(OH)_3 + 3H^+ \rightleftharpoons Al^{3+} + 3H_2O \qquad (2.8)$$

$$Al(OH)_3 + 3OH^- \rightleftharpoons [Al(OH)_6]^{3-} \qquad (2.9)$$

また，水は酸 HA の存在下ではプロトンを受け取り，塩基 B の存在下ではプロトンを与えるので両性電解質である．

$$HA + H_2O \rightleftharpoons H_3O^+ + A^- \qquad (2.10)$$

$$B + H_2O \rightleftharpoons HB^+ + OH^- \qquad (2.11)$$

非電解質（nonelectrolyte）は水などの極性溶媒に溶解したとき，イオンに電離しない物質である．したがって，その溶液は電気伝導性を示さない．

2.4.1 溶液の電気伝導度

溶液の液柱の抵抗（Ω）はその長さ l に比例し，断面積 A に逆比例する．

$$R = \rho \frac{l}{A} \tag{2.12}$$

ここで，ρ は比抵抗（specific resistance）とよばれ単位は $\Omega\,\mathrm{m}$ であり，液柱の長さが1m，断面積が$1\,\mathrm{m}^2$ のときの抵抗に相当する．電解質溶液が電気を流すということは溶液中で運動しているイオンが存在することを意味し，イオンの数は溶液の電気伝導度（electric conductivity）L と直接関係する．L は溶液の抵抗の逆数である．

$$L = \frac{1}{R} \tag{2.13}$$

L の単位は S（ジーメンス）である．L を液柱の長さと断面積で表すと，

$$L = \varkappa \frac{A}{l} \tag{2.14}$$

となる．ここで，$\varkappa$ は比伝導度（specific conductance）とよばれ，長さ1m，断面積$1\,\mathrm{m}^2$ の液柱の伝導度に等しい．$\varkappa$ は比抵抗の逆数（$1/\rho$）であり，単位はS/m である．l/A は測定セルの形状で決まる定数であるのでセル定数（cell constant）K とよばれている．

$$\varkappa = \frac{l}{A} L = KL \tag{2.15}$$

セル定数は比伝導度既知の標準電解質（例えば，KCl）溶液を用いて決定することができる．

2.4.2 当量伝導度と電離度

電解質 MX 1当量は完全解離によって生じるアボガドロ数個の M^+ イオンと X^- イオンのことである．例えば，NaCl の1当量は 6.02×10^{23} 個ずつの Na^+ と Cl^- のことであり，$\mathrm{ZnSO_4}$ の1当量は $6.02\times10^{23}\times1/2$ 個ずつの Zn^{2+} と $\mathrm{SO_4}^{2-}$ のことである．電解質1当量を含む溶液において1m の距離にある電極間の伝導度を当量伝導度（equivalent conductance）Λ という．Λ と比伝導度の関係は次式で示される．

$$\Lambda = \frac{\varkappa}{C} \tag{2.16}$$

ここで，$\varkappa$ は $\Omega^{-1}\mathrm{m}^{-1}$，$C$ は $\mathrm{mol/dm^3}$ の単位をもつので，Λ の単位は $10^{-3}\,\Omega^{-1}\,\mathrm{m}^2\,\mathrm{mol}^{-1}$ である．

無限希釈における電解質の伝導度（極限当量伝導度）は個々のイオンの寄与によるものであるから，次のように当量イオン伝導度（equivalent ionic conductance）を用いて表すことができる．

$$\Lambda_0 = \lambda_0^+ + \lambda_0^- \tag{2.17}$$

弱電解質の無限希釈においては，それぞれのイオンは相互作用しないので極限当量伝導度は別の化合物の当量イオン伝導度から間接的に求められる．例えば，$CH_3COOH(HOAc)$ の極限当量伝導度は CH_3COONa，HCl および $NaCl$ の当量イオン伝導度から間接的に算出できる．

$$\begin{aligned}
\Lambda_0(HOAc) &= \lambda_0^{H^+} + \lambda_0^{OAc^-} \\
&= \lambda_0^{Na^+} + \lambda_0^{OAc^-} + \lambda_0^{H^+} + \lambda_0^{Cl^-} - \lambda_0^{Na^+} - \lambda_0^{Cl^-} \\
&= \Lambda_0(NaOAc) + \Lambda_0(HCl) - \Lambda_0(NaCl) \\
&= 0.00910 + 0.04261 - 0.01264 \\
&= 0.03907
\end{aligned}$$

ある濃度における当量伝導度と極限当量伝導度の比はその濃度で電離した電解質の割合，つまり電離度 α に相当する．

$$\alpha = \frac{\Lambda}{\Lambda_0} \tag{2.18}$$

[例題 2.3]

(a) 0.1 M の NH_4OH 溶液の NH_4^+ と OH^- 濃度を計算せよ．ただし，NH_4OH の α は 0.013 である．

(b) 0.1 M の CH_3COOH 溶液の $[H^+]$ と α を計算せよ．ただし，CH_3COOH の解離定数は 1.8×10^{-5} である．

(c) 25℃ 水中における AgCl 飽和溶液の比伝導度は $2.28 \times 10^{-4}\ \Omega^{-1} m^{-1}$ である．この飽和溶液における当量伝導度は $0.01382\ \Omega^{-1} m^2 mol^{-1}$ である．この溶液における $[Ag^+]$ を計算せよ．

[解答] (a) $NH_4OH \rightleftharpoons NH_4^+ + OH^-$

NH_4OH から解離する NH_4^+ と OH^- の濃度は等しいので

$$[NH_4^+] = [OH^-] = 0.1 \times 0.013 = 1.3 \times 10^{-3}\ M$$

となる．

(b) $CH_3COOH \rightleftharpoons CH_3COO^- + H^+$

生成した CH_3COO^- と H^+ の濃度をそれぞれ x (M) とすると，残存する CH_3

COOH の濃度は $(0.1-x)$ (M) となる.

$$K_a = \frac{[CH_3COO^-][H^+]}{[CH_3COOH]} = \frac{x^2}{0.1-x} = 1.8 \times 10^{-5}$$

$x \ll 0.1$ M であるので $x^2 \fallingdotseq 1.8 \times 10^{-6}$ となり,$x = [H^+] = [CH_3COO^-] = 1.34 \times 10^{-3}$ M となる.電離度は初めの CH_3COOH の濃度に対する生成した CH_3COO^- の濃度の比であるので

$$\alpha = \frac{[CH_3COO^-]}{0.1} = \frac{1.34 \times 10^{-3}}{0.1} = 0.0134$$

となる.

(c) 溶解度が小さいので飽和溶液の当量伝導度は無限希釈におけるものに等しいと考えられるので,式 (2.16) より

$$\Lambda = \Lambda_0 = \frac{\chi}{C}$$

$$C = \frac{\chi}{\Lambda_0} = \frac{2.28 \times 10^{-4} (\Omega^{-1} m^{-1})}{0.01382 (\Omega^{-1} m^2 mol^{-1})}$$
$$= 1.65 \times 10^{-2} \, mol/m^3 = 1.65 \times 10^{-5} \, mol/dm^3$$

となる.

演習問題

2.1 次の溶液のイオン強度を計算せよ.
  (1) 0.5 M の KCl 溶液
  (2) 0.1 M の $Al_2(SO_4)_3$ と 0.01 M の Na_2SO_4 を含む溶液
  (3) 0.05 M の K_2SO_4 と 0.02 M の $ZnSO_4$ を含む溶液
  (4) 0.1 M の NaCl と 0.06 M の Na_2SO_4 を含む溶液

2.2 次の溶液に 0.005 M の $Pb(NO_3)_2$ が溶解しているとき,各溶液における Pb^{2+} の活量係数を計算せよ.
  (1) 水   (2) 0.005 M の KNO_3 溶液   (3) 0.05 M の KNO_3 溶液
  (4) 0.01 M の K_2SO_4 溶液   (5) 0.1 M の K_2SO_4 溶液

2.3 $CoSO_4$ の解離によって生成したイオンの平均活量係数が 0.912 であった.この塩の活量係数 (f_{CoSO_4}) を計算せよ.

2.4 Na_3PO_4 の解離によって生成したイオンの平均活量係数が 0.887 であった.この塩の活量係数 ($f_{Na_3PO_4}$) を計算せよ.

2.5 $CaCl_2$ の活量係数が 0.616 であるとき，イオンの平均活量係数を計算せよ．

2.6 0.1 M の HCl 溶液における平均活量係数を計算せよ．

2.7 0.05 M の $CaCl_2$ 溶液における平均活量係数を計算せよ．

2.8 0.005 M の $BaCl_2$ 溶液における Ba^{2+} と Cl^- の活量係数および平均活量係数を計算せよ．

2.9 0.05 M の CH_3COOH 溶液における CH_3COO^- と H^+ の活量係数と平均活量係数を計算せよ．ただし，CH_3COOH の解離度は 10% とする．

2.10 0.01 M の NH_4OH の当量伝導度 (Λ) は $0.00113\ \Omega^{-1} m^2 mol^{-1}$，無限希釈における当量伝導度 ($\Lambda_0$) は $0.02714\ \Omega^{-1} m^2 mol^{-1}$ である．NH_4OH の平均活量係数を計算せよ．

2.11 NaOH，NaCl および HCl の無限希釈における当量伝導度はそれぞれ 0.02478，0.01265，$0.04262\ \Omega^{-1} m^2 mol^{-1}$ である．無限希釈において完全にイオン化した水の当量伝導度を計算せよ．

2.12 伝導度測定用のセルに 0.1 M KCl を満たし測定したときの抵抗が 192.3 Ω であり，0.003186 M の NaCl を満たして測定したときの抵抗が 6363 Ω であった．NaCl 溶液の比伝導度および当量伝導度を計算せよ．ただし，0.1 M KCl の比伝導度は $1.2886\ \Omega^{-1} m^{-1}$ である．

2.13 25°C における H_2O (密度 $0.997\ g/cm^3$) の比伝導度は $5.8 \times 10^{-6}\ \Omega^{-1} m^{-1}$ である．水のイオン積を計算せよ．ただし，無限希釈において完全にイオン化した水の当量伝導度は問題 [2.11] の値を用いよ．

第3章 溶液内化学平衡

化学反応において原系から生成系に向かう反応（正反応）が進行し生成物の濃度が大きくなると，逆に生成系から原系に向かう反応（逆反応）速度も大きくなり，最終的には正反応速度と逆反応速度は等しくなる．この状態が平衡（equilibrium）である．これは正反応と逆反応が静止した状態ではなく，正反応と逆反応の速度が等しい動的平衡（dynamic equilibrium）状態である．本章では，平衡状態における化学種の濃度，自由エネルギー，平衡定数，平衡の移動などについて考察する．

3.1 化学平衡と質量作用の法則

化学種AとBからLとMが生成する反応を考えよう．この反応において，AとBを原系または反応系，LとMを生成系という．

$$a\mathrm{A} + b\mathrm{B} \rightleftarrows l\mathrm{L} + m\mathrm{M} \tag{3.1}$$

正反応速度 v_f は次式で表されるように，原系の反応物の濃度のべき乗に比例する．

$$v_\mathrm{f} = k_\mathrm{f}[\mathrm{A}]^a[\mathrm{B}]^b \tag{3.2}$$

ここで，k_f は正反応の速度定数（rate constant）である．[A] と [B] はモル濃度である．反応が進行するとAとBの濃度は低下し，正反応速度は減少する．一方，生成系のLとMの濃度は増加するのでLとMの反応によってAとBが再生する．この逆反応の速度は次のように表される．

$$v_\mathrm{b} = k_\mathrm{b}[\mathrm{L}]^l[\mathrm{M}]^m \tag{3.3}$$

k_b は逆反応の速度定数である．反応が動的平衡に達すると両方向の反応速度は等しくなる．

$$k_f[A]^a[B]^b = k_b[L]^l[M]^m \tag{3.4}$$

$$\frac{[L]^l[M]^m}{[A]^a[B]^b} = \frac{k_f}{k_b} = K \tag{3.5}$$

この式の K は平衡定数（equilibrium constant）とよばれ，温度と圧力に依存する定数である．この平衡定数は溶液内化学平衡の場合には，特に濃度平衡定数とよばれている．反応 (3.1) が平衡に達し，式 (3.5) が成立することを質量作用の法則 (law of mass action) という．式 (3.5) は希薄溶液では成立するが，一般には濃度の代わりに活量を用いなければならない．活量を用いた平衡定数は次のように定義される．

$$\mathbf{K} = \frac{a_L{}^l a_M{}^m}{a_A{}^a a_B{}^b} \tag{3.6}$$

これは熱力学的平衡定数とよばれている．この式の活量を式 (2.1) を用いて濃度と活量係数で表すと

$$\mathbf{K} = \frac{[L]^l f_L{}^l [M]^m f_M{}^m}{[A]^a f_A{}^a [B]^b f_B{}^b} = \frac{f_L{}^l f_M{}^m}{f_A{}^a f_B{}^b} K \tag{3.7}$$

となる．希薄溶液では，活量係数は 1 とみなせるので $\mathbf{K}$ と K は等しくなる．本書では，希薄溶液を対象としているので特に断らないかぎり，$\mathbf{K}$ は K に等しいものとして取り扱う．

［例題 3.1］

（a）0.5 モルの A と 1.0 モルの B を水に溶解して 1 dm^3 とした溶液で，A と B が次のように反応するとき，平衡（$K=0.6$）における A, B, C の濃度を計算せよ．

$$A + B \rightleftarrows 2C$$

（b）(a) の問題において平衡定数を 5.0×10^6 とし，A の濃度を 0.4 M，B の濃度を 0.7 M とした場合，平衡における A, B, C の濃度はいくらになるか．

（c）弱酸 HA の熱力学的平衡定数は $\mathbf{K} = 3 \times 10^{-6}$ である．イオン強度 0.2 において H$^+$ と A$^-$ の活量係数はそれぞれ 0.8 と 0.7 であるとき，濃度平衡定数を計算せよ．

（d）(c) の問題において，8×10^{-5} M の HA の水中およびイオン強度 0.2 の溶液中における解離度を計算せよ．

［解答］（a）反応した A の濃度を x(M) とすると平衡における A と B の濃度

はそれぞれ $(0.5-x)$ (M) と $(1.0-x)$ (M) となり，生成する C の濃度は $2x$ (M) となる．

$$\frac{[C]^2}{[A][B]}=\frac{(2x)^2}{(0.5-x)(1.0-x)}=K=0.6$$

$$3.4x^2+0.9x-0.3=0$$

$$x=0.193\,\mathrm{M}$$

$$[A]=0.307\,\mathrm{M},\quad [B]=0.807\,\mathrm{M},\quad [C]=0.386\,\mathrm{M}$$

(b) 平衡定数が大きいので A はほとんど反応すると考えられる．平衡において，残存する A の濃度を x (M) とすると，B の濃度は $(0.7-0.4+x)$ (M)，C の濃度は $(0.4\times 2-2x)$ (M) となる．

$$\frac{[C]^2}{[A][B]}=\frac{(0.8-2x)^2}{x(0.3+x)}=K=5.0\times 10^6$$

$x\ll 0.3\,\mathrm{M}$ であるので，

$$\frac{(0.8)^2}{0.3x}\fallingdotseq 5.0\times 10^6$$

$$x=4.27\times 10^{-7}\,\mathrm{M}$$

$$[A]=4.27\times 10^{-7}\,\mathrm{M},\quad [B]=0.3\,\mathrm{M},\quad [C]=0.8\,\mathrm{M}$$

(c) $\mathrm{HA}\ \rightleftharpoons\ \mathrm{H}^+ + \mathrm{A}^-$

$$\frac{[\mathrm{H}^+][\mathrm{A}^-]}{[\mathrm{HA}]}=K$$

$$\frac{a_{\mathrm{H}^+}a_{\mathrm{A}^-}}{a_{\mathrm{HA}}}=\boldsymbol{K}=\frac{[\mathrm{H}^+]f_{\mathrm{H}^+}[\mathrm{A}^-]f_{\mathrm{A}^-}}{[\mathrm{HA}]f_{\mathrm{HA}}}=\frac{f_{\mathrm{H}^+}f_{\mathrm{A}^-}}{f_{\mathrm{HA}}}K$$

中性の HA の活量係数は 1 であるので，$\boldsymbol{K}=Kf_{\mathrm{H}^+}f_{\mathrm{A}^-}$

$$K=\frac{\boldsymbol{K}}{f_{\mathrm{H}^+}f_{\mathrm{A}^-}}=\frac{3\times 10^{-6}}{0.8\times 0.7}=5.36\times 10^{-6}$$

(d) 水中では，$f_{\mathrm{H}^+}=f_{\mathrm{A}^-}\fallingdotseq 1$ である．生成した A^- と H^+ の濃度をそれぞれ x (M) とすると，残存する HA の濃度は $(8\times 10^{-5}-x)$ (M) となる．

$$\boldsymbol{K}=K=\frac{[\mathrm{H}^+][\mathrm{A}^-]}{[\mathrm{HA}]}=\frac{x^2}{8\times 10^{-5}-x}=3\times 10^{-6}$$

$$x^2+3\times 10^{-6}x-2.4\times 10^{-10}=0\quad x=[\mathrm{A}^-]=1.4\times 10^{-5}\,\mathrm{M}$$

$$\alpha=\frac{1.4\times 10^{-5}}{8.0\times 10^{-5}}\times 100=17.5\%$$

イオン強度 0.2 の溶液においては，問題 (c) の平衡定数を用いる．

$$K = \frac{[\mathrm{H^+}][\mathrm{A^-}]}{[\mathrm{HA}]} = \frac{x^2}{8 \times 10^{-5} - x} = 5.36 \times 10^{-6}$$

$$x^2 + 5.4 \times 10^{-6} x - 4.3 \times 10^{-10} = 0$$

$$x = [\mathrm{A^-}] = 1.8 \times 10^{-5} \, \mathrm{M}$$

$$\alpha = \frac{1.8 \times 10^{-5}}{8.0 \times 10^{-5}} \times 100 = 22.5\%$$

したがって，弱酸の解離度はイオン強度 0.2 の溶液では水中よりも 1.3 倍大きい．

3.2 平衡定数と自由エネルギー

一定の温度と圧力で，溶液中における化学反応の駆動力は熱力学的にはギブスの自由エネルギー G である．G は溶液中の物質 1 モルに対して次のように定義される．

$$G = G^0 + RT \ln a \tag{3.8}$$

ここで，G^0 は標準状態における純粋な物質の自由エネルギー，つまり活量 a が 1 のときの値である．R は気体定数 ($8.314 \, \mathrm{J\,K^{-1}\,mol^{-1}}$)，$T$ は絶対温度である．

反応 (3.1) の自由エネルギー変化 ΔG は生成物の自由エネルギーから反応物の自由エネルギーを差し引いた値である．

$$\Delta G = (l G_\mathrm{L} + m G_\mathrm{M}) - (a G_\mathrm{A} + b G_\mathrm{B}) \tag{3.9}$$

各物質の自由エネルギーを式 (3.8) で置換すると，

$$\begin{aligned}\Delta G = &(l G_\mathrm{L}^0 + lRT \ln a_\mathrm{L} + m G_\mathrm{M}^0 + mRT \ln a_\mathrm{M}) \\ &- (a G_\mathrm{A}^0 + aRT \ln a_\mathrm{A} + b G_\mathrm{B}^0 + bRT \ln a_\mathrm{B})\end{aligned} \tag{3.10}$$

となり，活量の項をまとめると

$$\Delta G = (l G_\mathrm{L}^0 + m G_\mathrm{M}^0) - (a G_\mathrm{A}^0 + b G_\mathrm{B}^0) + RT \ln \frac{a_\mathrm{L}^l a_\mathrm{M}^m}{a_\mathrm{A}^a a_\mathrm{B}^b} \tag{3.11}$$

となる．標準状態における各物質の自由エネルギーをまとめて次のように定義する．

$$\Delta G^0 = (l G_\mathrm{L}^0 + m G_\mathrm{M}^0) - (a G_\mathrm{A}^0 + b G_\mathrm{B}^0) \tag{3.12}$$

この式を用いると，式 (3.11) は

$$\Delta G = \Delta G^0 + RT \ln \frac{a_\mathrm{L}^l a_\mathrm{M}^m}{a_\mathrm{A}^a a_\mathrm{B}^b} \tag{3.13}$$

となる．ΔG^0 は標準自由エネルギー変化とよばれている．平衡においては，$\Delta G=0$ であるので

$$-\Delta G^0 = RT\ln\frac{a_L{}^l a_M{}^m}{a_A{}^a a_B{}^b} \tag{3.14}$$

となる．この式を変形すると次式が得られる．

$$e^{-\Delta G^0/RT} = \frac{a_L{}^l a_M{}^m}{a_A{}^a a_B{}^b} = K \tag{3.15}$$

ΔG^0 は活量に依存しないので，$e^{-\Delta G^0/RT}$ は一定温度で一定となり，平衡定数 K に相当する．式（3.15）より次式が導かれる．

$$\Delta G^0 = -RT\ln K = -2.303 RT \log K \tag{3.16}$$

つまり，熱力学的平衡定数は標準自由エネルギー変化から求められる．

ギブスの標準自由エネルギー変化は次式によって標準エンタルピー変化（ΔH^0）と標準エントロピー変化（ΔS^0）に関係づけられる．

$$\Delta G^0 = \Delta H^0 - T\Delta S^0 \tag{3.17}$$

化学反応において一定圧力で熱が放出されるとき，発熱反応（exothermic reaction）であり，ΔH^0 は負となる．熱が吸収されるとき，吸熱反応（endothermic reaction）であり，ΔH^0 は正となる．エントロピー変化は反応における無秩序さの尺度であり，無秩序さが増すときエントロピーは増大する．自然に起こる化学反応は一般には発熱反応のときであるが，もっと正確な表現は ΔG^0 が負のときである．

[例題 3.2]
（a） 25℃において標準自由エネルギー変化が 27.5 kJ/mol であるとき平衡定数を計算せよ．
（b） 希薄水溶液において次の反応が平衡にあり，Cu^+ と Cu^{2+} の濃度はそれぞれ 0.1 M と 0.8 M である．

$$2\,Cu^+ \rightleftharpoons Cu^{2+} + Cu$$

この反応の平衡定数と 30℃における ΔG^0 を計算せよ．
（c） 25℃で平衡定数が 2.5×10^3 である反応がある．この反応の標準エンタピー変化は -18.9 kJ/mol である．この反応のエントロピー変化を計算せよ．

[解答]　（a）　$\Delta G^0 = 27.5$ kJ/mol であるので式（3.16）より

$$27.5\times10^3 = -2.303\times8.314\times298.15\log K$$

$$\log K = -4.817$$
$$K = 1.52 \times 10^{-5}$$

(b)　$K = \dfrac{[\mathrm{Cu}^{2+}]}{[\mathrm{Cu}^{+}]^2} = \dfrac{0.8}{(0.1)^2} = 80$ であるので式（3.16）より

$$\Delta G^0 = -2.303 \times 8.314 \times 303.15 \log 80 = -11.05 \text{ kJ/mol}$$

(c)　$\Delta G^0 = -2.303 \times 8.314 \times 298.15 \log(2.5 \times 10^3) = -19.4 \text{ kJ/mol}$ であるので式（3.17）より

$$-19.4 = -18.9 - T\Delta S^0$$
$$\Delta S^0 = \dfrac{(19.4 - 18.9) \times 10^3}{298.15} = 1.68 \text{ J/K mol}$$

3.3　化学平衡の移動

3.3.1　温度の影響

式（3.16）を式（3.17）に代入して，変形すると次式が得られる．

$$\ln K = -\dfrac{\Delta H^0}{RT} + \dfrac{\Delta S^0}{R} \tag{3.18}$$

この式は平衡定数がエンタルピー変化とエントロピー変化に関係することを示している．ある温度 T_1 における平衡定数を K_1，温度 T_2 における平衡定数を K_2 とし，両辺の差をとると式（3.19）が得られる．

$$\ln K_1 - \ln K_2 = -\dfrac{\Delta H^0}{R}\left(\dfrac{1}{T_1} - \dfrac{1}{T_2}\right) \tag{3.19}$$

この式は一般にはファント・ホッフの式で表される．

$$\dfrac{\mathrm{d}\ln K}{\mathrm{d}T} = \dfrac{\Delta H^0}{RT^2} \tag{3.20}$$

式（3.20）を積分すると

$$\log K = -\dfrac{\Delta H^0}{2.303}\left(\dfrac{1}{T}\right) + C \tag{3.21}$$

となる．ここで，C は定数である．この式から明らかなように，$\log K$ は $1/T$ に比例するので，その勾配から ΔH^0 を求めることができる．

3.3.2　ル・シャトリエの原理

式（3.19）から平衡定数の温度による影響を知ることができる．反応（3.1）

の平衡が温度変化によってどのように影響されるかを考えてみよう．反応 (3.1) が発熱反応のとき ($\Delta H^0 < 0$)，温度を T_1 から T_2 に上げると $K_1 > K_2$ となり平衡は原系の方向に移動する．逆に，温度を T_1 から T_2 に下げると，$K_1 < K_2$ となり平衡は生成系の方向に移動する．つまり，発熱反応では，温度を下げると生成物の濃度が増加するが，温度を上げると生成物の濃度は減少する．一方，反応 (3.1) が吸熱反応のとき ($\Delta H^0 > 0$)，温度を T_1 から T_2 に上げると $K_1 < K_2$ となり，平衡は生成系の方に移動する．逆に，温度を T_1 から T_2 に下げると $K_1 > K_2$ となり，平衡は原系の方向に移動する．つまり，吸熱反応では，温度を上げると生成物の濃度が増加するが，温度を下げると生成物の濃度は減少する．これは「平衡にある系に対して外的な力を加えると，平衡の位置はその力による効果を打ち消すかまたは緩和する方向に移動する」というル・シャトリエの原理である．上の例では，温度について述べたが，圧力あるいは反応種の濃度を変えても平衡は移動する．いずれにしろ，平衡状態にある系はその状態を決めている因子（温度，圧力，濃度）が変化すると，系はそれによって生じる効果を打ち消す方向に移動して再び新しい平衡に達する．

3.3.3 共通イオン効果

ル・シャトリエの原理から予想されるように，次の弱酸 HA の平衡反応において A^- を添加すると平衡は左側に移動し，$[H^+]$ は減少する．あるいは，強酸溶液中では，弱酸の解離は減少する．

$$HA \rightleftharpoons H^+ + A^- \tag{3.22}$$

これは共通イオン効果（common ion effect）とよばれている．このような効果は沈殿平衡などにもみられ，共通イオンが存在すると溶解度は減少する．

［例題 3.3］

(a) ある反応の平衡定数が 20°C で 3.4×10^{-6}，38°C で 6.7×10^{-6} である．この反応の ΔH^0 を計算せよ．

(b) 解離定数が 5.0×10^{-5} である弱酸 HA の 0.5 M 溶液における H^+ と A^- の濃度を計算せよ．

(c) 問題 (b) で溶液に 0.5 M の NaA を加えた場合の $[H^+]$ と $[A^-]$ を計算せよ．

［解答］　(a) $K_1 = 3.4 \times 10^{-6}$，$K_2 = 6.7 \times 10^{-6}$，$T_1 = 293.15$，$T_2 = 311.15$ を式

(3.19) に代入すると

$$\ln\left(\frac{3.4\times 10^{-6}}{6.7\times 10^{-6}}\right)=-\frac{\Delta H^0}{8.314}\left(\frac{1}{293.15}-\frac{1}{311.15}\right)$$

$$\Delta H^0=28.6\,\mathrm{kJ/mol}$$

となる.

(b)　HA $\rightleftharpoons$ H$^+$ + A$^-$

生成した A$^-$ と H$^+$ 濃度をそれぞれ x (M) とすると，残存する HA の濃度は $(0.5-x)$(M) となるので

$$K=\frac{[\mathrm{H}^+][\mathrm{A}^-]}{[\mathrm{HA}]}=\frac{x^2}{0.5-x}=5.0\times 10^{-5}$$

平衡定数が小さいので解離によって生じた A$^-$ の濃度は 0.5 M よりもはるかに小さいので，$x\ll 0.5\,\mathrm{M}$ とすると

$$x^2 \fallingdotseq 2.5\times 10^{-5} \qquad x=[\mathrm{H}^+]=[\mathrm{A}^-]=5.0\times 10^{-3}\,\mathrm{M}$$

となる.

(c)　HA $\rightleftharpoons$ H$^+$ + A$^-$

溶液に 0.5 M の NaA を加えると [A$^-$] は $(0.5+x)$(M) となる.

$$K=\frac{x(0.5+x)}{(0.5-x)}=5.0\times 10^{-5}$$

$x\ll 0.5\,\mathrm{M}$ であるので，$x\fallingdotseq 5.0\times 10^{-5}\,\mathrm{M}$

したがって，[H$^+$]$=5.0\times 10^{-5}$ M，[A$^-$]$=0.5$ M となる.

　問題 (b) と (c) の結果からわかるように，溶液に NaA を加えると共通イオン効果により [H$^+$] は 1/100 に減少する.

3.4 平衡定数を用いる計算

3.4.1 物質収支条件

　ある化合物を溶媒に溶解する場合，溶解前の化合物の全原子数と溶解後の全原子数は同じである．また，2種類の化合物が反応し異なる化学種になっても反応前後の全原子数は変わらない．これが物質収支 (material balance) 条件である．例えば，1 モルの HCN を水に溶解すると，一部は H$^+$ と CN$^-$ に解離し，一部は未解離の HCN のままである．しかし，HCN と CN$^-$ の量の和は 1 モルである.

3.4.2 電気中性条件

電気的に中性の物質を溶媒に溶解して得られる溶液は電気的に中性である．つまり，正電荷の全モル数は負電荷の全モル数に等しくなければならない．これが電気中性（electroneutrality）条件である．1価イオンの1モルは正または負電荷の1モルに相当する．2価イオンは2モルの電荷に相当する．例えば，H_3PO_4 を水に溶解した場合，H^+, $H_2PO_4^-$, HPO_4^{2-}, PO_4^{3-} に解離する．PO_4^{3-} と HPO_4^{2-} の1モルはそれぞれ3モルと2モルの負電荷に相当する．この場合，電気中性条件は水の解離も考慮して次のように表される．

$$[H^+] = [OH^-] + [H_2PO_4^-] + 2[HPO_4^{2-}] + 3[PO_4^{3-}] \quad (3.23)$$

3.4.3 プロトン条件

HCl を水に溶解すると，H^+ と Cl^- に解離する．この際，HCl と H_2O はゼロ準位（zero level）にあるという．ゼロ準位よりもプロトンの多い化学種の全濃度はゼロ準位よりもプロトンの少ない化学種の全濃度に等しくなければならない．これがプロトン条件（proton condition）である．HCl 水溶液の場合，ゼロ準位よりもプロトンの多い化学種は H^+ のみである．ゼロ準位よりもプロトンの少ない化学種は Cl^- と OH^- であるので，プロトン条件は

$$[H^+] = [Cl^-] + [OH^-] \quad (3.24)$$

である．また，別の例として Na_2HPO_4 水溶液の場合，ゼロ準位は HPO_4^{2-} と H_2O である．HPO_4^{2-} と H_2O がこれ以上反応しないとすればプロトン条件は次のようになる．

$$[H^+] = [OH^-] \quad (3.25)$$

しかし，実際には，HPO_4^{2-} はさらに反応して PO_4^{3-}, $H_2PO_4^-$ あるいは H_3PO_4 を生じるので，プロトン条件は

$$[H^+] + 2[H_3PO_4] + [H_2PO_4^-] = [PO_4^{3-}] + [OH^-] \quad (3.26)$$

である．$[H_3PO_4]$ の前の2は H_3PO_4 がゼロ準位（HPO_4^{2-}）よりもプロトンが2個多いことを意味する．なお，Na^+ はプロトン条件には影響しない．

3.4.4 問題の解き方

平衡の問題を解くときには，通常平衡定数の式，電気中性条件式，物質収支条

件式を用いる．さらに，さまざまな近似を適用して問題を単純化する．例えば，平衡定数 1.0×10^{-5} の弱酸 HA 1.0 モルを水に溶解して $1\,\mathrm{dm}^3$ とした溶液の H^+，A^- および HA の濃度を計算してみよう．

(i) 平衡反応

HA は弱酸であるので大部分は未解離の形で存在する．$\mathrm{H_2O}$ の解離は無視できる．

$$\mathrm{HA} \rightleftharpoons \mathrm{H}^+ + \mathrm{A}^- \tag{3.27}$$

(ii) 平衡定数の式

反応 (3.27) の平衡定数は次式で表される．

$$\frac{[\mathrm{H}^+][\mathrm{A}^-]}{[\mathrm{HA}]}=K=1.0\times 10^{-5} \tag{3.28}$$

(iii) 電気中性条件式

平衡反応において全正電荷と全負電荷の濃度は等しい．

$$[\mathrm{H}^+]=[\mathrm{A}^-] \tag{3.29}$$

(iv) 物質収支条件式

未解離の HA と解離した A^- の濃度の和は初めの弱酸の濃度に等しい．

$$[\mathrm{HA}]+[\mathrm{A}^-]=1.0\,\mathrm{M} \tag{3.30}$$

(v) 連立方程式

3つの未知数 $[\mathrm{H}^+]$，$[\mathrm{A}^-]$ および $[\mathrm{HA}]$ は3つの式を連立させて解くことができる．式 (3.29) と (3.30) を式 (3.28) に代入すると

$$\frac{[\mathrm{H}^+]^2}{1.0-[\mathrm{H}^+]}=1.0\times 10^{-5} \tag{3.31}$$

$$[\mathrm{H}^+]^2+1.0\times 10^{-5}[\mathrm{H}^+]-1.0\times 10^{-5}=0$$

$$[\mathrm{H}^+]=\frac{-1.0\times 10^{-5}+\sqrt{(1.0\times 10^{-5})^2+4\times 1.0\times 10^{-5}}}{2}=3.158\times 10^{-3}\,\mathrm{M}$$

となる．このように得られた値は厳密な解である．

(vi) 近似解

この問題は上記のように2次方程式を解くことによって厳密に解くことができるが，かなり手間がかかる．一般に3次，4次式を厳密に解くのはかなり困難である．しかし，このような問題は化学的直感に基づいて近似を適用することによって単純化できる場合が多い．上の問題においては，解離定数が小さいので HA の解離は小さいはずである．したがって，$[\mathrm{A}^-]$ は $[\mathrm{HA}]$ よりもはるかに小さ

い．
$$[A^-] \ll [HA]$$
式 (3.30) より
$$[HA] \fallingdotseq 1.0 \, M$$
となる．よって，式 (3.31) は簡単になり，
$$[H^+]^2 = 1.0 \times 10^{-5} \quad [H^+] = 3.162 \times 10^{-3} \, M$$
となる．この値は厳密に解いた値 (3.158×10^{-3} M) にきわめて近い．このように，近似を適用することは問題解決に有用であることがわかる．

[例題 3.4]
(a) 0.5 M の NaCN，0.1 M の NaCl および 0.6 M の HCN を含む溶液における電気中性条件と物質収支条件を示せ．

(b) 次の 4 つの式を用いて $[H^+]$，$[A^-]$，$[HA]$ および $[Na^+]$ の厳密解と近似解 ($[H^+] \ll 0.5$ M として) を求めよ．

① $\dfrac{[H^+][A^-]}{[HA]} = 1.0 \times 10^{-3}$ ② $[H^+] + [Na^+] = [A^-]$

③ $[HA] + [A^-] = 2.0 \, M$ ④ $[Na^+] = 0.5 \, M$

(c) 1.0 M のギ酸 ($K_a = 1.7 \times 10^{-4}$) と 0.5 M のギ酸カリウムを含む溶液における $HCOO^-$，H^+，$HCOOH$ および K^+ の濃度を計算せよ．

[解答] (a) NaCN と NaCl は完全に解離し，HCN は弱酸である．

$NaCN \longrightarrow Na^+ + CN^- \quad NaCl \longrightarrow Na^+ + Cl^-$

$HCN \rightleftharpoons H^+ + CN^-$

電気中性条件：$[Na^+] + [H^+] = [Cl^-] + [CN^-]$

物質収支条件：$[Na^+] = 0.5 + 0.1 = 0.6 \, M$

$[Cl^-] = 0.1 \, M$

$[HCN] + [CN^-] = 0.5 + 0.6 = 1.1 \, M$

(b) 厳密解：②と④より，$[A^-] = [H^+] + 0.5$

③より，$[HA] = 2.0 - ([H^+] + 0.5) = 1.5 - [H^+]$ となるので①の平衡定数の式に代入すると

$$\frac{[H^+]([H^+] + 0.5)}{1.5 - [H^+]} = 1.0 \times 10^{-3}$$

$$[H^+]^2 + 0.501[H^+] - 1.5 \times 10^{-3} = 0$$

となるので，これを解くと

$$[H^+]=\frac{-0.501+\sqrt{(0.501)^2+4\times 1.5\times 10^{-3}}}{2}=2.976\times 10^{-3}\,M$$

$$[A^-]=0.503\,M, \quad [HA]=1.497\,M, \quad [Na^+]=0.5\,M$$

となる．

近似解：$[H^+]\ll 0.5\,M$ とすると，平衡定数の式は簡単になる．

$$\frac{[H^+]([H^+]+0.5)}{1.5-[H^+]}=1.0\times 10^{-3}\fallingdotseq\frac{[H^+]\times 0.5}{1.5}$$

$$[H^+]=3.0\times 10^{-3}\,M$$

$$[A^-]=0.503\,M, \quad [HA]=1.497\,M, \quad [Na^+]=0.5\,M$$

このように，近似解と厳密解はほとんど同じである．

(c) (i) 平衡反応

$$HCOOH \rightleftharpoons H^+ + HCOO^- \quad\quad HCOOK \longrightarrow K^+ + HCOO^-$$

(ii) 平衡定数の式

$$\frac{[H^+][HCOO^-]}{[HCOOH]}=K_a=1.7\times 10^{-4}$$

(iii) 電気中性条件

$$[H^+]+[K^+]=[HCOO^-]$$

(iv) 物質収支条件

$$[K^+]=0.5\,M$$

$$[HCOOH]+[HCOO^-]=1.0+0.5=1.5\,M$$

(v) 以上の式を連立して解くと次のようになる．

$$[HCOO^-]=[H^+]+0.5$$

$$[HCOOH]=1.5-([H^+]+0.5)=1.0-[H^+]$$

$$\frac{[H^+]([H^+]+0.5)}{1.0-[H^+]}=1.7\times 10^{-4}$$

$$[H^+]^2+(0.5+1.7\times 10^{-4})[H^+]-1.7\times 10^{-4}=0$$

この式を厳密に解くと，$[H^+]=3.398\times 10^{-4}\,M$ となる．

一方，近似を適用すると，$[H^+]\ll 0.5\,M$ であるので

$$\frac{[H^+]([H^+]+0.5)}{1.0-[H^+]}\fallingdotseq [H^+]\times 0.5=1.7\times 10^{-4} \quad\quad [H^+]=3.4\times 10^{-4}\,M$$

となる．この値は厳密解とほとんど同じである．

$[\text{HCOO}^-]=0.5\,\text{M}$, $[\text{HCOOH}]=1.0\,\text{M}$, $[\text{K}^+]=0.5\,\text{M}$

演習問題

3.1 次の反応の平衡定数の式を書け．
- (1) $\text{HAsO}_2 \rightleftharpoons \text{H}^+ + \text{AsO}_2^-$
- (2) $\text{BaSO}_4(固) \rightleftharpoons \text{Ba}^{2+} + \text{SO}_4^{2-}$
- (3) $\text{Zn}^{2+} + 4\,\text{CN}^- \rightleftharpoons \text{Zn(CN)}_4^{2-}$
- (4) $\text{Hg}_2\text{Cl}_2(固) \rightleftharpoons 2\,\text{Hg}^+ + 2\,\text{Cl}^-$
- (5) $\text{NH}_3 + \text{H}_2\text{O} \rightleftharpoons \text{NH}_4^+ + \text{OH}^-$

3.2 次の平衡定数の式が表す化学反応式を書け．
- (1) $K=\dfrac{[\text{Zn}^{2+}]}{[\text{Cu}^{2+}]}$
- (2) $K=\dfrac{[\text{Cu}^{2+}]}{[\text{Cu}^+]^2}$
- (3) $K=\dfrac{[\text{CN}^-]}{[\text{Ag(CN)}_2^-]}$
- (4) $K=[\text{Ag}^+][\text{Cl}^-]$
- (5) $K=\dfrac{[\text{H}_2\text{CO}_3]}{[\text{CO}_2]}$
- (6) $K=\dfrac{[\text{H}_3\text{AsO}_4][\text{I}^-]^3[\text{H}^+]^2}{[\text{H}_3\text{AsO}_3][\text{I}_3^-]}$

3.3 $1\,\text{dm}^3$ のフラスコに HI, H_2 および I_2 がそれぞれ 1.49×10^{-2} モル，6.55×10^{-4} モルおよび 7.0×10^{-3} モル存在し，平衡にある．(1) この反応の平衡定数を計算せよ．(2) 初めに HI のみが 2×10^{-3} モル存在するとき，平衡におけるそれぞれの濃度を計算せよ．

3.4 次の反応は $1\,\text{dm}^3$ の容器中で 17% の N_2O_4 が NO_2 に転化して平衡に達する．
$$\text{N}_2\text{O}_4 \rightleftharpoons 2\,\text{NO}_2$$
この反応の平衡定数を計算せよ．

3.5 次のエステル化反応 ($K=4.3$) において，酢酸とエタノールの初期濃度をそれぞれ $1\,\text{M}$ と $0.5\,\text{M}$ とするとき，生成するエステルの濃度を計算せよ．
$$\text{CH}_3\text{COOH} + \text{C}_2\text{H}_5\text{OH} \rightleftharpoons \text{CH}_3\text{COOC}_2\text{H}_5 + \text{H}_2\text{O}$$

3.6 次の反応の標準自由エネルギー変化は $5.5\,\text{kJ/mol}$ である．
$$\text{N}_2\text{O}_4 \rightleftharpoons 2\,\text{NO}_2$$
この反応の 25°C における平衡定数を計算せよ．

3.7 糖および水の標準生成自由エネルギー (ΔG_f^0) はそれぞれ $-915.4\,\text{kJ/mol}$ および $-237.0\,\text{kJ/mol}$ である．次の反応の (1) 標準自由エネルギー変化と (2) 25°C における平衡定数を計算せよ．

$$C_6H_{12}O_6 \rightleftharpoons 6C + 6H_2O$$

3.8 2000 K で標準自由エネルギー変化が -274.9 kJ/mol である反応の平衡定数を計算せよ.

3.9 ある反応の 25°C における ΔH^0 が -25 kJ/mol, エントロピー変化が 1.1 J/K mol である. この反応の平衡定数を計算せよ.

3.10 問題 [3.9] において ΔH^0 は 25°C から 300°C まで一定であるとして 300°C における平衡定数を計算せよ.

3.11 25°C 水溶液中で酢酸 ($K_a = 1.8 \times 10^{-5}$) が解離するとき ΔH^0 は 0.65 kJ/mol である. この反応のエントロピー変化を計算せよ.

3.12 ある反応の平衡定数と温度の関係は次のとおりである.

温度 (°C)	527	727
K	0.0319	0.540

この反応の (1) ΔH^0 と (2) 600°C における平衡定数を計算せよ.

3.13 $CaCO_3$ の解離反応は次ぎのように表される.

$$CaCO_3 \rightleftharpoons CaO + CO_2$$

CO_2 の分圧は 750°C で 0.066 atm, 900°C で 0.921 atm であった. この反応の (1) ΔH^0 と (2) 800°C における CO_2 の分圧を計算せよ.

3.14 ある反応の標準自由エネルギー変化は次式で表される.

$$\Delta G^0 (\text{kJ/mol}) = 90.29 - 0.0105 T$$

この反応の (1) 1000 K と (2) 2000 K における平衡定数を計算せよ.

3.15 次の溶液において電気中性条件が成り立つことを示せ.

(1) 5 g の $AgClO_4$ と 10 g の $HClO_4$ を含む溶液

(2) 0.5 モルの $K_3[Fe(CN)_6]$ と 10 g の KCl を含む溶液

(3) 15 g の $CuSO_4$ と 5 g の Na_2SO_4 を含む溶液

3.16 次の溶液における電気中性条件と物質収支条件の式を書け.

(1) 0.1 モルの HCN と 0.5 モルの NaCN を含む 0.5 dm³ の溶液

(2) 0.05 モルの HCl と 0.01 モルの HCN を含む 0.2 dm³ の溶液

(3) 0.1 モルの NaCl, 0.5 モルの NaCN および 0.2 モルの HCl を含む 0.5 dm³ の溶液

(4) 0.1 モルの HNO_3, 0.05 モルの HF および 0.01 モルの HCN を含む 0.1 dm³ の溶液

(5) 0.5 モルの NH_4Cl, 0.2 モルの HCl および 0.05 モルの NaCl を含む

0.5 dm³ の溶液

3.17 次の化合物を含む水溶液におけるプロトン条件の式を書け．
　(1) CH_3COOH　(2) CH_3COONa　(3) NH_4Cl　(4) Na_2S
　(5) Na_2CO_3

3.18 3 M の弱酸 HA（$K_a = 1.0 \times 10^{-2}$）と 1 M の塩 NaA を含む溶液における化学種の濃度の (1) 近似解と (2) 厳密解を求めよ．

3.19 0.5 M の弱酸 HX（$K_a = 1.0 \times 10^{-5}$）と 0.1 M の塩 KX を含む溶液における化学種の濃度の (1) 近似解と (2) 厳密解を求めよ．

3.20 0.01 M の NH_3（$K_b = 1.8 \times 10^{-5}$）を含む溶液のすべての化学種の濃度の (1) 近似解と (2) 厳密解を求めよ．

第4章　酸塩基平衡

　酸と塩基の定義はブレーンステッドとローリーあるいはルイスによってなされている．ブレーンステッドとローリーによれば酸はプロトンの供与体であり，塩基はプロトンの受容体である．酸と塩基はそれ自身がもつ絶対的な特質ではなく，溶媒に依存する．酢酸は水中では酸であるが，硫酸中では塩基である．一方，ルイスによれば，酸は電子対を受け入れる原子，イオンまたは原子団であり，塩基は電子対の供与体である．したがって，酸塩基反応は配位反応とみなすことができる．大部分の金属イオンはルイス酸であり，配位子はルイス塩基である．本章では，水溶液中におけるブレーンステッド酸塩基を取り扱う．

4.1　酸と塩基

　シアン化水素 HCN は水中では次のようにイオン化するが，弱酸であるので大部分の HCN は未解離である．

$$HCN + H_2O \rightleftharpoons H_3O^+ + CN^- \qquad (4.1)$$

HCN はプロトン供与体であり，H_2O はプロトン受容体である．したがって，HCN は酸であり，H_2O は塩基である．また，CN^- はプロトンを受け取るので HCN の共役塩基（conjugate base）であり，H_3O^+ はプロトンを与えるので H_2O の共役酸（conjugate acid）である．反応 (4.1) の平衡定数は次式で表される．

$$\frac{[H_3O^+][CN^-]}{[HCN][H_2O]} = K \qquad (4.2)$$

この反応において水の濃度はほとんど変化しないので $K[H_2O]$ を一定とし，オキソニウムイオン H_3O^+ を H^+ で簡略化すると

$$\frac{[\mathrm{H}^+][\mathrm{CN}^-]}{[\mathrm{HCN}]} = K[\mathrm{H_2O}] = K_\mathrm{a} \qquad (4.3)$$

となる．この式において，K_a は酸解離定数（acid dissociation constant）である．

$\mathrm{NH_3}$ は水中では，アンモニウムイオン $\mathrm{NH_4^+}$ となる．

$$\mathrm{NH_3 + H_2O \rightleftharpoons NH_4^+ + OH^-} \qquad (4.4)$$

$\mathrm{NH_3}$ はプロトン受容体であるので塩基である．この反応では，$\mathrm{H_2O}$ はプロトン供与体であるので酸である．また，$\mathrm{NH_4^+}$ は $\mathrm{NH_3}$ の共役酸であり，$\mathrm{OH^-}$ は $\mathrm{H_2O}$ の共役塩基である．塩基解離定数（base dissociation constant）K_b は次のように表される．

$$\frac{[\mathrm{NH_4^+}][\mathrm{OH^-}]}{[\mathrm{NH_3}]} = K[\mathrm{H_2O}] = K_\mathrm{b} \qquad (4.5)$$

4.2 水のイオン積と pH

水は非常に弱い電解質であるのでわずかに $\mathrm{H^+}$ と $\mathrm{OH^-}$ に解離している．

$$\mathrm{H_2O \rightleftharpoons H^+ + OH^-} \qquad (4.6)$$

25℃におけるこの反応の平衡定数は

$$\frac{[\mathrm{H^+}][\mathrm{OH^-}]}{[\mathrm{H_2O}]} = K = 1.8 \times 10^{-16} \qquad (4.7)$$

である．水の濃度は $1\,000\,(\mathrm{g/dm^3})/18\,(\mathrm{g/mol}) = 55.6\,\mathrm{mol/dm^3}$ であり，反応前後でほぼ一定とみなせるので

$$[\mathrm{H^+}][\mathrm{OH^-}] = K_\mathrm{w} = 1.0 \times 10^{-14} \qquad (4.8)$$

となる．K_w は水のイオン積（ion product）とよばれ，次のように温度に依存する．

温度(℃)	0	10	20	25	50
K_w	1.14×10^{-15}	2.92×10^{-15}	6.8×10^{-15}	1.00×10^{-14}	5.48×10^{-14}

水の解離における電気中性条件は

$$[\mathrm{H^+}] = [\mathrm{OH^-}] \qquad (4.9)$$

であるので，式 (4.8) より

$$[\mathrm{H^+}] = \sqrt{1.0 \times 10^{-14}} = 1.0 \times 10^{-7}\,\mathrm{M} \qquad (4.10)$$

となる．つまり，25℃の水は $1.0×10^{-7}$ M の水素イオンを含んでいることになる．しかし，50℃における水の水素イオン濃度は $2.3×10^{-7}$ M である．

溶液中の水素イオン濃度を表すとき，一般に水素イオンの活量の逆数の対数を用いる．

$$\mathrm{pH} = \log\frac{1}{a_{\mathrm{H}^+}} = -\log a_{\mathrm{H}^+} \qquad (4.11)$$

水溶液中においては，水素イオンの活量係数は1に近いので活量の代わりに水素イオン濃度を用いることができる．

$$\mathrm{pH} = -\log[\mathrm{H}^+] \qquad (4.12)$$

[OH⁻] に対しても同様に定義する．

$$\mathrm{pOH} = -\log[\mathrm{OH}^-] \qquad (4.13)$$

式（4.8）の対数をとり，それぞれの定義から

$$\mathrm{pH} + \mathrm{pOH} = \mathrm{p}K_\mathrm{w}{}^* = 14 \qquad (4.14)$$

となる．25℃において，中性は pH＝pOH＝7.0 であり，pH＜7 で酸性，pH＞7 で塩基性である．しかし，中性の水の pH は温度によって変化する．

温度（℃）	0	10	20	25	50
pH	7.47	7.27	7.08	7.00	6.63

[例題 4.1]
(a) ある溶液の [H⁺] が $5.5×10^{-3}$ mol/dm³ であるとき，pH を計算せよ．
(b) pH が 9.78 の溶液の [H⁺] と [OH⁻] を計算せよ．
(c) $3.0×10^{-3}$ M の NaOH 溶液の [H⁺] と pH を計算せよ．
(d) $2.35×10^{-3}$ M の NH₃ 溶液の [H⁺]，[OH⁻] および pH を計算せよ．ただし，NH₃ の K_b は $1.75×10^{-5}$ である．

[解答] (a) [H⁺]＝$5.5×10^{-3}$ M であるので

$$\mathrm{pH} = -\log[\mathrm{H}^+] = -\log(5.5×10^{-3}) = 2.26$$

(b) pH＝$-\log[\mathrm{H}^+]$＝9.78 であるので

$$[\mathrm{H}^+] = 10^{-9.78} = 1.66×10^{-10} \text{ M}$$

$$[\mathrm{OH}^-] = \frac{10^{-14}}{10^{-9.78}} = 10^{-4.22} = 6.0×10^{-5} \text{ M}$$

---

* pK_w は pH と同様に，K_w の逆数の対数値である．p$K_\mathrm{w} = \log\frac{1}{K_\mathrm{w}} = -\log K_\mathrm{w}$

(c) $[OH^-] = 3.0 \times 10^{-3}$ M であるので

$$[H^+] = \frac{10^{-14}}{3 \times 10^{-3}} = 3.33 \times 10^{-12} \text{ M}$$

$$\text{pH} = -\log[H^+] = -\log(3.33 \times 10^{-12}) = 11.5$$

(d) $NH_3 + H_2O \rightleftharpoons NH_4^+ + OH^-$

生成した NH_4^+ と OH^- の濃度をそれぞれ x(M) とすると,残存する NH_3 の濃度は $(2.35 \times 10^{-3} - x)$(M) である.

$$\frac{[NH_4^+][OH^-]}{[NH_3]} = \frac{x^2}{2.35 \times 10^{-3} - x} = 1.75 \times 10^{-5}$$

K_b が小さいので,$x \ll 2.35 \times 10^{-3}$ M と考えられるので,$x^2 \fallingdotseq 4.11 \times 10^{-8}$ となる.

$$x = [OH^-] = 2.03 \times 10^{-4} \text{ M}$$

$$[H^+] = \frac{10^{-14}}{2.03 \times 10^{-4}} = 4.93 \times 10^{-11} \text{ M}$$

$$\text{pH} = -\log(4.93 \times 10^{-11}) = 10.3$$

4.3 弱酸または弱塩基のみを含む溶液

水溶液中における弱酸は酸解離定数が 10^{-3} 以下のもので,多くの有機酸,ホウ酸,ケイ酸などである.弱塩基は解離度の小さなアンモニアや有機アミンなどである.まず,濃度 C_A の弱酸のみを含む水溶液で,$[OH^-]$ を無視できない場合の pH の問題を考えてみよう.

(i) 平衡反応は酸と水の解離である.

$$HA \rightleftharpoons H^+ + A^- \tag{4.15}$$

$$H_2O \rightleftharpoons H^+ + OH^- \tag{4.16}$$

(ii) 平衡定数の式はそれぞれ

$$\frac{[H^+][A^-]}{[HA]} = K_a \tag{4.17}$$

$$[H^+][OH^-] = K_w \tag{4.18}$$

である.

(iii) 電気中性条件

$$[H^+] = [A^-] + [OH^-] \tag{4.19}$$

この式はプロトン条件の式と考えることもできる．この溶液のゼロ準位はHAとH_2Oであるので，ゼロ準位よりもプロトンの多い化学種はH^+であり少ないものはA^-とOH^-であるから，プロトン条件は式 (4.19) となる．

(iv) 物質収支条件

$$[HA] + [A^-] = C_A \tag{4.20}$$

(v) 連立方程式

式 (4.19) と式 (4.20) より $[HA] = C_A - ([H^+] - [OH^-])$ であるので，式 (4.17) は

$$\frac{[H^+]([H^+] - [OH^-])}{C_A - ([H^+] - [OH^-])} = K_a \tag{4.21}$$

となる．式 (4.18) を用いると

$$\frac{[H^+]([H^+] - K_w/[H^+])}{C_A - ([H^+] - K_w/[H^+])} = K_a \tag{4.22}$$

となる．この式を変形すると次式が得られる．

$$[H^+]^3 + K_a[H^+]^2 - (C_A K_a + K_w)[H^+] - K_a K_w = 0 \tag{4.23}$$

この3次式を解くことによって $[H^+]$ を厳密に求めることができるが，かなりの手間がかかる．

(vi) 近似解

前章で説明したように，近似を正しく適用すれば厳密解と近似解はほとんど同じである．弱酸の溶液であるから式 (4.21) において $[H^+] \gg [OH^-]$ と考えることができる．この近似を適用すると，

$$\frac{[H^+]^2}{C_A - [H^+]} = K_a \tag{4.24}$$

$$[H^+]^2 + K_a[H^+] - K_a C_A = 0 \tag{4.25}$$

が得られる．この式は2次式であるので式 (4.23) よりもはるかに簡単である．さらに，近似を適用すると以下のようになる．

K_a が小さいことを考慮すると，$[H^+] \ll C_A$ であるので式 (4.24) は

$$\frac{[H^+]^2}{C_A} = K_a$$

$$[H^+] = \sqrt{K_a C_A} \tag{4.26}$$

となる．この式の対数をとると

$$\mathrm{pH} = \frac{1}{2}(\mathrm{p}K_\mathrm{a} - \log C_\mathrm{A}) \tag{4.27}$$

となる．式 (4.27) は弱酸のみを含む溶液における pH の簡便な計算式である．

また，弱酸の溶液が中性付近であれば式 (4.21) において，$([\mathrm{H}^+]-[\mathrm{OH}^-])$ ≪ C_A と近似できるので

$$\frac{[\mathrm{H}^+]([\mathrm{H}^+]-[\mathrm{OH}^-])}{C_\mathrm{A}} = K_\mathrm{a} \tag{4.28}$$

$$[\mathrm{H}^+] = \sqrt{K_\mathrm{a} C_\mathrm{A} + K_\mathrm{w}} \tag{4.29}$$

となる．この式は，式 (4.26) と比較して，弱酸の溶液が中性付近の場合には $[\mathrm{OH}^-]$ の寄与が無視できないことを示している．

次に，弱塩基のみを含む溶液について考えてみよう．弱塩基 B の濃度を C_B とする．

(i) 平衡反応

$$\mathrm{B} + \mathrm{H_2O} \rightleftharpoons \mathrm{HB}^+ + \mathrm{OH}^- \tag{4.30}$$

(ii) 平衡定数の式

$$\frac{[\mathrm{HB}^+][\mathrm{OH}^-]}{[\mathrm{B}]} = K_\mathrm{b} \tag{4.31}$$

(iii) 電気中性条件

$$[\mathrm{H}^+] + [\mathrm{HB}^+] = [\mathrm{OH}^-] \tag{4.32}$$

この溶液のゼロ準位は B と $\mathrm{H_2O}$ であるので，式 (4.32) はプロトン条件の式に等しい．

(iv) 物質収支条件

$$[\mathrm{B}] + [\mathrm{HB}^+] = C_\mathrm{B} \tag{4.33}$$

(v) 連立方程式

式 (4.31)，式 (4.32) および式 (4.33) より

$$\frac{[\mathrm{OH}^-]([\mathrm{OH}^-]-[\mathrm{H}^+])}{C_\mathrm{B} - ([\mathrm{OH}^-]-[\mathrm{H}^+])} = K_\mathrm{b} \tag{4.34}$$

$$[\mathrm{OH}^-]^3 + K_\mathrm{b}[\mathrm{OH}^-]^2 - (C_\mathrm{B} K_\mathrm{b} + K_\mathrm{w})[\mathrm{OH}^-] - K_\mathrm{b} K_\mathrm{w} = 0 \tag{4.35}$$

となる．この式を解くことによって $[\mathrm{OH}^-]$ は厳密に求められる．

(vi) 近似解

弱塩基の溶液であるから，$[\mathrm{OH}^-] \gg [\mathrm{H}^+]$ である．この近似を用いると式 (4.34) は

$$\frac{[OH^-]^2}{C_B - [OH^-]} = K_b \tag{3.36}$$

となる．さらに，$[OH^-] \ll C_B$ とすると

$$[OH^-] = \sqrt{K_b C_B} \tag{4.37}$$

となり，水素イオン濃度は

$$[H^+] = \frac{K_w}{[OH^-]} = \frac{K_w}{\sqrt{K_b C_B}} \tag{4.38}$$

となる．pH に変換すると

$$pH = pK_w + \frac{1}{2}(\log C_B - pK_b) \tag{4.39}$$

となる．この式は弱塩基のみの溶液における pH の簡便な計算式である．

[例題 4.2]
(a) 0.1 M の CH_3COOH （$K_a = 1.8 \times 10^{-5}$）溶液の $[H^+]$ を計算せよ．
(b) 2.0×10^{-5} M の HCN （$K_a = 7.2 \times 10^{-10}$）溶液の $[H^+]$ と pH を計算せよ．
(c) 0.5 M の $(CH_3COO)_2Pb$ 溶液の $[H^+]$ と pH を計算せよ．

[解答] (a) $C_A = [CH_3COOH] = 0.1$ M，$K_a = 1.8 \times 10^{-5}$ であるので式 (4.26) を用いると

$$[H^+] = \sqrt{K_a C_A} = \sqrt{1.8 \times 10^{-5} \times 0.1} = 1.34 \times 10^{-3} \text{ M}$$

となる．この近似解の誘導において $[H^+] \gg [OH^-]$ と仮定しているが，これが正しいかどうか調べるために $[OH^-]$ を計算すると

$$[OH^-] = \frac{10^{-14}}{1.34 \times 10^{-3}} = 7.5 \times 10^{-12}$$

となる．この結果は $[H^+] \gg [OH^-]$ の仮定が正しかったことを意味する．また，$[H^+] \ll C_A = 0.1$ M であることもわかる．もし，このような仮定が成り立たないときには，連立方程式を厳密に解かなければならない．

(b) $C_A = [HCN] = 2 \times 10^{-5}$ M，$K_a = 7.2 \times 10^{-10}$ であるので，式 (4.26) より

$$[H^+] = \sqrt{K_a C_A} = \sqrt{7.2 \times 10^{-10} \times 2 \times 10^{-5}} = 1.2 \times 10^{-7} \text{ M}$$

$$pH = -\log[H^+] = 6.92$$

(c) $(CH_3COO)_2Pb$ は塩であるので完全に解離する．生成した CH_3COO^- の一部は水と反応して CH_3COOH となる．

$$(CH_3COO)_2Pb \longrightarrow 2\,CH_3COO^- + Pb^{2+}$$

$$CH_3COO^- + H_2O \rightleftharpoons CH_3COOH + OH^-$$

$$\frac{[CH_3COOH][OH^-]}{[CH_3COO^-]} = K_b = \frac{K_w}{K_a} \qquad K_b = \frac{10^{-14}}{1.8 \times 10^{-5}} = 5.56 \times 10^{-10}$$

1 モルの $(CH_3COO)_2Pb$ は 2 モルの CH_3COO^- を生じるので

$$C_B = [CH_3COO^-] + [CH_3COOH] = 0.5 \times 2 = 1.0 \text{ M}$$

となる．この溶液は弱塩基であるので式 (4.39) を用いる．

$$pH = pK_w + \frac{1}{2}(\log C_B - pK_b) = 14 + \frac{1}{2}\{\log 1.0 + \log(5.56 \times 10^{-10})\} = 9.37$$

$$[H^+] = 10^{-9.37} = 4.27 \times 10^{-10} \text{ M}$$

4.4 弱酸と共役塩基を含む溶液

本節と次節では弱酸または弱塩基とその塩を含む溶液について考えよう．弱酸と共役塩基を含む溶液では，弱酸と共役塩基の解離および共役塩基と水の反応がある．共役塩基の加水分解によって生じる OH^- は酸の解離によって生じた H^+ を中和するので，この溶液のpHは酸のみを含む溶液に比べて大きくなるはずである．いま，弱酸を HA，共役塩基を NaA とすると平衡反応は次のようになる．

$$HA \rightleftharpoons H^+ + A^- \tag{4.40}$$

$$NaA \longrightarrow Na^+ + A^- \tag{4.41}$$

$$A^- + H_2O \rightleftharpoons HA + OH^- \tag{4.42}$$

弱酸の濃度を C_A，共役塩基の濃度を C_B とする．HAの濃度は解離によって減少する．その減少量は $[H^+]$ に等しい．逆に，HA は A^- の加水分解によって生成する．その生成量は $[OH^-]$ に等しい．したがって，$[HA]$ は

$$[HA] = C_A - [H^+] + [OH^-] \tag{4.43}$$

となる．一方，$[A^-]$ は HA の解離によって生成する H^+ に相当する濃度が増加し，自身の加水分解によって生成する OH^- に相当する濃度が減少する．結局，A^- の濃度は

$$[A^-] = C_B + [H^+] - [OH^-] \tag{4.44}$$

となる．酸解離平衡定数の式に式 (4.43) と式 (4.44) を代入すると

$$\frac{[H^+][A^-]}{[HA]} = \frac{[H^+]\{C_B + ([H^+] - [OH^-])\}}{C_A - ([H^+] - [OH^-])} = K_a \tag{4.45}$$

となる．この式において，極端な条件の場合を考えてみよう．まず，共役塩基が存在しない場合（$C_B=0$）には，弱酸に対する式と同じになるはずである．実際，式（4.45）において $C_B=0$ として得られる式（4.46）は式（4.21）に一致する．

$$\frac{[H^+]([H^+]-[OH^-])}{C_A-([H^+]-[OH^-])}=K_a \qquad (4.46)$$

また，弱酸が存在しない場合（$C_A=0$）には，弱塩基に対する式と同じになるはずである．式（4.45）の C_A を 0 とすると

$$\frac{[H^+]\{C_B+([H^+]-[OH^-])\}}{[OH^-]-[H^+]}=K_a \qquad (4.47)$$

となる．この式を変形すると

$$\frac{[OH^-]-[H^+]}{C_B+([H^+]-[OH^-])}=\frac{[H^+]}{K_a}=\frac{K_w}{K_a[OH^-]} \qquad (4.48)$$

$$\frac{[OH^-]([OH^-]-[H^+])}{C_B-([OH^-]-[H^+])}=\frac{K_w}{K_a}=K_b \qquad (4.49)$$

となり，この式は弱塩基に対する式（4.34）と同じである．このように，式（4.45）は共役塩基が存在しないときには弱酸に対する式となり，弱酸が存在しないときには弱塩基に対する式となる．

弱酸と共役塩基を含む溶液において $[H^+]$ を厳密に求めるには，式（4.45）を解かなければならない．この式に $[OH^-]=K_w/[H^+]$ を代入して $[H^+]$ に関して整理すると 3 次式となり，解を得るのはかなり困難である．しかし，近似を用いれば簡単に解くことができる．溶液が弱酸と共役塩基を含むことを考慮すると，$([H^+]-[OH^-])\ll C_B$ および $([H^+]-[OH^-])\ll C_A$ と仮定できる．この条件を式（4.45）に適用すると

$$\frac{[H^+]C_B}{C_A}=K_a \qquad (4.50)$$

となる．両辺の対数をとると

$$\mathrm{pH}=\log C_B-\log C_A+\mathrm{p}K_a \qquad (4.51)$$

となる．この式は弱酸と共役塩基を含む溶液における pH の簡便な計算式である．

[例題 4.3]

(a) 0.1 M の CH_3COOH（$K_a=1.8\times10^{-5}$）と 0.05 M の CH_3COONa を含む

溶液のpHを計算せよ．また，0.1 M の CH_3COOH のみを含む溶液のpHと比較せよ．

(b) 0.1 M の HCN（$K_a = 7.2 \times 10^{-10}$）とある濃度の NaCN を含む溶液のpHが 9.14 であった．この溶液に含まれている NaCN の濃度を計算せよ．

(c) 0.1 M の HCOOH（$K_a = 1.7 \times 10^{-4}$）溶液に HCOOK を加えて pH 3.28 にするには，HCOOK の濃度をいくらにすればよいか．

[解答] (a) $C_A = 0.1$ M, $C_B = 0.05$ M であるので式（4.51）より

$$pH = \log C_B - \log C_A + pK_a$$
$$= \log 0.05 - \log 0.1 - \log(1.8 \times 10^{-5}) = 4.44$$

となる．0.1 M の CH_3COOH のみを含む溶液のpHは［例題4.2 (a)］からわかるように，$pH = -\log(1.34 \times 10^{-3}) = 2.87$ である．したがって，0.05 M の共役塩基が存在することによってpHは 2.87 から 4.44 に増加したことになる．

(b) $C_A = 0.1$ M, $K_a = 7.2 \times 10^{-10}$, pH = 9.14 であるので式（4.51）より

$$\log C_B = pH + \log C_A + \log K_a$$
$$= 9.14 + \log 0.1 + \log(7.2 \times 10^{-10}) = -1.0$$
$$C_B = [\text{NaCN}] = 0.1 \text{ M}$$

(c) $C_A = 0.1$ M, $K_a = 1.7 \times 10^{-4}$, pH = 3.28 であるので

$$\log C_B = pH + \log C_A + \log K_a$$
$$= 3.28 + \log 0.1 + \log(1.7 \times 10^{-4}) = -1.49$$
$$C_B = [\text{HCOOK}] = 3.2 \times 10^{-2} \text{ M}$$

4.5　弱塩基と共役酸を含む溶液

前節とは逆に，弱塩基と共役酸を含む溶液について考えよう．弱塩基Bの濃度を C_B，共役酸 HB^+ の濃度を C_A とする．この溶液では，弱塩基と塩は次のように解離する．

$$B + H_2O \rightleftharpoons HB^+ + OH^- \tag{4.52}$$
$$HBCl \longrightarrow HB^+ + Cl^- \tag{4.53}$$
$$HB^+ \rightleftharpoons H^+ + B \tag{4.54}$$

Bの濃度は自身の加水分解によって生成する OH^- に相当する濃度が減少し，逆に共役酸の分解によって生成する H^+ に相当する濃度が増加するので

4.5 弱塩基と共役酸を含む溶液   49

$$[B] = C_B - [OH^-] + [H^+] \quad (4.55)$$

となる．一方，HB^+ の濃度は B の加水分解によって生成する OH^- に相当する濃度が増加し，自身の分解によって生成する H^+ に相当する濃度が減少するので

$$[HB^+] = C_A + [OH^-] - [H^+] \quad (4.56)$$

となる．塩基解離の平衡定数の式に式（4.55）と式（4.56）を代入すると

$$\frac{[HB^+][OH^-]}{[B]} = \frac{[OH^-]\{C_A + ([OH^-] - [H^+])\}}{C_B - ([OH^-] - [H^+])} = K_b \quad (4.57)$$

となる．式（4.57）は共役酸が存在しない場合（$C_A = 0$）には，弱塩基に対する式（4.34）と同じである．弱塩基と共役酸を含む溶液では，$([OH^-] - [H^+]) \ll C_A$，$([OH^-] - [H^+]) \ll C_B$ と近似できるので，式（4.57）は次のように簡略化される．

$$\frac{[OH^-] C_A}{C_B} = K_b \quad (4.58)$$

この式の両辺の対数をとり，pH に変換すると

$$pH = pK_w - pK_b + \log C_B - \log C_A \quad (4.59)$$

となる．この式は弱塩基と共役酸を含む溶液における pH の簡便な計算式である．

[例題 4.4]

(a) 0.2 M の NH_3 と 0.5 M の NH_4Cl を含む溶液の pH を計算せよ．NH_4^+ の K_a は 5.5×10^{-10} である．

(b) 0.1 M のヒドラジン（N_2H_4）溶液に塩化ヒドラジニウム（N_2H_5Cl）を加えて pH 8.8 にするには，$N_2H_5^+$ の濃度をいくらにすればよいか．$N_2H_5^+$ の K_a は 1.0×10^{-8} である．

(c) 0.1 M の NH_4Cl 溶液の pH を計算せよ．

[解答]　(a)　$NH_3 + H_2O \rightleftharpoons NH_4^+ + OH^-$

$$\frac{[NH_4^+][OH^-]}{[NH_3]} = K_b$$

$$NH_4^+ \rightleftharpoons NH_3 + H^+$$

$$\frac{[NH_3][H^+]}{[NH_4^+]} = K_a = 5.5 \times 10^{-10}$$

$$K_b = \frac{K_w}{K_a} = \frac{10^{-14}}{5.5 \times 10^{-10}} = 1.8 \times 10^{-5}$$

$C_B=0.2$ M, $C_A=0.5$ M であるので式 (4.59) より

$$pH = pK_w - pK_b + \log C_B - \log C_A$$
$$= 14 + \log(1.8 \times 10^{-5}) + \log 0.2 - \log 0.5 = 8.9$$

となる．

(b) $N_2H_4 + H_2O \rightleftharpoons N_2H_5^+ + OH^-$

  $N_2H_5^+ \rightleftharpoons N_2H_4 + H^+$

$$K_b = \frac{K_w}{K_a} = \frac{1.0 \times 10^{-14}}{1.0 \times 10^{-8}} = 1.0 \times 10^{-6}$$

$C_B=0.1$ M, pH$=8.8$ であるので

$$\log C_A = pK_w - pK_b + \log C_B - pH$$
$$= 14 + \log(1.0 \times 10^{-6}) + \log 0.1 - 8.8$$
$$= -1.8$$
$$C_A = [N_2H_5^+] = 0.016 \text{ M}$$

(c) $NH_4^+ \rightleftharpoons NH_3 + H^+$

生成した NH_3 と H^+ の濃度をそれぞれ x (M) とすると，残存する NH_4^+ の濃度は $(0.1-x)$ (M) となるので

$$K_a = \frac{[NH_3][H^+]}{[NH_4^+]} = \frac{x^2}{0.1-x} = 5.5 \times 10^{-10}$$

$x \ll 0.1$ M であるので，$x = [H^+] = 7.4 \times 10^{-6}$ M となり，

$$pH = -\log(7.4 \times 10^{-6}) = 5.1$$

である．

4.6 緩衝作用

　溶液に酸または塩基を加えたときに起こる水素イオンの濃度変化を小さくする作用を緩衝作用（buffer action）という．このような作用をもつ溶液が緩衝液（buffer solution）である．緩衝作用は弱酸と共役塩基または弱塩基と共役酸を含む溶液において大きい．例えば，酢酸 CH_3COOH（HOAc）と酢酸ナトリウム CH_3COONa（NaOAc）の混合溶液について考えてみよう．この溶液に酸または塩基が加えられると，H^+ と OH^- は次の反応によって消費される．

$$OAc^- + H^+ \rightleftharpoons HOAc \qquad (4.60)$$

$$\text{HOAc} + \text{OH}^- \rightleftharpoons \text{OAc}^- + \text{H}_2\text{O} \tag{4.61}$$

つまり，H^+ は共役塩基によって，OH^- は弱酸によって中和される．反応 (4.60) の平衡定数は酢酸の酸解離定数の逆数で表される．

$$\frac{[\text{HOAc}]}{[\text{OAc}^-][\text{H}^+]} = \frac{1}{K_a} \tag{4.62}$$

この式の両辺の対数をとり，変形すると

$$-\log[\text{H}^+] = -\log K_a - \log\frac{[\text{HOAc}]}{[\text{OAc}^-]} \tag{4.63}$$

すなわち，

$$\text{pH} = \text{p}K_a + \log\frac{[\text{OAc}^-]}{[\text{HOAc}]} \tag{4.64}$$

となる．この式からわかるように，酢酸と共役塩基を含む溶液においてpHを1変化させるためには，酸と共役塩基の濃度比を10倍変えなければならない．この溶液は酸または塩基が加えられても酸と共役塩基の濃度比の変化はわずかであるのでpHの変化は少ない．したがって，酢酸と酢酸ナトリウムを含む溶液はpH緩衝液である．

一般に，弱酸HAのpHは式 (4.66) で与えられる．

$$\text{HA} \rightleftharpoons \text{H}^+ + \text{A}^- \tag{4.65}$$

$$\text{pH} = \text{p}K_a + \log\frac{[\text{A}^-]}{[\text{HA}]} \tag{4.66}$$

いま，弱酸の溶液に強酸が加えられたとすると，H^+ は反応 (4.65) の逆反応によってHAとなる．この際，$[\text{A}^-]/[\text{HA}]$ の変動は小さいので，pHの変化も小さい．緩衝作用は $[\text{A}^-]$ と $[\text{HA}]$ の比が1のとき，最大となる．このとき，pHはpK_a に等しくなる．

$$\text{pH} = \text{p}K_a \tag{4.67}$$

弱塩基と共役酸を含む場合も同様に考えることができる．塩基Bは次のように解離する．

$$\text{B} + \text{H}_2\text{O} \rightleftharpoons \text{HB}^+ + \text{OH}^- \tag{4.68}$$

この平衡定数は

$$K_b = \frac{[\text{HB}^+][\text{OH}^-]}{[\text{B}]} \tag{4.69}$$

である．この式の対数をとると

$$\log K_b = \log \frac{[\mathrm{HB}^+]}{[\mathrm{B}]} + \log[\mathrm{OH}^-] \tag{4.70}$$

となる.したがって,

$$\mathrm{pOH} = \mathrm{p}K_b + \log \frac{[\mathrm{HB}^+]}{[\mathrm{B}]} \tag{4.71}$$

となり,式 (4.14) を代入して整理すると

$$\mathrm{pH} = \mathrm{p}K_w - \mathrm{p}K_b + \log \frac{[\mathrm{B}]}{[\mathrm{HB}^+]} \tag{4.72}$$

となる.弱塩基と共役酸から成る緩衝液に強酸が加えられると酸は塩基と反応して HB^+ となる.逆に,HB^+ は OH^- と反応して B となる.したがって,$[\mathrm{B}]/[\mathrm{HB}^+]$ の変動が小さいので pH の変動も小さい.この溶液において,緩衝作用は $\mathrm{pH} = 14 - \mathrm{p}K_b$ のとき最大となる.

[例題 4.5]

(a) 0.3 M の $\mathrm{CH_3COOH}$ ($K_a = 1.8 \times 10^{-5}$) と 0.2 M の $\mathrm{CH_3COONa}$ を含む溶液 0.1 dm³ に 0.1 M の HCl を 2 cm³ 加えたとき,pH の変化を計算せよ.

(b) 問題 (a) における緩衝液の代わりに 0.1 dm³ の水に 0.1 M の HCl を 2 cm³ 加えたとき,pH の変化を計算せよ.

(c) HCOOH ($K_a = 1.7 \times 10^{-4}$) と HCOONa を用いて pH 4.5 の緩衝液を 0.1 dm³ 作るとき,HCOOH と HCOONa の濃度比を計算せよ.また,1 M の NaOH を 1 cm³ 加えたとき,pH の変化が 0.1 以下になるようにするためには,酸と共役塩基の濃度は最低いくらにしたらよいか.

[解答] (a) HCl を加える前の pH は式 (4.66) より

$$\mathrm{pH} = \mathrm{p}K_a + \log\frac{[\mathrm{A}^-]}{[\mathrm{HA}]} = -\log(1.8 \times 10^{-5}) + \log\frac{0.2}{0.3} = 4.6$$

$$\mathrm{HOAc} \rightleftarrows \mathrm{H}^+ + \mathrm{OAc}^- \qquad \mathrm{NaOAc} \longrightarrow \mathrm{Na}^+ + \mathrm{OAc}^-$$

OAc^- の一部は HCl と反応して HOAc となる.緩衝液 0.1 dm³ に含まれている OAc^- と HOAc のモル数は酸を加えることによって次のようになる.

OAc^- :

$$0.2 (\mathrm{mol/dm^3}) \times 0.1 (\mathrm{dm^3}) - 0.1 (\mathrm{mol/dm^3}) \times 2 \times 10^{-3} (\mathrm{dm^3}) = 0.0198 \ \mathrm{mol}$$

HOAc :

$$0.3 (\mathrm{mol/dm^3}) \times 0.1 (\mathrm{dm^3}) + 0.1 (\mathrm{mol/dm^3}) \times 2 \times 10^{-3} (\mathrm{dm^3}) = 0.0302 \ \mathrm{mol}$$

HCl を加えると全容積は $0.1 + 0.002 = 0.102 \ \mathrm{dm^3}$ となる.したがって,OAc^- と

HOAc の濃度は

$$[\text{OAc}^-] = \frac{0.0198\,(\text{mol})}{0.102\,(\text{dm}^3)} = 0.19\,\text{M} \qquad [\text{HOAc}] = \frac{0.0302\,(\text{mol})}{0.102\,(\text{dm}^3)} = 0.30\,\text{M}$$

となる．式 (4.64) より

$$\text{pH} = -\log(1.8 \times 10^{-5}) + \log\frac{0.19}{0.30} = 4.5$$

となり，緩衝作用のために HCl を加えても pH は 0.1 しか変化しない．

(b) HCl のモル数： $0.1\,(\text{mol/dm}^3) \times 2 \times 10^{-3}\,(\text{dm}^3) = 2 \times 10^{-4}\,\text{mol}$

$$[\text{H}^+] = \frac{2 \times 10^{-4}\,(\text{mol})}{0.102\,(\text{dm}^3)} = 2.0 \times 10^{-3} \qquad \text{pH} = -\log(2.0 \times 10^{-3}) = 2.7$$

水に HCl を加えると pH は 7 から 2.7 に変化する．これは水が緩衝作用をもたないためである．

(c) $K_a = 1.7 \times 10^{-4}$，pH = 4.5 であるので式 (4.66) より

$$4.5 = -\log(1.7 \times 10^{-4}) + \log\frac{[\text{HCOO}^-]}{[\text{HCOOH}]}$$

$$\log\frac{[\text{HCOO}^-]}{[\text{HCOOH}]} = 0.73$$

したがって，[HCOO$^-$] と [HCOOH] の比は

$$\frac{[\text{HCOO}^-]}{[\text{HCOOH}]} = 5.4$$

となる．

ギ酸の濃度を $x\,(\text{M})$ とするとギ酸ナトリウムの濃度は $5.4x\,(\text{M})$ である．ギ酸は OH$^-$ と反応して共役塩基となる．

$$\text{HCOOH} + \text{OH}^- \rightleftharpoons \text{HCOO}^- + \text{H}_2\text{O}$$

ギ酸の濃度は加えられた OH$^-$ に相当する濃度分だけ減少し，逆に HCOO$^-$ の濃度は増加する．また，全容積は $0.101\,\text{dm}^3$ になるので

$$[\text{HCOOH}] = x - 1.0\,(\text{mol/dm}^3) \times 10^{-3}\,(\text{dm}^3) \times \frac{1}{0.101\,(\text{dm}^3)}$$

$$= (x - 9.9 \times 10^{-3})\,\text{M}$$

$$[\text{HCOO}^-] = 5.4x + 1.0\,(\text{mol/dm}^3) \times 10^{-3}\,(\text{dm}^3) \times \frac{1}{0.101\,(\text{dm}^3)}$$

$$= (5.4x + 9.9 \times 10^{-3})\,\text{M}$$

pH の変化を 0.1 以下にするために，溶液の最終 pH を 4.5+0.1=4.6 とすると，式 (4.66) より

$$\mathrm{pH} = \mathrm{p}K_\mathrm{a} + \log\frac{[\mathrm{HCOO^-}]}{[\mathrm{HCOOH}]}$$

$$4.6 = -\log(1.7\times10^{-4}) + \log\frac{(5.4x+9.9\times10^{-3})}{(x-9.9\times10^{-3})}$$

$$\frac{5.4x+9.9\times10^{-3}}{x-9.9\times10^{-3}} = 6.76 \quad x = 5.6\times10^{-2}\,\mathrm{M}$$

したがって，$[\mathrm{HCOOH}] = 5.6\times10^{-2}\,\mathrm{M}$，$[\mathrm{HCOONa}] = 0.3\,\mathrm{M}$ となる．

4.7 酸と塩基の混合

酸と塩基を混合すると溶液のpHは変化する．この問題は次の4つのケース：(i) 強酸と強塩基の混合，(ii) 強酸と弱塩基の混合，(iii) 弱酸と強塩基の混合，(iv) 弱酸と弱塩基の混合に分けて考えよう．

(i) 強酸と強塩基の混合

HClとNaOHの当量混合においてもどちらかが過剰に存在する場合でも溶液の水素イオン濃度は簡単に計算できる．これは強酸と強塩基が完全解離するため中和後の $[\mathrm{H^+}]$ と $[\mathrm{OH^-}]$ を容易に見積もることができるからである．

(ii) 強酸と弱塩基の混合

HClとNH$_3$の混合におけるように中和反応によって弱塩基の共役酸（NH$_4^+$）を生じる．

$$\mathrm{HCl} + \mathrm{NH_3} \rightleftharpoons \mathrm{NH_4^+} + \mathrm{Cl^-} \qquad (4.73)$$

弱塩基が過剰に存在する場合には，共役酸塩基（NH$_4^+$/NH$_3$）の問題となる．一方，強酸が過剰に存在する場合には，強酸（HCl）と弱酸（NH$_4$Cl）の混合溶液とみなすことができる．

(iii) 弱酸と強塩基の混合

HOAcとNaOHにおけるように，弱酸と強塩基を混合すると弱酸の共役塩基（OAc$^-$）を生じる．

$$\mathrm{HOAc} + \mathrm{OH^-} \rightleftharpoons \mathrm{OAc^-} + \mathrm{H_2O} \qquad (4.74)$$

弱酸が過剰に存在する場合には，共役酸塩基（HOAc/OAc$^-$）の問題として扱うことができる．また，強塩基が過剰に存在する場合には，強塩基（NaOH）と弱塩基（NaOAc）の混合液とみなすことができる．いずれにしても，(ii) と (iii) の混合はこれまで取り扱った問題に帰着する．しかし，次の (iv) の混合

の問題はこれまでのものとは異なる.

(iv) 弱酸と弱塩基の混合

これは酸と塩基の混合の問題において最も重要である. 弱酸 HA と弱塩基 B を混合すると中和反応により次の平衡に達する.

$$\text{HA} + \text{B} \rightleftharpoons \text{A}^- + \text{HB}^+ \tag{4.75}$$

この平衡は酸と塩基の解離平衡の和と考えることができる.

$$\text{HA} \rightleftharpoons \text{H}^+ + \text{A}^- \tag{4.65}$$

$$\text{B} + \text{H}_2\text{O} \rightleftharpoons \text{HB}^+ + \text{OH}^- \tag{4.76}$$

反応 (4.65) と反応 (4.76) に対する平衡定数の式はそれぞれ

$$\frac{[\text{H}^+][\text{A}^-]}{[\text{HA}]} = K_a \tag{4.77}$$

$$\frac{[\text{HB}^+][\text{OH}^-]}{[\text{B}]} = K_b \tag{4.78}$$

である. 弱酸と弱塩基の濃度をそれぞれ C_A と C_B とすると物質収支は次式で表される.

$$[\text{HA}] + [\text{A}^-] = C_A \tag{4.79}$$

$$[\text{HB}^+] + [\text{B}] = C_B \tag{4.80}$$

電気中性条件は

$$[\text{H}^+] + [\text{HB}^+] = [\text{OH}^-] + [\text{A}^-] \tag{4.81}$$

である. 式 (4.77) と (4.79) より

$$[\text{A}^-] = \frac{K_a C_A}{K_a + [\text{H}^+]} \tag{4.82}$$

となる. また, 式 (4.78) と式 (4.80) より

$$[\text{HB}^+] = \frac{K_b C_B}{K_b + [\text{OH}^-]} \tag{4.83}$$

となる. 式 (4.81), 式 (4.82) および式 (4.83) より

$$[\text{H}^+] + \frac{K_b C_B}{K_b + [\text{OH}^-]} = [\text{OH}^-] + \frac{K_a C_A}{K_a + [\text{H}^+]} \tag{4.84}$$

が導かれる. この式において, $[\text{H}^+][\text{OH}^-] = K_w$ として変形すると

$$K_b[\text{H}^+]^2 + \{(K_a + C_B)K_b + K_w\}[\text{H}^+] + \{K_a K_b(C_B - C_A) + K_w(K_a - K_b)\} -$$
$$\{(K_b + C_A)K_a + K_w\}[\text{OH}^-] - K_a[\text{OH}^-]^2 = 0 \tag{4.85}$$

となる. さらに, $[\text{OH}^-] = K_w/[\text{H}^+]$ として $[\text{H}^+]$ に関して整理すると

$$K_b[H^+]^4+\{(K_a+C_B)K_b+K_w\}[H^+]^3+\{(C_B-C_A)K_aK_b+(K_a-K_b)K_w\}[H^+]^2-K_w\{(K_b+C_A)K_a+K_w\}[H^+]-K_w^2K_a=0 \tag{4.86}$$

この式は[H^+]に関して4次式であるので厳密に解くのは困難であるので,特定の条件を仮定して[H^+]を計算してみよう.

(i) 溶液が酸性の場合

この条件では,[H^+]≫[OH^-]であるので[H^+]に関して0次と1次の項は無視できる.

$$K_b[H^+]^2+\{(K_a+C_B)K_b+K_w\}[H^+]+\{(C_B-C_A)K_aK_b+(K_a-K_b)K_w\}=0 \tag{4.87}$$

この式は2次式であるので代数的に解くことは可能である.

(ii) 混合溶液が中性に近い場合

この条件では,C_B≫[H^+],C_A≫[OH^-]とみなせるので,式(4.86)において[H^+]の4次の項と$K_w^2K_a$を無視すると

$$\{(K_a+C_B)K_b+K_w\}[H^+]^2+\{(C_B-C_A)K_aK_b+(K_a-K_b)K_w\}[H^+]-K_w\{(K_b+C_A)K_a+K_w\}=0 \tag{4.88}$$

となる.酸と塩基が当量存在する場合には,$C_B=C_A$である.また,水からの[H^+]と[OH^-]は小さいのでK_wを無視すると

$$[H^+]=\sqrt{\frac{K_w(K_b+C_A)K_a}{(K_a+C_A)K_b}} \tag{4.89}$$

となる.さらに,C_A≫K_b,C_A≫K_aのときは,

$$[H^+]=\sqrt{\frac{K_wK_a}{K_b}} \tag{4.90}$$

$$\mathrm{pH}=\frac{1}{2}(\mathrm{p}K_w+\mathrm{p}K_a-\mathrm{p}K_b) \tag{4.91}$$

となる.

(iii) 混合溶液が塩基の場合

この条件では,[OH^-]≫[H^+]であるので式(4.85)の[H^+]の項を無視すると次のように変形される.

$$K_a[OH^-]^2+\{(K_b+C_A)K_a+K_w\}[OH^-]-\{K_aK_b(C_B-C_A)+K_w(K_a-K_b)\}=0 \tag{4.92}$$

この式は厳密な解は複雑であるが,近似を用いることによって,さらに簡単化で

[例題 4.6]

(a) 0.01 M の酢酸 HOAc ($K_a=1.8\times10^{-5}$) と 0.005 M の NH_3 ($K_b=1.82\times10^{-5}$) の混合溶液の pH を計算せよ．

(b) 0.01 M の酢酸アンモニウム (NH_4OAc) 溶液の pH を計算せよ．

(c) 0.1 M の NH_4CN 溶液の pH を計算せよ．HCN の K_a は 7.2×10^{-10} である．

[解答] (a) この溶液は HOAc が過剰に存在するので酸性溶液となる．近似式 (4.87) に $C_A=0.01$ M, $C_B=0.005$ M, $K_a=1.8\times10^{-5}$, $K_b=1.82\times10^{-5}$ を代入すると，

$1.82\times10^{-5}[H^+]^2+\{(1.8\times10^{-5}+0.005)\times1.82\times10^{-5}+10^{-14}\}[H^+]+\{(0.005-0.01)\times1.8\times10^{-5}\times1.82\times10^{-5}+(1.8\times10^{-5}-1.82\times10^{-5})\times10^{-14}\}=0$

となる．

$$[H^+]^2+5\times10^{-3}[H^+]-9\times10^{-8}=0$$

$$[H^+]=\frac{-5\times10^{-3}+\sqrt{(5\times10^{-3})^2+4\times9\times10^{-8}}}{2}=1.79\times10^{-5} \text{ M}$$

$$pH=-\log(1.79\times10^{-5})=4.7$$

(b) NH_4OAc 溶液は酸 (HOAc) と塩基 (NH_3) の当量を含む混合溶液とみなすことができる．$K_a=1.8\times10^{-5}$, $K_b=1.82\times10^{-5}$, $K_w=10^{-14}$ を式 (4.91) に代入すると，

$$pH=\frac{1}{2}(pK_w+pK_a-pK_b)=\frac{1}{2}(14+4.74-4.74)=7.0$$

(c) NH_4CN 溶液は HCN と NH_3 の当量混合液とみなすことができる．$K_a=7.2\times10^{-10}$, K_b, K_w を式 (4.91) に代入すると，

$$pH=\frac{1}{2}(14+9.14-4.74)=9.2$$

となる．

4.8 多塩基酸

酸には，プロトンを1つ含む HCl や HCN などのような一塩基酸 (monoprotic acid)，2つ含む H_2S や H_2SO_4 などのような二塩基酸 (diprotic acid)，3

つ含む三塩基酸（triprotic acid）がある．2つ以上のプロトンを含む酸を多塩基酸（polyprotic acid）という．多塩基酸を含む平衡の問題は一塩基酸の場合と同様に解くことができるが，平衡の数が増えるので複雑になる．多塩基酸は段階的に起こり，各段階は平衡定数の式で表される．二塩基酸 H_2A の平衡は次のように示される．

$$H_2A \rightleftharpoons H^+ + HA^- \tag{4.93}$$

$$HA^- \rightleftharpoons H^+ + A^{2-} \tag{4.94}$$

それぞれの反応に対する酸解離定数は

$$\frac{[H^+][HA^-]}{[H_2A]} = K_{a1} \tag{4.95}$$

$$\frac{[H^+][A^{2-}]}{[HA^-]} = K_{a2} \tag{4.96}$$

である．二塩基酸の濃度を C_A とすると，物質収支条件は

$$[H_2A] + [HA^-] + [A^{2-}] = C_A \tag{4.97}$$

となる．また，電気中性条件は

$$[H^+] = [OH^-] + [HA^-] + 2[A^{2-}] \tag{4.98}$$

である．式（4.95）と式（4.96）を式（4.97）に代入すると

$$[HA^-]\left\{\frac{[H^+]}{K_{a1}} + 1 + \frac{K_{a2}}{[H^+]}\right\} = C_A \tag{4.99}$$

となる．式（4.96）を式（4.98）に代入すると次式が得られる．

$$[H^+] = [OH^-] + [HA^-] + \frac{2K_{a2}[HA^-]}{[H^+]} \tag{4.100}$$

この式を変形すると

$$[HA^-] = \frac{[H^+]^2 - K_w}{[H^+] + 2K_{a2}} \tag{4.101}$$

となる．式（4.101）を式（4.99）に代入すると

$$\left\{\frac{[H^+]^2 - K_w}{[H^+] + 2K_{a2}}\right\}\left\{\frac{[H^+]}{K_{a1}} + 1 + \frac{K_{a2}}{[H^+]}\right\} = C_A \tag{4.102}$$

となる．この式を $[H^+]$ に関して整理すると

$$[H^+]^4 + K_{a1}[H^+]^3 + (K_{a1}K_{a2} - K_w - K_{a1}C_A)[H^+]^2 -$$
$$(K_{a1}K_w + 2K_{a1}K_{a2}C_A)[H^+] - K_{a1}K_{a2}K_w = 0 \tag{4.103}$$

となる．この式は4次式であるので，特定の条件で近似的に解く．

水からの $[H^+]$ と $[OH^-]$ は小さいので K_w を含む項を無視すると

$$[H^+]^3 + K_{a1}[H^+]^2 + (K_{a1}K_{a2} - K_{a1}C_A)[H^+] - 2K_{a1}K_{a2}C_A = 0 \quad (4.104)$$

となる．一般に，二塩基酸の K_{a2} は K_{a1} に比べてかなり小さいので K_{a2} の項を無視すると，式 (4.104) は簡単になる．

$$[H^+]^2 + K_{a1}([H^+] - C_A) = 0 \quad (4.105)$$

さらに，$[H^+] \ll C_A$ の場合には，

$$[H^+] = \sqrt{K_{a1}C_A}$$

$$\mathrm{pH} = \frac{1}{2}(\mathrm{p}K_{a1} - \log C_A) \quad (4.106)$$

となる．

二塩基酸の水素イオン濃度は次の方法で近似的に求めることもできる．一般に，K_{a1} は K_{a2} よりも大きいので，まず第2段階の解離を無視して $[H^+]$ を計算し，次に第2段階で生じる $[H^+]$ を加算する．第2解離を無視して反応 (4.93) のみを考えると H^+ と HA^- の濃度は等しくなる．

$$[H^+] = [HA^-] \quad (4.107)$$

次に，若干の第2段階の解離を考える．この反応で生じる A^{2-} の濃度は式 (4.107) と式 (4.96) より K_{a2} に等しいことがわかる．

$$[A^{2-}] = K_{a2} \quad (4.108)$$

第1段階で生じた水素イオン濃度を $[H^+]_1$，第2段階で生じた水素イオン濃度を $[H^+]_2$ とすると，反応 (4.94) より $[H^+]_2$ は $[A^{2-}]$ に等しいはずである．結局，全水素イオン濃度は次のようになる．

$$[H^+] = [H^+]_1 + [H^+]_2$$
$$= [H^+]_1 + [A^{2-}]$$
$$= [H^+]_1 + K_{a2} \quad (4.109)$$

したがって，二塩基酸の水素イオン濃度はまず一塩基酸として $[H^+]_1$ を計算し，次に K_{a2} の値を加えることによって求めることができる．

[例題 4.7]

(a) 0.05 M の H_2S ($K_{a1} = 1.1 \times 10^{-7}$, $K_{a2} = 1.0 \times 10^{-14}$) 溶液の $[H^+]$，$[HS^-]$ および $[S^{2-}]$ を計算せよ．

(b) 問題 (a) の溶液に 0.3 M の HCl を加えた溶液の $[H^+]$，$[HS^-]$ および $[S^{2-}]$ を計算せよ．

(c) 1.0×10^{-3} M の H_2A ($K_{a1} = 6.2 \times 10^{-5}$, $K_{a2} = 2.3 \times 10^{-6}$) 溶液のpHを計

算せよ．

[解答]　(a)　$\dfrac{[H^+][HS^-]}{[H_2S]} = K_{a1} = 1.1 \times 10^{-7}$　　$\dfrac{[H^+][S^{2-}]}{[HS^-]} = K_{a2} = 1.0 \times 10^{-14}$

$$[H^+] = [HS^-] + 2[S^{2-}] \quad [H_2S] + [HS^-] + [S^{2-}] = 0.05\,\text{M}$$

K_{a2} が非常に小さいので，$[HS^-] \gg [S^{2-}]$ と考えられるので

$$[H^+] \fallingdotseq [HS^-]$$

である．また，K_{a1} が小さいことから，$[H_2S] \gg [HS^-] \gg [S^{2-}]$ と仮定すると

$$[H_2S] \fallingdotseq 0.05\,\text{M}$$

となる．K_{a1} の式より

$$K_{a1} = \frac{[H^+][HS^-]}{[H_2S]} = \frac{[H^+]^2}{0.05} = 1.1 \times 10^{-7}$$

$$[H^+] = [HS^-] = 7.4 \times 10^{-5}\,\text{M}$$

となる．この値を K_{a2} の式に代入すると

$$K_{a2} = \frac{[H^+][S^{2-}]}{[HS^-]} = \frac{7.4 \times 10^{-5}[S^{2-}]}{7.4 \times 10^{-5}} = 1.0 \times 10^{-14}$$

$$[S^{2-}] = 1.0 \times 10^{-14}\,\text{M}$$

となる．別の方法として，式 (4.109) を用いることもできる．$[H^+]_1$ は上記と同様に求める．

$$[H^+]_1 = 7.4 \times 10^{-5}$$

式 (4.109) より

$$[H^+] = [H^+]_1 + K_{a2}$$
$$= 7.4 \times 10^{-5} + 1.0 \times 10^{-14}$$
$$\fallingdotseq 7.4 \times 10^{-5}$$

また，

$$[S^{2-}] = K_{a2} = 1.0 \times 10^{-14}$$
$$[HS^-] = [H^+] = 7.4 \times 10^{-5}\,\text{M}$$

となる．このように，通常の近似法と式 (4.109) による結果は同じである．

(b)　この溶液における電気中性条件は

$$[H^+] = [HS^-] + 2[S^{2-}] + [Cl^-]$$

である．物質収支条件は

$$[H_2S] + [HS^-] + [S^{2-}] = 0.05\,\text{M}$$
$$[Cl^-] = 0.3\,\text{M}$$

である．この溶液では，$[Cl^-] \gg [HS^-] \gg [S^{2-}]$ であるので
$$[H^+] \fallingdotseq [Cl^-] = 0.3\,M$$
である．また，$[H_2S] \gg [HS^-] \gg [S^{2-}]$ であるので
$$[H_2S] \fallingdotseq 0.05\,M$$
となる．これらの値を K_{a1} と K_{a2} に代入して $[HS^-]$ と $[S^{2-}]$ が得られる．
$$\frac{0.3 \times [HS^-]}{0.05} = K_{a1} = 1.1 \times 10^{-7}$$
$$[HS^-] = 1.8 \times 10^{-8}\,M$$
$$\frac{0.3 \times [S^{2-}]}{1.8 \times 10^{-8}} = K_{a2} = 1.0 \times 10^{-14}$$
$$[S^{2-}] = 6.0 \times 10^{-22}\,M$$

(c) $H_2A \rightleftarrows H^+ + HA^- \quad HA^- \rightleftarrows H^+ + A^{2-}$

第2段階の解離を無視すると，$[H^+]_1 = [HA^-]$ である．残存する H_2A の濃度は，
$[H_2A] = 1.0 \times 10^{-3} - [H^+]_1$ となるので，
$$K_{a1} = \frac{[H^+][HA^-]}{[H_2A]} = \frac{[H^+]_1^2}{1.0 \times 10^{-3} - [H^+]_1} = 6.2 \times 10^{-5}$$
$$[H^+]_1^2 + 6.2 \times 10^{-5}[H^+]_1 - 6.2 \times 10^{-8} = 0$$
$$[H^+]_1 = \frac{-6.2 \times 10^{-5} + \sqrt{(6.2 \times 10^{-5})^2 + 4 \times 6.2 \times 10^{-8}}}{2}$$
$$= 2.2 \times 10^{-4}\,M$$

式 (4.109) より
$$[H^+] = [H^+]_1 + K_{a2}$$
$$= 2.2 \times 10^{-4} + 2.3 \times 10^{-6} \fallingdotseq 2.2 \times 10^{-4}\,M$$
$$pH = -\log[H^+] = -\log(2.2 \times 10^{-4}) = 3.66$$

4.9 多塩基酸の塩

$NaHCO_3$ は酸性と塩基性の両方の性質をもっている．弱酸として解離し，加水分解によって塩基性を示す．

$$HCO_3^- \rightleftarrows H^+ + CO_3^{2-} \qquad (4.110)$$

$$\frac{[\mathrm{H^+}][\mathrm{CO_3^{2-}}]}{[\mathrm{HCO_3^-}]} = K_{a2} \tag{4.111}$$

$$\mathrm{HCO_3^- + H_2O \rightleftharpoons H_2CO_3 + OH^-} \tag{4.112}$$

$$\frac{[\mathrm{H_2CO_3}][\mathrm{OH^-}]}{[\mathrm{HCO_3^-}]} = K_{b1} = \frac{K_w}{K_{a1}} \tag{4.113}$$

$\mathrm{HCO_3^-}$ のようなイオンを含む溶液では，水素イオン濃度は反応（4.110）からの水素イオン濃度 $[\mathrm{H^+}]_{110}$ と水の解離による水素イオン濃度 $[\mathrm{H^+}]_{\mathrm{H_2O}}$ の和から，反応（4.112）で生成する水酸化物イオン濃度 $[\mathrm{OH^-}]_{112}$ を差し引いた値として表される．

$$[\mathrm{H^+}] = [\mathrm{H^+}]_{110} + [\mathrm{H^+}]_{\mathrm{H_2O}} - [\mathrm{OH^-}]_{112} \tag{4.114}$$

$[\mathrm{H^+}]_{110}$，$[\mathrm{H^+}]_{\mathrm{H_2O}}$，$[\mathrm{OH^-}]_{112}$ はそれぞれ $[\mathrm{CO_3^{2-}}]$，$[\mathrm{OH^-}]$，$[\mathrm{H_2CO_3}]$ に等しいので式（4.114）は

$$[\mathrm{H^+}] = [\mathrm{CO_3^{2-}}] + [\mathrm{OH^-}] - [\mathrm{H_2CO_3}] \tag{4.115}$$

となる．この式にそれぞれの反応の平衡定数の式を代入すると

$$[\mathrm{H^+}] = \frac{K_{a2}[\mathrm{HCO_3^-}]}{[\mathrm{H^+}]} + \frac{K_w}{[\mathrm{H^+}]} - \frac{[\mathrm{HCO_3^-}][\mathrm{H^+}]}{K_{a1}} \tag{4.116}$$

$$[\mathrm{H^+}]^2 \left(1 + \frac{[\mathrm{HCO_3^-}]}{K_{a1}}\right) = K_{a2}[\mathrm{HCO_3^-}] + K_w \tag{4.117}$$

$$[\mathrm{H^+}] = \sqrt{\frac{K_{a1}K_{a2}[\mathrm{HCO_3^-}] + K_{a1}K_w}{K_{a1} + [\mathrm{HCO_3^-}]}} \tag{4.118}$$

となる．この式は，イオン化と加水分解の程度が小さい場合，つまり平衡濃度 $[\mathrm{HCO_3^-}]$ が初めの $\mathrm{NaHCO_3}$ の濃度にほぼ等しいとき，$[\mathrm{H^+}]$ の計算に適用できる．この条件は K_{a1} と K_{a2} が小さく，かつ濃度が極端に小さくない場合に相当する．

[例題 4.8]

0.1 M の $\mathrm{NaHCO_3}$ 溶液の pH を計算せよ．

[解答] 式（4.118）より $[\mathrm{H^+}]$ を計算する．

$K_{a1} = 4.5 \times 10^{-7}$，$K_{a2} = 4.7 \times 10^{-11}$，$[\mathrm{HCO_3^-}] = 0.1\,\mathrm{M}$ であるので

$$[\mathrm{H^+}] = \sqrt{\frac{4.5 \times 10^{-7} \times 4.7 \times 10^{-11} \times 0.1 + 4.5 \times 10^{-7} \times 10^{-14}}{4.5 \times 10^{-7} + 0.1}} = 4.6 \times 10^{-9}\,\mathrm{M}$$

$$\mathrm{pH} = -\log(4.6 \times 10^{-9}) = 8.3$$

4.10 酸塩基滴定曲線
4.10.1 標　準　液

　酸の標準液は通常 HCl を用いて調製される．この標準液は炭酸ナトリウム（Na_2CO_3）や炭酸水素カリウム（$KHCO_3$）などの 1 次標準物質で標定しなければならない．ここでは，1 次標準物質として Na_2CO_3 を用いて HCl 標準液を標定する場合を考えよう．

(i)　0.1 N の Na_2CO_3 標準液の調製

　この標定は次の化学反応に基づく．

$$Na_2CO_3 + 2\,HCl \rightleftharpoons 2\,NaCl + H_2O + CO_2$$

Na_2CO_3 の 1 モルは 2 g 当量であるので，

$$Na_2CO_3\text{の}1\text{g 当量} = \frac{105.9\,(\text{g/mol})}{2\,(\text{eq/mol})} = 52.95\,\text{g/eq}$$

0.1 N の Na_2CO_3 標準液を $0.25\,\text{dm}^3$ 作るのに必要な Na_2CO_3 の量は

$$0.1\,(\text{eq/dm}^3) \times 52.95\,(\text{g/eq}) \times 0.25\,(\text{dm}^3) = 1.324\,\text{g}$$

水に溶解した正味の Na_2CO_3 の質量はこの値よりも少なく，例えば 1.295 g だったとすると，ファクター $f_{Na_2CO_3} = 1.295/1.324 = 0.978$ となる．したがって，Na_2CO_3 標準液の濃度は $0.1\,\text{N}\,(f_{Na_2CO_3} = 0.978)$ である．

(ii)　0.1 N の HCl 標準液の標定

　市販の HCl の規定度は約 12.1 N であるので 0.1 N の HCl を $1\,\text{dm}^3$ 作るのに必要な濃 HCl の容積 $x\,(\text{dm}^3)$ は，

$$0.1\,(\text{eq/dm}^3) \times 1\,(\text{dm}^3) = 12.1\,(\text{eq/dm}^3) \times x$$

$$x = 8.26 \times 10^{-3}\,\text{dm}^3$$

となる．したがって約 $8.5\,\text{cm}^3$ の濃 HCl を水で薄めて $1\,\text{dm}^3$ にする．この溶液を $0.1\,\text{N}\,(f_{Na_2CO_3} = 0.978)$ の Na_2CO_3 標準液で標定する．この際，Na_2CO_3 標準液 $20\,\text{cm}^3$ を中和するのに 0.1 N の HCl が $19.4\,\text{cm}^3$ 必要だったとすると次の式が成り立つ．

$$0.1\,(\text{eq/dm}^3) \times 0.978 \times 0.02\,(\text{dm}^3) = 0.1\,(\text{eq/dm}^3) \times f_{HCl} \times 0.0194\,(\text{dm}^3)$$

$$f_{HCl} = 1.008$$

よって，標定された HCl 標準液の濃度は $0.1\,\text{N}\,(f_{HCl} = 1.008)$ となる．

4.10.2 強酸と強塩基の滴定

[例] 0.1 N の HCl 溶液 20 cm³ を 0.1 N の NaOH で滴定するとき，各段階における pH を計算し，滴定曲線を作成せよ．

(i) 滴定開始前：
$$\mathrm{pH} = -\log 0.1 = 1.0$$

(ii) 1 cm³ の NaOH 滴下：

NaOH を滴下する前の H⁺ のモル数：
$$0.1\,(\mathrm{mol/dm^3}) \times 0.02\,(\mathrm{dm^3}) = 2.0 \times 10^{-3}\ \mathrm{mol}$$

滴下された NaOH のモル数：　$0.1\,(\mathrm{mol/dm^3}) \times 0.001\,(\mathrm{dm^3}) = 1.0 \times 10^{-4}\ \mathrm{mol}$

残存する H⁺ のモル数：　$2.0 \times 10^{-3}\,(\mathrm{mol}) - 1.0 \times 10^{-4}\,(\mathrm{mol}) = 1.9 \times 10^{-3}\ \mathrm{mol}$

$$[\mathrm{H^+}] = \frac{1.9 \times 10^{-3}\,(\mathrm{mol})}{0.021\,(\mathrm{dm^3})} = 9.0 \times 10^{-2}\ \mathrm{M}$$

$$\mathrm{pH} = -\log(9.0 \times 10^{-2}) = 1.0$$

(iii) 5 cm³ の NaOH 滴下：

滴下された NaOH のモル数：　$0.1\,(\mathrm{mol/dm^3}) \times 0.005\,(\mathrm{dm^3}) = 5.0 \times 10^{-4}\ \mathrm{mol}$

残存する H⁺ のモル数：　$2.0 \times 10^{-3}\,(\mathrm{mol}) - 5.0 \times 10^{-4}\,(\mathrm{mol}) = 1.5 \times 10^{-3}\ \mathrm{mol}$

$$[\mathrm{H^+}] = \frac{1.5 \times 10^{-3}\,(\mathrm{mol})}{0.025\,(\mathrm{dm^3})} = 6.0 \times 10^{-2}\ \mathrm{M}$$

$$\mathrm{pH} = -\log(6.0 \times 10^{-2}) = 1.2$$

(iv) 10 cm³ の NaOH 滴下：

滴下された NaOH のモル数：　$0.1\,(\mathrm{mol/dm^3}) \times 0.01\,(\mathrm{dm^3}) = 1.0 \times 10^{-3}\ \mathrm{mol}$

残存する H⁺ のモル数：　$2.0 \times 10^{-3}\,(\mathrm{mol}) - 1.0 \times 10^{-3}\,(\mathrm{mol}) = 1.0 \times 10^{-3}\ \mathrm{mol}$

$$[\mathrm{H^+}] = \frac{1.0 \times 10^{-3}\,(\mathrm{mol})}{0.03\,(\mathrm{dm^3})} = 3.3 \times 10^{-2}\ \mathrm{M}$$

$$\mathrm{pH} = -\log(3.3 \times 10^{-2}) = 1.5$$

(v) 20 cm³ の NaOH 滴下：

滴下された NaOH のモル数：　$0.1\,(\mathrm{mol/dm^3}) \times 0.02\,(\mathrm{dm^3}) = 2.0 \times 10^{-3}\ \mathrm{mol}$

残存する H⁺ のモル数：　$2.0 \times 10^{-3}\,(\mathrm{mol}) - 2.0 \times 10^{-3}\,(\mathrm{mol}) = 0\ \mathrm{mol}$

つまり，この点は当量点である．すべての HCl は NaOH と反応して 2.0×10^{-3} mol の NaCl を生成したことになる．この溶液の NaCl の濃度は

$$[\mathrm{NaCl}] = \frac{2.0 \times 10^{-3}}{0.04\,(\mathrm{dm}^3)} = 0.05\,\mathrm{M}$$

中性における [H^+] は 10^{-7} M であるので
$$\mathrm{pH} = -\log 10^{-7} = 7.0$$

(vi) 22 cm^3 の NaOH 滴下：

滴下された NaOH のモル数： $0.1\,(\mathrm{mol/dm^3}) \times 0.022\,(\mathrm{dm}^3) = 2.2 \times 10^{-3}$ mol
当量点を過ぎると NaOH が過剰に加えられることになる．H^+ のモル数は 2.0×10^{-3} である．

残存する OH^- のモル数：
$$2.2 \times 10^{-3}\,(\mathrm{mol}) - 2.0 \times 10^{-3}\,(\mathrm{mol}) = 2.0 \times 10^{-4}\,\mathrm{mol}$$
$$[\mathrm{OH}^-] = \frac{2.0 \times 10^{-4}\,(\mathrm{mol})}{0.042\,(\mathrm{dm}^3)} = 4.8 \times 10^{-3}\,\mathrm{M}$$
$$\mathrm{pH} = 14 - \mathrm{pOH} = 14 + \log(4.8 \times 10^{-3}) = 11.7$$

(vii) 25 cm^3 の NaOH 滴下：

滴下された NaOH のモル数： $0.1\,(\mathrm{mol/dm^3}) \times 0.025\,(\mathrm{dm}^3) = 2.5 \times 10^{-3}$ mol
残存する OH^- のモル数：
$$2.5 \times 10^{-3}\,(\mathrm{mol}) - 2.0 \times 10^{-3}\,(\mathrm{mol}) = 5.0 \times 10^{-4}\,\mathrm{mol}$$
$$[\mathrm{OH}^-] = \frac{5.0 \times 10^{-4}\,(\mathrm{mol})}{0.045\,(\mathrm{dm}^3)} = 1.1 \times 10^{-2}\,\mathrm{M}$$

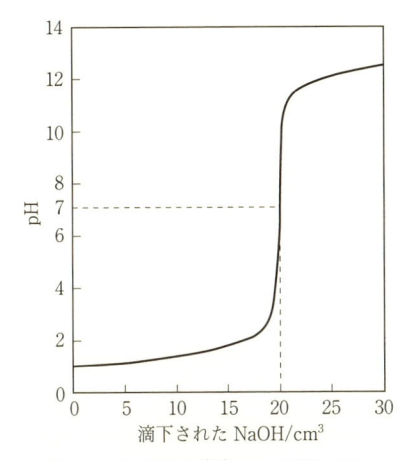

図 4.1　0.1 N HCl 溶液 の 0.1 N NaOH による滴定曲線

$$\mathrm{pH} = 14 + \log(1.1 \times 10^{-2}) = 12.0$$

図 4.1 は滴下された NaOH 溶液の容積に対して pH をプロットした滴定曲線である．

4.10.3 弱酸の滴定

[例] 0.1 N の HOAc（$K_a = 1.8 \times 10^{-5}$）溶液 20 cm^3 を 0.1 N の NaOH で滴定するとき，各段階における pH を計算し，滴定曲線を作成せよ．

(i) 滴定開始前：

$$\mathrm{HOAc} \rightleftharpoons \mathrm{H}^+ + \mathrm{OAc}^-$$

生成した H$^+$ と OAc$^-$ の濃度をそれぞれ x(M) とすると，残存する HOAc の濃度は $(0.1 - x)$(M) となるので

$$K_a = \frac{[\mathrm{H}^+][\mathrm{OAc}^-]}{[\mathrm{HOAc}]} = \frac{x^2}{0.1 - x} = 1.8 \times 10^{-5}$$

$x \ll 0.1$ M であるので，$x = [\mathrm{H}^+] = 1.3 \times 10^{-3}$ M となる．

$$\mathrm{pH} = -\log(1.3 \times 10^{-3}) = 2.9$$

(ii) 0.5 cm^3 の NaOH 滴下：

滴下された NaOH のモル数：

$$0.1 (\mathrm{mol/dm^3}) \times 0.0005 (\mathrm{dm^3}) = 5.0 \times 10^{-5} \text{ mol}$$

HOAc の一部は OH$^-$ と反応して OAc$^-$ となる．

$$\mathrm{HOAc} + \mathrm{OH}^- \rightleftharpoons \mathrm{OAc}^- + \mathrm{H_2O}$$

滴定開始前の HOAc のモル数：

$$0.1 (\mathrm{mol/dm^3}) \times 0.02 (\mathrm{dm^3}) = 2.0 \times 10^{-3} \text{ mol}$$

残存する HOAc のモル数：

$$2.0 \times 10^{-3} (\mathrm{mol}) - 5.0 \times 10^{-5} (\mathrm{mol}) = 2.0 \times 10^{-3} \text{ mol}$$

$$[\mathrm{HOAc}] = \frac{2.0 \times 10^{-3} (\mathrm{mol})}{0.0205 (\mathrm{dm^3})} = 9.8 \times 10^{-2} \text{ M}$$

生成する OAc$^-$ のモル数は滴下された NaOH のモル数に等しいので

$$[\mathrm{OAc}^-] = \frac{5.0 \times 10^{-5} (\mathrm{mol})}{0.0205 (\mathrm{dm^3})} = 2.4 \times 10^{-3} \text{ M}$$

弱酸と共役塩基を含む溶液の pH は式 (4.64) から得られる．

$$\mathrm{pH} = \mathrm{p}K_a + \log\frac{[\mathrm{OAc}^-]}{[\mathrm{HOAc}]}$$

$$= -\log(1.8\times 10^{-5}) + \log\frac{2.4\times 10^{-3}}{9.8\times 10^{-2}} = 3.1$$

(iii) $2\,\mathrm{cm}^3$ の NaOH 滴下：

滴下された NaOH のモル数： $0.1(\mathrm{mol/dm^3})\times 0.002(\mathrm{dm^3}) = 2.0\times 10^{-4}\,\mathrm{mol}$

残存する HOAc のモル数：
$$2.0\times 10^{-3}(\mathrm{mol}) - 2.0\times 10^{-4}(\mathrm{mol}) = 1.8\times 10^{-3}\,\mathrm{mol}$$

$$[\mathrm{HOAc}] = \frac{1.8\times 10^{-3}(\mathrm{mol})}{0.022(\mathrm{dm^3})} = 8.2\times 10^{-2}\,\mathrm{M}$$

$$[\mathrm{OAc^-}] = \frac{2.0\times 10^{-4}(\mathrm{mol})}{0.022(\mathrm{dm^3})} = 9.1\times 10^{-3}\,\mathrm{M}$$

$$\mathrm{pH} = -\log(1.8\times 10^{-5}) + \log\frac{9.1\times 10^{-3}}{8.2\times 10^{-2}} = 3.8$$

(iv) $10\,\mathrm{cm}^3$ の NaOH 滴下：

滴下された NaOH のモル数： $0.1(\mathrm{mol/dm^3})\times 0.01(\mathrm{dm^3}) = 1.0\times 10^{-3}\,\mathrm{mol}$

残存する HOAc のモル数：
$$2.0\times 10^{-3}(\mathrm{mol}) - 1.0\times 10^{-3}(\mathrm{mol}) = 1.0\times 10^{-3}\,\mathrm{mol}$$

$$[\mathrm{HOAc}] = \frac{1.0\times 10^{-3}(\mathrm{mol})}{0.03(\mathrm{dm^3})} = 3.3\times 10^{-2}\,\mathrm{M}$$

$$[\mathrm{OAc^-}] = \frac{1.0\times 10^{-3}(\mathrm{mol})}{0.03(\mathrm{dm^3})} = 3.3\times 10^{-2}\,\mathrm{M}$$

$$\mathrm{pH} = 4.7 + \log\frac{3.3\times 10^{-2}}{3.3\times 10^{-2}} = 4.7$$

(v) $20\,\mathrm{cm}^3$ の NaOH 滴下：

滴下された NaOH のモル数： $0.1(\mathrm{mol/dm^3})\times 0.02(\mathrm{dm^3}) = 2.0\times 10^{-3}\,\mathrm{mol}$

残存する HOAc のモル数： $2.0\times 10^{-3}(\mathrm{mol}) - 2.0\times 10^{-3}(\mathrm{mol}) = 0\,\mathrm{mol}$

したがって，この点は当量点である．すべての HOAc は NaOH と反応して $\mathrm{OAc^-}$ になったことになる．

$$[\mathrm{OAc^-}] = \frac{2.0\times 10^{-3}(\mathrm{mol})}{0.04(\mathrm{dm^3})} = 5.0\times 10^{-2}\,\mathrm{M}$$

この溶液は弱塩基のみを含むので，式 (4.37) より

$$[\mathrm{OH^-}] = \sqrt{K_b C_B} = \sqrt{K_b[\mathrm{OAc^-}]}$$

$$K_b = \frac{K_w}{K_a} = \frac{10^{-14}}{1.8\times 10^{-5}} = 5.6\times 10^{-10}$$

$$[\mathrm{OH^-}] = \sqrt{5.6\times 10^{-10}\times 5.0\times 10^{-2}} = 5.3\times 10^{-6}\,\mathrm{M}$$

$$[\text{H}^+] = \frac{10^{-14}}{5.3 \times 10^{-6}} = 1.9 \times 10^{-9} \text{ M}$$

$$\text{pH} = -\log(1.9 \times 10^{-9}) = 8.7$$

(vi) 22 cm³ の NaOH 滴下：

滴下された NaOH のモル数： $0.1(\text{mol/dm}^3) \times 0.022(\text{dm}^3) = 2.2 \times 10^{-3}$ mol

HOAc はすべて OAc⁻ になっているので NaOAc 溶液に過剰の NaOH が加わったことになる．

過剰の NaOH のモル数：

$$2.2 \times 10^{-3}(\text{mol}) - 2.0 \times 10^{-3}(\text{mol}) = 2.0 \times 10^{-4} \text{ mol}$$

$$[\text{OH}^-] = \frac{2.0 \times 10^{-4}(\text{mol})}{0.042(\text{dm}^3)} = 4.8 \times 10^{-3} \text{ M}$$

$$[\text{H}^+] = \frac{10^{-14}}{4.8 \times 10^{-3}} = 2.1 \times 10^{-12} \text{ M}$$

$$\text{pH} = -\log(2.1 \times 10^{-12}) = 11.7$$

(vii) 25 cm³ の NaOH 滴下：

滴下された NaOH モル数： $0.1(\text{mol/dm}^3) \times 0.025(\text{dm}^3) = 2.5 \times 10^{-3}$ mol

過剰の NaOH のモル数：

$$2.5 \times 10^{-3}(\text{mol}) - 2.0 \times 10^{-3}(\text{mol}) = 5.0 \times 10^{-4} \text{ mol}$$

$$[\text{OH}^-] = \frac{5.0 \times 10^{-4}(\text{mol})}{0.045(\text{dm}^3)} = 1.1 \times 10^{-2} \text{ M}$$

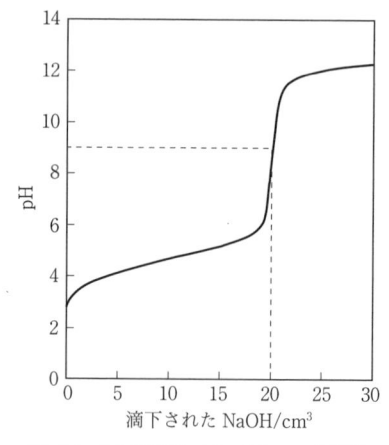

図 4.2 0.1 N HOAc ($K_a = 1.8 \times 10^{-5}$) 溶液の 0.1 N NaOH による滴定曲線

$$[\text{H}^+] = \frac{10^{-14}}{1.1 \times 10^{-2}} = 9.1 \times 10^{-13}\ \text{M}$$

$$\text{pH} = -\log(9.1 \times 10^{-13}) = 12.0$$

図 4.2 は滴下された NaOH 溶液の容積に対して pH をプロットした滴定曲線である．

4.10.4　弱塩基の滴定

[例]　0.1 N の NH_3 ($K_b = 1.8 \times 10^{-5}$) 溶液 20 cm^3 を 0.1 N の HCl で滴定するとき，各段階における pH を計算し，滴定曲線を作成せよ．

(i)　滴定開始前：

$$\text{NH}_3 + \text{H}_2\text{O} \ \rightleftharpoons\ \text{NH}_4^+ + \text{OH}^-$$

生成した NH_4^+ と OH^- の濃度をそれぞれ x(M) とすると，残存する NH_3 の濃度は $(0.1 - x)$(M) となる．

$$K_b = \frac{[\text{NH}_4^+][\text{OH}^-]}{[\text{NH}_3]} = \frac{x^2}{0.1 - x} = 1.8 \times 10^{-5}$$

$x \ll 0.1$ M であるので，$x = [\text{OH}^-] = 1.3 \times 10^{-3}$ M となる．

$$[\text{H}^+] = \frac{10^{-14}}{1.3 \times 10^{-3}} = 7.7 \times 10^{-12}\ \text{M} \qquad \text{pH} = -\log(7.7 \times 10^{-12}) = 11.1$$

(ii)　1 cm^3 の HCl 滴下：

　滴下された HCl のモル数：　$0.1\,(\text{mol/dm}^3) \times 0.001\,(\text{dm}^3) = 1.0 \times 10^{-4}$ mol

NH_3 の一部は H^+ と反応して NH_4^+ となる．

$$\text{NH}_3 + \text{H}^+ \ \rightleftharpoons\ \text{NH}_4^+$$

　滴定開始前の NH_3 のモル数：　$0.1\,(\text{mol/dm}^3) \times 0.02\,(\text{dm}^3) = 2.0 \times 10^{-3}$ mol

　残存する NH_3 のモル数：

$$2.0 \times 10^{-3}\,(\text{mol}) - 1.0 \times 10^{-4}\,(\text{mol}) = 1.9 \times 10^{-3}\ \text{mol}$$

$$[\text{NH}_3] = \frac{1.9 \times 10^{-3}\,(\text{mol})}{0.021\,(\text{dm}^3)} = 9.0 \times 10^{-2}\ \text{M}$$

生成する NH_4^+ は滴下された HCl のモル数に等しいので

$$[\text{NH}_4^+] = \frac{1.0 \times 10^{-4}\,(\text{mol})}{0.021\,(\text{dm}^3)} = 4.8 \times 10^{-3}\ \text{M}$$

となる．式 (4.72) より

$$\text{pH} = \text{p}K_w - \text{p}K_b + \log\frac{[\text{NH}_3]}{[\text{NH}_4^+]}$$

$$= 14 + \log(1.8 \times 10^{-5}) + \log\frac{[NH_3]}{[NH_4^+]}$$

$$= 9.3 + \log\frac{9.0 \times 10^{-2}}{4.8 \times 10^{-3}} = 10.6$$

(iii) 5 cm³ の HCl 滴下：

滴下された HCl のモル数： $0.1(\mathrm{mol/dm^3}) \times 0.005(\mathrm{dm^3}) = 5.0 \times 10^{-4}$ mol

残存する NH_3 のモル数：

$$2.0 \times 10^{-3}(\mathrm{mol}) - 5.0 \times 10^{-4}(\mathrm{mol}) = 1.5 \times 10^{-3} \text{ mol}$$

$$[NH_3] = \frac{1.5 \times 10^{-3}(\mathrm{mol})}{0.025(\mathrm{dm^3})} = 6.0 \times 10^{-2} \text{ M}$$

$$[NH_4^+] = \frac{5.0 \times 10^{-4}(\mathrm{mol})}{0.025(\mathrm{dm^3})} = 2.0 \times 10^{-2} \text{ M}$$

$$\mathrm{pH} = 9.3 + \log\frac{6.0 \times 10^{-2}}{2.0 \times 10^{-2}} = 9.8$$

(iv) 10 cm³ の HCl 滴下：

滴下された HCl のモル数： $0.1(\mathrm{mol/dm^3}) \times 0.01(\mathrm{dm^3}) = 1.0 \times 10^{-3}$ mol

残存する NH_3 のモル数：

$$2.0 \times 10^{-3}(\mathrm{mol}) - 1.0 \times 10^{-3}(\mathrm{mol}) = 1.0 \times 10^{-3} \text{ mol}$$

$$[NH_3] = \frac{1.0 \times 10^{-3}(\mathrm{mol})}{0.03(\mathrm{dm^3})} = 3.3 \times 10^{-2} \text{ M}$$

$$[NH_4^+] = \frac{1.0 \times 10^{-3}(\mathrm{mol})}{0.03(\mathrm{dm^3})} = 3.3 \times 10^{-2} \text{ M}$$

$$\mathrm{pH} = 9.3 + \log\frac{3.3 \times 10^{-2}}{3.3 \times 10^{-2}} = 9.3$$

(v) 20 cm³ の HCl 滴下：

滴下された HCl のモル数： $0.1(\mathrm{mol/dm^3}) \times 0.02(\mathrm{dm^3}) = 2.0 \times 10^{-3}$ mol

残存する NH_3 のモル数： $2.0 \times 10^{-3}(\mathrm{mol}) - 2.0 \times 10^{-3}(\mathrm{mol}) = 0$ mol

したがって，この点は当量点である．NH_3 は HCl と反応してすべて NH_4^+ になったことになる．

生成する NH_4^+ の濃度： $[NH_4^+] = \dfrac{2.0 \times 10^{-3}(\mathrm{mol})}{0.04(\mathrm{dm^3})} = 5.0 \times 10^{-2}$ M

この溶液は弱酸のみを含むので，式 (4.27) を適用して pH を求める．

$$K_\mathrm{a} = \frac{K_\mathrm{w}}{K_\mathrm{b}} = \frac{10^{-14}}{1.8 \times 10^{-5}} = 5.6 \times 10^{-10} \qquad C_\mathrm{A} = [NH_4^+] = 5.0 \times 10^{-2} \text{ M}$$

であるので

$$\mathrm{pH} = \frac{1}{2}(\mathrm{p}K_\mathrm{a} - \log C_\mathrm{A}) = \frac{1}{2}\{-\log(5.6\times10^{-10}) - \log(5.0\times10^{-2})\}$$
$$= 5.3$$

(vi)　22 cm³ の HCl 滴下：

　滴下された HCl のモル数：　$0.1(\mathrm{mol/dm^3}) \times 0.022(\mathrm{dm^3}) = 2.2\times10^{-3}$ mol

$\mathrm{NH_3}$ はすべて $\mathrm{NH_4^+}$ になっているので $\mathrm{NH_4Cl}$ 溶液に過剰の HCl が加えられることになる．

　過剰の HCl のモル数：　$2.2\times10^{-3}(\mathrm{mol}) - 2.0\times10^{-3}(\mathrm{mol}) = 2.0\times10^{-4}$ mol

$$[\mathrm{H^+}] = \frac{2.0\times10^{-4}(\mathrm{mol})}{0.042(\mathrm{dm^3})} = 4.8\times10^{-3}\,\mathrm{M}$$

$$\mathrm{pH} = -\log(4.8\times10^{-3}) = 2.3$$

(vii)　25 cm³ の HCl 滴下：

　滴下された HCl のモル数：　$0.1(\mathrm{mol/dm^3}) \times 0.025(\mathrm{dm^3}) = 2.5\times10^{-3}$ mol

　過剰の HCl のモル数：　$2.5\times10^{-3}(\mathrm{mol}) - 2.0\times10^{-3}(\mathrm{mol}) = 5.0\times10^{-4}$ mol

$$[\mathrm{H^+}] = \frac{5\times10^{-4}(\mathrm{mol})}{0.045(\mathrm{dm^3})} = 1.1\times10^{-2}\,\mathrm{M}$$

$$\mathrm{pH} = -\log(1.1\times10^{-2}) = 2.0$$

図 4.3 は滴下された NaOH 溶液の容積に対して pH をプロットした滴定曲線で

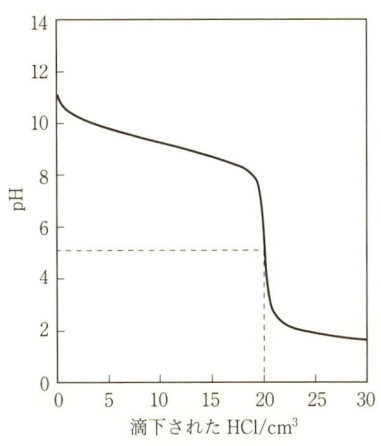

図 4.3　0.1 N $\mathrm{NH_3}$ ($K_\mathrm{b}=1.8\times10^{-5}$) 溶液の 0.1 N HCl による滴定曲線

ある．

4.10.5 多塩基酸の滴定

［例］ 0.1 M の H_2A ($K_{a1}=1.0\times10^{-3}$, $K_{a2}=1.0\times10^{-7}$) 溶液 20 cm^3 を 0.1 M の NaOH で滴定するとき，各段階における pH を計算し，滴定曲線を作成せよ．

(i) 滴定開始前：
まず，第1段の解離のみを考える．

$$H_2A \rightleftharpoons HA^- + H^+$$

生成した HA^- と H^+ の濃度をそれぞれ x (M) とすると，残存する H_2A の濃度は $(0.1-x)$ (M) となるので

$$K_{a1}=\frac{[H^+][HA^-]}{[H_2A]}=\frac{x^2}{0.1-x}=1.0\times10^{-3}$$

となる．$x \ll 0.1$ M であるので，$x=[H^+]\fallingdotseq 1.0\times10^{-2}$ M

$$\mathrm{pH}=-\log(1.0\times10^{-2})=2.0$$

(ii) 4 cm^3 の NaOH 滴下：

滴下された NaOH のモル数： $0.1(\mathrm{mol/dm^3})\times 0.004(\mathrm{dm^3})=4.0\times10^{-4}$ mol
滴定開始前の H_2A のモル数： $0.1(\mathrm{mol/dm^3})\times 0.02(\mathrm{dm^3})=2.0\times10^{-3}$ mol

H_2A の一部は OH^- との反応により HA^- となる．

$$H_2A + OH^- \rightleftharpoons HA^- + H_2O$$

残存する H_2A のモル数：

$$2.0\times10^{-3}(\mathrm{mol})-4.0\times10^{-4}(\mathrm{mol})=1.6\times10^{-3}\ \mathrm{mol}$$

$$[H_2A]=\frac{1.6\times10^{-3}(\mathrm{mol})}{0.024(\mathrm{dm^3})}=6.7\times10^{-2}\ \mathrm{M}$$

生成する HA^- のモル数は滴下された OH^- のモル数に等しいので

$$[HA^-]=\frac{4.0\times10^{-4}(\mathrm{mol})}{0.024(\mathrm{dm^3})}=1.7\times10^{-2}\ \mathrm{M}$$

となる．式 (4.66) より

$$\mathrm{pH}=\mathrm{p}K_{a1}+\log\frac{[HA^-]}{[H_2A]}$$

$$=-\log(1.0\times10^{-3})+\log\frac{1.7\times10^{-2}}{6.7\times10^{-2}}=2.4$$

(iii) $10\,\mathrm{cm^3}$ の NaOH 滴下:

滴下された NaOH のモル数: $0.1(\mathrm{mol/dm^3}) \times 0.01(\mathrm{dm^3}) = 1.0 \times 10^{-3}\,\mathrm{mol}$

残存する H_2A のモル数: $2.0 \times 10^{-3}(\mathrm{mol}) - 1.0 \times 10^{-3}(\mathrm{mol}) = 1.0 \times 10^{-3}\,\mathrm{mol}$

$$[H_2A] = \frac{1.0 \times 10^{-3}(\mathrm{mol})}{0.03(\mathrm{dm^3})} = 3.3 \times 10^{-2}\,\mathrm{M}$$

$$[HA^-] = \frac{1.0 \times 10^{-3}(\mathrm{mol})}{0.03(\mathrm{dm^3})} = 3.3 \times 10^{-2}\,\mathrm{M}$$

$$\mathrm{pH} = 3.0 + \log \frac{3.3 \times 10^{-2}}{3.3 \times 10^{-2}} = 3.0$$

(iv) $20\,\mathrm{cm^3}$ の NaOH 滴下:

滴下された NaOH のモル数: $0.1(\mathrm{mol/dm^3}) \times 0.02(\mathrm{dm^3}) = 2.0 \times 10^{-3}\,\mathrm{mol}$

残存する H_2A のモル数: $2.0 \times 10^{-3}(\mathrm{mol}) - 2.0 \times 10^{-3}(\mathrm{mol}) = 0\,\mathrm{mol}$

すべての H_2A は HA^- になったことを意味するので,この点は第1当量点である.この溶液では,$[HA^-]$ が最大となる.これは NaHA を水に溶解するか,あるいは H_2A と NaOH を等モル混合することによって得られる.HA^- が関与する平衡には次の3つの反応が考えられる.

Ⓐ $2\,HA^- \rightleftharpoons H_2A + A^{2-}$

$$\frac{[H_2A][A^{2-}]}{[HA^-]^2} = K_A = 1.0 \times 10^{-4}$$

Ⓑ $HA^- + H_2O \rightleftharpoons H_2A + OH^-$

$$\frac{[H_2A][OH^-]}{[HA^-]} = K_B = 1.0 \times 10^{-11}$$

Ⓒ $HA^- \rightleftharpoons H^+ + A^{2-}$

$$\frac{[H^+][A^{2-}]}{[HA^-]} = K_C = 1.0 \times 10^{-7}$$

この3つの平衡においては,K_A が最も大きいので,反応Ⓑ と Ⓒ は無視できる.反応Ⓐのみを考えると

$$[H_2A] = [A^{2-}]$$

である.この関係を次式に代入すると

$$K_{a1}K_{2a} = \frac{[HA^-][H^+]}{[H_2A]} \cdot \frac{[A^{2-}][H^+]}{[HA^-]} = \frac{[H^+]^2[A^{2-}]}{[H_2A]} = [H^+]^2$$

$$[H^+] = \sqrt{K_{a1}K_{a2}} \qquad \mathrm{pH} = \frac{1}{2}(\mathrm{p}K_{a1} + \mathrm{p}K_{a2})$$

したがって,第1当量点における pH は,

$$\mathrm{pH} = \frac{1}{2}\{-\log(1.0\times10^{-3}) - \log(1.0\times10^{-7})\} = 5.0$$

となる．

(v)　24 cm³ の NaOH 滴下：

第 1 当量点を過ぎると，HA⁻ の一部は OH⁻ と反応して A²⁻ となる．

$$\mathrm{HA^-} + \mathrm{OH^-} \rightleftharpoons \mathrm{A^{2-}} + \mathrm{H_2O}$$

このため，HA⁻ の濃度は滴下される NaOH の濃度に応じて減少する．

　滴下された NaOH のモル数：　$0.1(\mathrm{mol/dm^3}) \times 0.024(\mathrm{dm^3}) = 2.4\times10^{-3}\,\mathrm{mol}$

　第 1 当量点後，過剰に加えられた NaOH のモル数：

$$2.4\times10^{-3}(\mathrm{mol}) - 2.0\times10^{-3}(\mathrm{mol}) = 4.0\times10^{-4}\,\mathrm{mol}$$

　残存する HA⁻ のモル数：

$$2.0\times10^{-3}(\mathrm{mol}) - 4.0\times10^{-4}(\mathrm{mol}) = 1.6\times10^{-3}\,\mathrm{mol}$$

$$[\mathrm{HA^-}] = \frac{1.6\times10^{-3}(\mathrm{mol})}{0.044(\mathrm{dm^3})} = 3.6\times10^{-2}\,\mathrm{M}$$

生成する A²⁻ のモル数は第 1 当量点後過剰に加えられた NaOH のモル数に等しいので

$$[\mathrm{A^{2-}}] = \frac{4.0\times10^{-4}(\mathrm{mol})}{0.044(\mathrm{dm^3})} = 9.1\times10^{-3}\,\mathrm{M}$$

となる．式 (4.66) より

$$\mathrm{pH} = \mathrm{p}K_{\mathrm{a2}} + \log\frac{[\mathrm{A^{2-}}]}{[\mathrm{HA^-}]} = 7.0 + \log\frac{9.1\times10^{-3}}{3.6\times10^{-2}} = 6.4$$

(vi)　30 cm³ の NaOH 滴下：

　滴下された NaOH のモル数：　$0.1(\mathrm{mol/dm^3}) \times 0.03(\mathrm{dm^3}) = 3.0\times10^{-3}\,\mathrm{mol}$

　第 1 当量点後の過剰の NaOH のモル数：

$$3.0\times10^{-3}(\mathrm{mol}) - 2.0\times10^{-3}(\mathrm{mol}) = 1.0\times10^{-3}\,\mathrm{mol}$$

　残存する HA⁻ のモル数：

$$2.0\times10^{-3}(\mathrm{mol}) - 1.0\times10^{-3}(\mathrm{mol}) = 1.0\times10^{-3}\,\mathrm{mol}$$

$$[\mathrm{HA^-}] = \frac{1.0\times10^{-3}(\mathrm{mol})}{0.05(\mathrm{dm^3})} = 2.0\times10^{-2}\,\mathrm{M}$$

$$[\mathrm{A^{2-}}] = \frac{1.0\times10^{-3}(\mathrm{mol})}{0.05(\mathrm{dm^3})} = 2.0\times10^{-2}\,\mathrm{M}$$

$$\mathrm{pH} = 7.0 + \log\frac{2.0\times10^{-2}}{2.0\times10^{-2}} = 7.0$$

(vii) 40 cm³ の NaOH 滴下

滴下された NaOH のモル数: $0.1(\text{mol/dm}^3) \times 0.04(\text{dm}^3) = 4.0 \times 10^{-3}$ mol

第 1 当量点後の過剰の NaOH のモル数:
$$4.0 \times 10^{-3}(\text{mol}) - 2.0 \times 10^{-3}(\text{mol}) = 2.0 \times 10^{-3} \text{ mol}$$

残存する HA^- のモル数: $2.0 \times 10^{-3}(\text{mol}) - 2.0 \times 10^{-3}(\text{mol}) = 0$ mol

第 1 当量点で生成した HA^- のすべてが OH^- と反応して A^{2-} になったことになる。すなわち，この点は第 2 当量点である．第 2 当量点における平衡は A^{2-} の加水分解である．

$$A^{2-} + H_2O \rightleftharpoons HA^- + OH^-$$

生成する A^{2-} のモル数は 2.0×10^{-3} であるので

$$[A^{2-}] = \frac{2.0 \times 10^{-3}(\text{mol})}{0.06(\text{dm}^3)} = 3.3 \times 10^{-2} \text{ M}$$

$$[HA^-] = [OH^-]$$

$$\frac{[HA^-][OH^-]}{[A^{2-}]} = K_{b2} = \frac{K_w}{K_{a2}} = \frac{10^{-14}}{1.0 \times 10^{-7}} = 1.0 \times 10^{-7}$$

$$\frac{[OH^-]^2}{3.3 \times 10^{-2}} = 1.0 \times 10^{-7}$$

$[OH^-] = \sqrt{3.3 \times 10^{-2} \times 10^{-7}} = 5.7 \times 10^{-5}$ M　　$[H^+] = \frac{10^{-14}}{5.7 \times 10^{-5}} = 1.8 \times 10^{-10}$ M

$$\text{pH} = -\log(1.8 \times 10^{-10}) = 9.7$$

(viii) 42 cm³ の NaOH 滴下:

滴下された NaOH のモル数: $0.1(\text{mol/dm}^3) \times 0.042(\text{dm}^3) = 4.2 \times 10^{-3}$ mol

第 2 当量点後に過剰に加えられた NaOH のモル数:
$$4.2 \times 10^{-3}(\text{mol}) - 4.0 \times 10^{-3}(\text{mol}) = 2.0 \times 10^{-4} \text{ mol}$$

$[OH^-] = \frac{2.0 \times 10^{-4}(\text{mol})}{0.062(\text{dm}^3)} = 3.2 \times 10^{-3}$ M　　$[H^+] = \frac{10^{-14}}{3.2 \times 10^{-3}} = 3.1 \times 10^{-12}$ M

$$\text{pH} = -\log(3.1 \times 10^{-12}) = 11.5$$

(ix) 50 cm³ の NaOH 滴下:

滴下された NaOH のモル数: $0.1(\text{mol/dm}^3) \times 0.05(\text{dm}^3) = 5.0 \times 10^{-3}$ mol

第 2 当量点後に過剰に加えられた NaOH のモル数:
$$5.0 \times 10^{-3}(\text{mol}) - 4.0 \times 10^{-3}(\text{mol}) = 1.0 \times 10^{-3} \text{ mol}$$

$[OH^-] = \frac{1.0 \times 10^{-3}(\text{mol})}{0.07(\text{dm}^3)} = 1.4 \times 10^{-2}$ M　　$[H^+] = \frac{10^{-14}}{1.4 \times 10^{-2}} = 7.1 \times 10^{-13}$ M

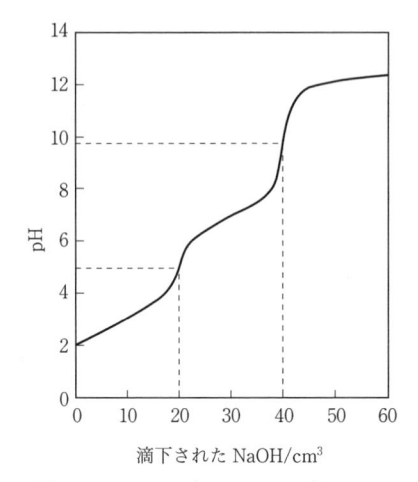

図 4.4 0.1 M H_2A ($K_{a1}=1.0\times10^{-3}$, $K_{a2}=1.0\times10^{-7}$) 溶液の 0.1 M NaOH による滴定曲線

$$pH = -\log(7.1\times10^{-13}) = 12.1$$

図 4.4 は滴下された NaOH 溶液の容積に対して pH をプロットした滴定曲線である．

演習問題

4.1 次の水素イオン濃度の溶液の pH，pOH および $[OH^-]$ を計算せよ．
(1) 5.0×10^{-10} M (2) 4.0×10^{-8} M (3) 2.0×10^{-7} M
(4) 1.0 M (5) 10 M

4.2 次の濃度の溶液の pH を計算せよ．
(1) $[H^+]=10^{-5.82}$ M (2) $[H^+]=3.8\times10^{-5}$ M
(3) $[H^+]=4.5\times10^{-10}$ M (4) $[OH^-]=6.2\times10^{-8}$ M
(5) $[OH^-]=2.0\times10^{-11}$ M

4.3 次の pH の溶液における pOH，$[OH^-]$ および $[H^+]$ を計算せよ．
(1) 13.0 (2) 10.5 (3) 4.2 (4) 0 (5) -0.5

4.4 次の溶液の $[H^+]$ と pH を計算せよ．
(1) 0.05 モルの HNO_3 を含む $0.2\,dm^3$ の溶液

(2) 25.1 g の NaOH を含む 0.6 dm^3 の溶液
(3) 6 M の HCl 0.1 dm^3 を含む 0.5 dm^3 の溶液
(4) 0.002 モルの HCl を含む 0.5 dm^3 の溶液
(5) 1 M の NaOH 0.5 dm^3 を含む 2 dm^3 の溶液

4.5 25℃において 0.05 N の Ba(OH)$_2$ 溶液の電離度は 0.94 である．この溶液の [H$^+$]，[OH$^-$] および pH を計算せよ．

4.6 次の溶液のすべての化学種の濃度と pH を計算せよ．
(1) 0.5 N の H$_2$SO$_4$ 0.1 dm^3 と 2 N の NaOH 0.02 dm^3 を含む溶液
(2) 0.5 M の HCl，0.2 M の NaOH および 1 M の CH$_3$COONa を含む溶液
(3) 2 M の HCl，0.2 M の NaOH および 1 M の CH$_3$COONa を含む溶液
(4) 1 M の NH$_3$，1 M の NH$_4$Cl および 0.4 M の NaOH を含む溶液
(5) 2 M の NH$_3$ と 1 M の HCl を含む溶液

4.7 次の溶液の pH を計算せよ．
(1) 0.1 M の HClO 溶液
(2) 0.1 M の HClO と 0.2 M の NaClO を含む溶液

4.8 次の溶液の pH を計算せよ．
(1) 0.4 M の HNO$_2$ 溶液
(2) 0.2 M の HNO$_2$ と 1 M の KNO$_2$ を含む溶液

4.9 次の溶液の pH を計算せよ．
(1) 0.2 M の NH$_3$ 溶液
(2) 0.2 M の NH$_3$ と 0.1 M の NH$_4$Cl を含む溶液

4.10 0.1 M の CH$_3$COONa 溶液の pH を計算せよ．

4.11 0.1 M の Na$_2$CO$_3$ 溶液の pH を計算せよ．

4.12 0.1 M の NaH$_2$PO$_4$ 溶液の pH を計算せよ．

4.13 2 M の CH$_3$COOH 溶液に CH$_3$COONa を加えることによって水素イオン濃度を 3.6×10^{-5} M にするには，CH$_3$COONa の濃度はいくらにしたらよいか．

4.14 0.2 M の NH$_3$ 溶液 0.25 dm^3 に NH$_4$Cl を加えて pH を 8.1 に調整するには，何 g の NH$_4$Cl を加えたらよいか．

4.15 HCOONa 溶液の pH が 8.1 であるとき，HCOONa の濃度を計算せよ．

4.16 KCN を用いて pH 7.8 の溶液を 0.5 dm^3 作るとき，何 g の KCN を加えたらよいか．

4.17 ある温度で 0.82 g の CH$_3$COONa を含む溶液 1 dm^3 の pH が 8.4 である．この温度における CH$_3$COOH の K_a を計算せよ．

4.18 CH_3COOH と CH_3COONa を用いて次の pH の溶液を作るには，$[CH_3COOH]/[CH_3COO^-]$ の比をいくらにしたらよいか．
  (1) 3.0 (2) 4.7 (3) 10.0

4.19 $0.5\,M$ の NH_3 と $0.6\,M$ の NH_4Cl を次の体積比（$[NH_3]/[NH_4^+]$）で混合して調製した溶液の pH を計算せよ．
  (1) 1:5 (2) 6:5 (3) 5:1

4.20 次の溶液の pH を計算せよ．
  (1) $0.01\,M$ の CH_3COOH と $10^{-4}\,M$ の CH_3COONa を含む溶液
  (2) $0.01\,M$ の CH_3COOH と $0.01\,M$ の CH_3COONa を含む溶液
  (3) $10^{-4}\,M$ の CH_3COOH と $0.01\,M$ の CH_3COONa を含む溶液

4.21 問題 [4.20] の各溶液 $0.1\,dm^3$ に $0.01\,N$ の NaOH を $0.5\,cm^3$ 加えたとき，それぞれの溶液の pH 変化を計算せよ．

4.22 次の溶液 $0.5\,dm^3$ に $0.01\,M$ の NaOH 溶液 $0.5\,dm^3$ を加えると，pH はどのように変化するか．
  (1) $0.1\,M$ の CH_3COOH と $0.1\,M$ の CH_3COONa を含む溶液
  (2) $1.8\times10^{-5}\,M$ の HCl 溶液

4.23 問題 [4.22] の (1) の溶液 $0.5\,dm^3$ に $0.01\,M$ の HCl 溶液 $0.1\,dm^3$ を加えると pH はどのように変化するか．

4.24 $0.5\,M$ の NH_3 溶液 $0.1\,dm^3$ に $0.1\,M$ の H_2SO_4 溶液 $0.03\,dm^3$ を加えて調製した緩衝液の pH を計算せよ．

4.25 pH 5.5 の CH_3COOH-CH_3COONa 緩衝液において，CH_3COONa の濃度は $0.2\,M$ であった．この緩衝液 $0.25\,dm^3$ に $0.1\,M$ の NaOH 溶液を $0.01\,dm^3$ 加えたときの pH を計算せよ．

第5章 沈殿平衡

　化学実験においては，沈殿を生成あるいは溶解する操作がしばしば行われている．溶液からある化合物のみを沈殿させ分離する方法は重要な化学操作の1つである．ある難溶性物質 MA を水に加えると，濃度は小さいが M^+ と A^- が生成する．溶解が進むと，逆向き反応である M^+ と A^- の結合による再沈殿が起こる．結局，溶解と再沈殿反応の速度は等しくなり，動的平衡状態に達する．本章では，沈殿平衡および沈殿滴定における物質の溶解度，イオン濃度，共通イオン効果などの量的関係について考察する．

5.1　溶解度と溶解度積

　物質の溶媒に溶解する限度が溶解度（solubility）である．ある温度における溶解度は未溶解の物質（固相）と平衡にある溶液（つまり，飽和溶液）中の溶質の活量と定義されている．しかし，希薄溶液では，溶解度 s は 1 dm³ の溶液に溶解している固体のモル数とみなすことができる．

$$s = \frac{溶質(\mathrm{mol})}{V(\mathrm{dm}^3)} \tag{5.1}$$

一般に，沈殿平衡は次のように表される．

$$\mathrm{MA(固相)} \rightleftharpoons \mathrm{M^+ + A^-} \tag{5.2}$$

この反応に対する平衡定数は

$$K = \frac{a_{\mathrm{M}^+} a_{\mathrm{A}^-}}{a_{\mathrm{MA}}} \tag{5.3}$$

である．a_{MA} は固体の活量であるので1とみなすことができる．

$$K = a_{\mathrm{M}^+} a_{\mathrm{A}^-} = [\mathrm{M^+}][\mathrm{A^-}] f_{\mathrm{M}^+} f_{\mathrm{A}^-} \tag{5.4}$$

[M$^+$]と[A$^-$]の積を K_{sp} で表し，溶解度積（solubility product）という．

$$K_{sp} = [\text{M}^+][\text{A}^-] \tag{5.5}$$

希薄溶液では，活量係数は1とみなせるので熱力学的平衡定数は溶解度積に等しい．

$$K = K_{sp} \tag{5.6}$$

K_{sp} は一定の温度と圧力で定数である．

難溶性物質 M$_m$A$_n$ の沈殿平衡反応は次のように表される．

$$\text{M}_m\text{A}_n(\text{固相}) \rightleftharpoons m\text{M}^{n+} + n\text{A}^{m-} \tag{5.7}$$

この平衡の溶解度積は次式となる．

$$[\text{M}^{n+}]^m[\text{A}^{m-}]^n = K_{sp} \tag{5.8}$$

式 (5.8) が成立するとき，溶液は飽和状態にある．[M^{n+}]^m[A^{m-}]^n < K_{sp} のとき，溶液は飽和状態になっておらず，沈殿は溶解する．逆に，[M^{n+}]^m[A^{m-}]^n > K_{sp} のときには，溶液は過飽和の状態にあり，沈殿があっても溶解しない．また，溶解度と溶解度積の間には，次の関係がある．

$$K_{sp} = [\text{M}^{n+}]^m[\text{A}^{m-}]^n = (ms)^m(ns)^n = m^m n^n s^{(m+n)} \tag{5.9}$$

[例題 5.1]

(a) MA$_2$ の溶解度が 0.02 mol/dm^3 であるとき，K_{sp} を計算せよ．

(b) Ag$_2$SO$_4$（$K_{sp} = 1.6 \times 10^{-5}$）の溶解度を mol/dm^3 と g/100 cm^3 で示せ．

(c) Ag$_3$PO$_4$ の溶解度は 1.6×10^{-5} mol/dm^3 である．Ag$_3$PO$_4$ の溶解度積を計算せよ．

(d) AgCl が 1 dm^3 の飽和溶液に 0.0015 g 溶解しているとき，AgCl の溶解度を計算せよ．

[解答] (a) MA$_2$ $\rightleftharpoons$ M^{2+} + 2 A$^-$

$s = 0.02$ mol/dm^3 $\quad K_{sp} = (s)(2s)^2 = 4 \times (0.02)^3 = 3.2 \times 10^{-5}$

(b) Ag$_2$SO$_4$ $\rightleftharpoons$ 2 Ag$^+$ + SO$_4^{2-}$

$$K_{sp} = (2s)^2(s) = 1.6 \times 10^{-5} \quad s^3 = 4 \times 10^{-6}$$

$$s = 1.6 \times 10^{-2} \text{ mol/dm}^3$$

$s = 1.6 \times 10^{-2}$ (mol/dm^3) $\times 311.8$ (g/mol) $= 4.99$ g/dm^3 $= 499$ mg/100 cm^3

(c) Ag$_3$PO$_4$ $\rightleftharpoons$ 3 Ag$^+$ + PO$_4^{3-}$

$s = 1.6 \times 10^{-5}$ mol/dm^3 $\quad K_{sp} = (3s)^3(s) = 3^3 \times (1.6 \times 10^{-5})^4 = 1.8 \times 10^{-18}$

(d) AgCl $\rightleftharpoons$ Ag$^+$ + Cl$^-$

$$s = \frac{0.0015\,(\mathrm{g/dm^3})}{143.3\,(\mathrm{g/mol})} = 1.0 \times 10^{-5}\,\mathrm{mol/dm^3}$$

$$K_{\mathrm{sp}} = [\mathrm{Ag^+}][\mathrm{Cl^-}] = s^2 = (1.0 \times 10^{-5})^2 = 1.0 \times 10^{-10}$$

5.2 単純な沈殿平衡

 沈殿平衡で最も単純な系は沈殿に含まれているイオンのみが溶液に存在する場合である．難溶性物質 M_2A の沈殿平衡において M^+ と A^- のみが存在する溶液を考えてみよう．

$$M_2A \rightleftharpoons 2\,M^+ + A^{2-} \tag{5.10}$$

M_2A の溶解度を $s\,\mathrm{mol/dm^3}$ とすると溶解度積は次式で示される．

$$K_{\mathrm{sp}} = [M^+]^2[A^{2-}] = (2s)^2(s) = 4s^3 \tag{5.11}$$

この式を変形すると，

$$s = \left(\frac{K_{\mathrm{sp}}}{4}\right)^{1/3} \tag{5.12}$$

となる．単純な沈殿平衡の場合には，固体 M_2A が存在するかぎり，溶液は飽和しているので，さらに固体を加えても溶解度には影響しない．つまり，M_2A が $1\,\mathrm{dm^3}$ の溶液に $s\,\mathrm{mol}$ 以上加えられても溶解度とは無関係である．

［例題 5.2］
（a） $Ce_2(C_2O_4)_3$ の水への溶解度と溶解度積の関係を示せ．
（b） $5\,\mathrm{g}$ の Ag_2CO_3（$K_{\mathrm{sp}} = 6.3 \times 10^{-12}$）を含む水溶液 $1\,\mathrm{dm^3}$ における Ag_2CO_3 の溶解度，$[\mathrm{Ag^+}]$ および $[\mathrm{CO_3^{2-}}]$ を計算せよ．
（c） SrF_2（$K_{\mathrm{sp}} = 2.5 \times 10^{-9}$）の飽和溶液における $[\mathrm{Sr^{2+}}]$ と $[\mathrm{F^-}]$ を計算せよ．

［解答］ （a） $Ce_2(C_2O_4)_3 \rightleftharpoons 2\,Ce^{3+} + 3\,C_2O_4^{2-}$
$Ce_2(C_2O_4)_3$ の溶解度を $s\,\mathrm{mol/dm^3}$ とすると，$[\mathrm{Ce^{3+}}] = 2s$，$[\mathrm{C_2O_4^{2-}}] = 3s$ である．

$$K_{\mathrm{sp}} = [\mathrm{Ce^{3+}}]^2[\mathrm{C_2O_4^{2-}}]^3 = (2s)^2(3s)^3 = 108s^5$$

（b） $Ag_2CO_3 \rightleftharpoons 2\,Ag^+ + CO_3^{2-}$ $[\mathrm{Ag^+}]^2[\mathrm{CO_3^{2-}}] = K_{\mathrm{sp}} = 6.3 \times 10^{-12}$

$[\mathrm{Ag^+}] = 2s$ $[\mathrm{CO_3^{2-}}] = s$ $(2s)^2(s) = 6.3 \times 10^{-12}$

$s^3 = 1.6 \times 10^{-12}$ $s = 1.2 \times 10^{-4}\,\mathrm{mol/dm^3}$

$$[Ag^+] = 2 \times 1.2 \times 10^{-4} = 2.4 \times 10^{-4} \text{ M}$$
$$[CO_3^{2-}] = 1.2 \times 10^{-4} \text{ M}$$

ここで，5gという値は問題には無関係である．溶液中に少しでも沈殿があれば，それ以上の沈殿は平衡には影響しない．

(c) $SrF_2 \rightleftharpoons Sr^{2+} + 2F^-$

$$K_{sp} = [Sr^{2+}][F^-]^2 = (s)(2s)^2 = 2.5 \times 10^{-9}$$
$$s^3 = 6.3 \times 10^{-10} \quad s = 8.6 \times 10^{-4} \text{ mol/dm}^3$$
$$[Sr^{2+}] = 8.6 \times 10^{-4} \text{ M} \quad [F^-] = 1.7 \times 10^{-3} \text{ M}$$

5.3 共通イオンを含む沈殿平衡

沈殿 MA_n の A^- イオンが別の反応によって供給される場合を考えてみよう．その供給源を塩 NaA とする．

$$MA_n(\text{固体}) \rightleftharpoons M^{n+} + nA^- \tag{5.13}$$
$$NaA \longrightarrow Na^+ + A^- \tag{5.14}$$

NaA の濃度を C_x とすると，A^- の濃度は次式となる．

$$[A^-] = ns + C_x \tag{5.15}$$

反応 (5.13) の K_{sp} は次のように表される．

$$K_{sp} = [M^{n+}][A^-]^n = (s)(ns + C_x)^n \tag{5.16}$$

$C_x \gg ns$ であるので，

$$K_{sp} = s(C_x)^n \tag{5.17}$$

となる．いま，0.01 M の $NaNO_3$ 溶液と 0.01 M の $AgNO_3$ 溶液中における Ag_2CrO_4 ($K_{sp} = 1.9 \times 10^{-12}$) の溶解度を比較してみよう．

(i) 溶媒が $NaNO_3$ の場合：

$$NaNO_3 \longrightarrow Na^+ + NO_3^- \quad Ag_2CrO_4 \rightleftharpoons 2Ag^+ + CrO_4^{2-}$$
$$[Ag^+]^2[CrO_4^{2-}] = K_{sp} = 1.9 \times 10^{-12} \quad [Ag^+] = 2s \quad [CrO_4^{2-}] = s$$
$$(2s)^2(s) = K_{sp} = 1.9 \times 10^{-12} \quad s = \left(\frac{1.9 \times 10^{-12}}{4}\right)^{1/3} = 7.8 \times 10^{-5} \text{ mol/dm}^3$$

(ii) 溶媒が $AgNO_3$ の場合：

$$AgNO_3 \longrightarrow Ag^+ + NO_3^- \quad Ag_2CrO_4 \rightleftharpoons 2Ag^+ + CrO_4^{2-}$$
$$[Ag^+] = 0.01 + 2s \quad [CrO_4^{2-}] = s$$

$$(2s+0.01)^2(s)=1.9\times10^{-12}$$

$2s\ll 0.01\,\mathrm{M}$ であるので,

$$s=\frac{1.9\times10^{-12}}{10^{-4}}=1.9\times10^{-8}\,\mathrm{mol/dm^3}$$

となる．(i) と (ii) を比較すると，共通イオンが存在する溶媒では，Ag_2CrO_4 の溶解度が著しく低下することがわかる．

[例題 5.3]

(a) 固相の Ag_2CrO_4 を含む $0.1\,\mathrm{M}$ の Na_2CrO_4 溶液における Ag_2CrO_4 の溶解度，$[Ag^+]$ および $[CrO_4^{2-}]$ を計算せよ．

(b) $0.01\,\mathrm{M}$ の $Ba(NO_3)_2$ 溶液から $BaCO_3$ ($K_{sp}=5\times10^{-9}$) が沈殿し始めるときの CO_3^{2-} の濃度を計算せよ．

(c) 問題 (b) において 99.9% の Ba^{2+} が沈殿するために必要な CO_3^{2-} の濃度を計算せよ．

[解答] (a) $Ag_2CrO_4 \rightleftharpoons 2\,Ag^+ + CrO_4^{2-}$

$Na_2CrO_4 \longrightarrow 2\,Na^+ + CrO_4^{2-}$

$[Ag^+]=2s \quad [CrO_4^{2-}]=0.1+s$

$[Ag^+]^2[CrO_4^{2-}]=K_{sp}=1.9\times10^{-12}$

$(2s)^2(0.1+s)=1.9\times10^{-12}$

$s\ll 0.1\,\mathrm{M}$ であるので,

$$s=\sqrt{\frac{1.9\times10^{-11}}{4}}=2.2\times10^{-6}\,\mathrm{mol/dm^3}$$

となる．したがって，$[Ag^+]=2s=4.4\times10^{-6}\,\mathrm{M}$，$[CrO_4^{2-}]=0.1\,\mathrm{M}$ となる．

(b) $BaCO_3 \rightleftharpoons Ba^{2+} + CO_3^{2-}$

$$[Ba^{2+}][CO_3^{2-}]=K_{sp}=5\times10^{-9}$$

$BaCO_3$ 飽和溶液における $[CO_3^{2-}]$ は $[Ba^{2+}]$ が $0.01\,\mathrm{M}$ のときの濃度である．

$$0.01\times[CO_3^{2-}]=5\times10^{-9} \quad [CO_3^{2-}]=5\times10^{-7}\,\mathrm{M}$$

(c) 残存する Ba^{2+} の濃度は初めの 0.1% であるので,

$$[Ba^{2+}]=0.01\times\frac{0.1}{100}=1.0\times10^{-5}\,\mathrm{M}$$

となる．この Ba^{2+} の濃度に対応する CO_3^{2-} の濃度は

$$[CO_3^{2-}]=\frac{5\times10^{-9}}{1.0\times10^{-5}}=5.0\times10^{-4}\,\mathrm{M}$$

となる.

5.4 分別沈殿

 種々のイオンを含む溶液から特定のイオンを沈殿させ分離する操作は妨害イオンの除去や定性分析においてきわめて有用である.例に従って分別沈殿について考えてみよう.

 [例] 0.02 M の Cd^{2+},0.05 M の Ca^{2+} および 0.1 M の Ag^+ を含む溶液にシュウ酸イオンを加え,CdC_2O_4($K_{sp}=1.8\times10^{-8}$),CaC_2O_4($K_{sp}=1.3\times10^{-9}$)あるいは $Ag_2C_2O_4$($K_{sp}=1.1\times10^{-11}$)として沈殿させるとき,どのような順序で沈殿するか.また,これらのシュウ酸塩の分離はどの程度可能か.

 各シュウ酸塩の溶解度積を用いて飽和溶液に必要な $[C_2O_4^{2-}]$ を計算する.

$$[Cd^{2+}][C_2O_4^{2-}] = K_{sp} = 1.8\times10^{-8} \qquad [C_2O_4^{2-}] = \frac{1.8\times10^{-8}}{0.02} = 9.0\times10^{-7}\,\mathrm{M}$$

$$[Ca^{2+}][C_2O_4^{2-}] = K_{sp} = 1.3\times10^{-9} \qquad [C_2O_4^{2-}] = \frac{1.3\times10^{-9}}{0.05} = 2.6\times10^{-8}\,\mathrm{M}$$

$$[Ag^+]^2[C_2O_4^{2-}] = K_{sp} = 1.1\times10^{-11} \qquad [C_2O_4^{2-}] = \frac{1.1\times10^{-11}}{(0.1)^2} = 1.1\times10^{-9}\,\mathrm{M}$$

飽和に必要な $[C_2O_4^{2-}]$ が小さいほど早く沈殿するので,沈殿の順序は

$$Ag_2C_2O_4 \implies CaC_2O_4 \implies CdC_2O_4$$

である.

 次に,$Ag_2C_2O_4$ は CaC_2O_4 の沈殿が始まるまでに何%沈殿するか計算してみよう.$[C_2O_4^{2-}]$ が 1.1×10^{-9} M 以上になると $Ag_2C_2O_4$ の沈殿が始まる.$[C_2O_4^{2-}]$ の増加とともにこの沈殿反応は促進されるが,2.6×10^{-8} M になると CaC_2O_4 の沈殿が始まる.逆に,$[C_2O_4^{2-}]$ が 2.6×10^{-8} M までは沈殿は $Ag_2C_2O_4$ のみである.$[C_2O_4^{2-}]$ が 2.6×10^{-8} M になったとき,溶液に残存する Ag^+ の濃度は次のようになる.

$$[Ag^+] = \sqrt{\frac{1.1\times10^{-11}}{2.6\times10^{-8}}} = 2.1\times10^{-2}\,\mathrm{M}$$

この濃度の初めの濃度に対する割合は

$$\frac{2.1\times10^{-2}(\mathrm{M})}{0.1(\mathrm{M})} \times 100 = 21\%$$

である．つまり，CaC_2O_4 の沈殿が始まるとき，残存する Ag^+ は21%である．一方，CdC_2O_4 の沈殿が始まるとき，溶液に残存する Ca^{2+} の濃度は

$$[Ca^{2+}] = \frac{1.3 \times 10^{-9}}{9.0 \times 10^{-7}} = 1.4 \times 10^{-3} \text{ M}$$

である．この濃度の初めの $[Ca^{2+}]$ に対する割合は

$$\frac{1.4 \times 10^{-3}(\text{M})}{0.05(\text{M})} \times 100 = 2.8\%$$

である．CdC_2O_4 の沈殿が始まるとき，溶液には2.8%の Ca^{2+} が残存していることになる．

[例題 5.4]

(a) 0.01 M の $Ba(NO_3)_2$ と 0.05 M の $Ca(NO_3)_2$ を含む溶液に Na_2SO_4 を加えて，$BaSO_4$ ($K_{sp}=1.0 \times 10^{-10}$) と $CaSO_4$ ($K_{sp}=1.0 \times 10^{-5}$) の沈殿が生じるとき，(i) どちらが早く沈殿するか，(ii) 2番目の沈殿が始まるとき，最初の沈殿の金属イオンの濃度はいくらか，(iii) Ba^{2+} と Ca^{2+} を定量的に分離するためには，Na_2SO_4 の濃度はいくらにしたらよいか．ただし，定量的とは2番目の沈殿が始まるとき，1番目の沈殿の残存金属イオンの濃度が0.1%以下である状況をいう．

(b) 0.01 M の Cd^{2+} と 0.01 M の Mn^{2+} を含む溶液がある．この溶液に S^{2-} を加えて，CdS ($K_{sp}=1.0 \times 10^{-28}$) と MnS ($K_{sp}=7.1 \times 10^{-16}$) として沈殿させるとき，(i) どちらが早く沈殿するか，(ii) それぞれのイオンを定量的に分離するためには，$[S^{2-}]$ はいくらにしたらよいか．

[解答] (a) (i) それぞれの金属イオンの飽和溶液に必要な $[SO_4^{2-}]$ を計算する．

$$[Ba^{2+}][SO_4^{2-}] = K_{sp} = 1.0 \times 10^{-10}$$

$$[SO_4^{2-}] = \frac{1.0 \times 10^{-10}}{0.01} = 1.0 \times 10^{-8} \text{ M}$$

$$[Ca^{2+}][SO_4^{2-}] = K_{sp} = 1.0 \times 10^{-5}$$

$$[SO_4^{2-}] = \frac{1.0 \times 10^{-5}}{0.05} = 2.0 \times 10^{-4} \text{ M}$$

飽和溶液に必要な $[SO_4^{2-}]$ は $BaSO_4$ の方が小さいので，まず $BaSO_4$ が沈殿

し，次に $CaSO_4$ が沈殿する．

(ii) $CaSO_4$ の沈殿が始まるとき，$[SO_4^{2-}]$ は 2.0×10^{-4} M であるので残存する Ba^{2+} の濃度は

$$[Ba^{2+}]=\frac{1.0\times10^{-10}}{2.0\times10^{-4}}=5.0\times10^{-7} \text{ M}$$

である．

(iii) 定量的に分離するためには，$CaSO_4$ の沈殿が始まるとき，Ba^{2+} の濃度は初めの 0.1% 以下でなければならない．

$$[Ba^{2+}]=0.01(\text{M})\times\frac{0.1}{100}=1.0\times10^{-5} \text{ M}$$

$[Ba^{2+}]$ をこの濃度にするための $[SO_4^{2-}]$ は

$$[SO_4^{2-}]=\frac{1.0\times10^{-10}}{1.0\times10^{-5}}=1.0\times10^{-5} \text{ M}$$

である．したがって，SO_4^{2-} の濃度を 1.0×10^{-5} M 以上にしなければならない．一方，$CaSO_4$ は沈殿してはならないので，$[SO_4^{2-}]$ は 2.0×10^{-4} M 以下でなければならない．したがって，Ba^{2+} と Ca^{2+} を定量的に分離するために必要な Na_2SO_4 の濃度範囲は

$$1.0\times10^{-5} \text{ M}<[Na_2SO_4]<2.0\times10^{-4} \text{ M}$$

である．

(b) (i) まず，各金属イオンの飽和溶液における $[S^{2-}]$ を計算する．

$$CdS \rightleftharpoons Cd^{2+} + S^{2-}$$

$[Cd^{2+}][S^{2-}]=K_{sp}=1.0\times10^{-28}$ $\quad [S^{2-}]=\dfrac{1.0\times10^{-28}}{0.01}=1.0\times10^{-26}$ M

$$MnS \rightleftharpoons Mn^{2+} + S^{2-}$$

$[Mn^{2+}][S^{2-}]=K_{sp}=7.1\times10^{-16}$ M $\quad [S^{2-}]=\dfrac{7.1\times10^{-16}}{0.01}=7.1\times10^{-14}$ M

飽和濃度に必要な $[S^{2-}]$ は CdS の方が小さいので CdS がまず沈殿して，次に MnS が沈殿する．

(ii) Cd^{2+} を Mn^{2+} から定量的に分離するためには，$[Cd^{2+}]$ が初めの濃度の 0.1% 以下にならなければならない．

$$[Cd^{2+}]=0.01(\text{M})\times\frac{0.1}{100}=1.0\times10^{-5} \text{ M}$$

これに対応する S^{2-} の濃度は

$$[\mathrm{S}^{2-}]=\frac{K_{\mathrm{sp}}}{[\mathrm{Cd}^{2+}]}=\frac{1.0\times 10^{-28}}{1.0\times 10^{-5}}=1.0\times 10^{-23}\,\mathrm{M}$$

である．したがって，$[\mathrm{S}^{2-}]$ は 1.0×10^{-23} M 以上でなければならない．しかし，$[\mathrm{S}^{2-}]$ を 7.1×10^{-14} M 以上にすると MnS が沈殿するので，Cd^{2+} を Mn^{2+} から定量的に分離するための S^{2-} の濃度範囲は

$$1.0\times 10^{-23}\,\mathrm{M}<[\mathrm{S}^{2-}]<7.1\times 10^{-14}\,\mathrm{M}$$

である．

5.5　沈殿平衡の pH による影響

　沈殿の陰イオンが弱酸の陰イオンの場合には，沈殿平衡は pH に影響される．これは沈殿 MA の解離によって生じた A^{2-} が H^+ と反応して弱酸となるためである．

$$\mathrm{MA} \rightleftharpoons \mathrm{M}^{2+} + \mathrm{A}^{2-} \tag{5.18}$$

$$\mathrm{HA}^- \rightleftharpoons \mathrm{H}^+ + \mathrm{A}^{2-} \tag{5.19}$$

$$\mathrm{H_2A} \rightleftharpoons \mathrm{H}^+ + \mathrm{HA}^- \tag{5.20}$$

反応（5.18）の溶解度積は

$$[\mathrm{M}^{2+}][\mathrm{A}^{2-}]=K_{\mathrm{sp}}=s^2 \tag{5.21}$$

である．弱酸の解離平衡定数は次式で示される．

$$\frac{[\mathrm{H}^+][\mathrm{A}^{2-}]}{[\mathrm{HA}^-]}=K_{\mathrm{a2}} \tag{5.22}$$

$$\frac{[\mathrm{H}^+][\mathrm{HA}^-]}{[\mathrm{H_2A}]}=K_{\mathrm{a1}} \tag{5.23}$$

沈殿溶液の酸濃度を C_A とし，これに対する $[\mathrm{H_2A}]$, $[\mathrm{HA}^-]$, $[\mathrm{A}^{2-}]$ の割合をそれぞれ α_0, α_1, α_2 とすると，

$$\alpha_0=\frac{[\mathrm{H_2A}]}{C_\mathrm{A}} \tag{5.24}$$

$$\alpha_1=\frac{[\mathrm{HA}^-]}{C_\mathrm{A}} \tag{5.25}$$

$$\alpha_2=\frac{[\mathrm{A}^{2-}]}{C_\mathrm{A}} \tag{5.26}$$

$$\alpha_0+\alpha_1+\alpha_2=1 \tag{5.27}$$

となる．式 (5.22) と式 (5.23) およびそれぞれの α の式より，

$$K_{a2} = \frac{[H^+]\alpha_2}{\alpha_1} \tag{5.28}$$

$$K_{a1} = \frac{[H^+]\alpha_1}{\alpha_0} \tag{5.29}$$

となる．式 (5.28) と式 (5.29) を式 (5.27) に代入すると次式が得られる．

$$\alpha_0 + \frac{K_{a1}\alpha_0}{[H^+]} + \frac{K_{a1}K_{a2}\alpha_0}{[H^+]^2} = 1 \tag{5.30}$$

この式を変形すると，

$$\alpha_0 = \frac{[H^+]^2}{[H^+]^2 + K_{a1}[H^+] + K_{a1}K_{a2}} \tag{5.31}$$

となり，式 (5.29) と式 (5.31) より

$$\alpha_1 = \frac{K_{a1}[H^+]}{[H^+]^2 + K_{a1}[H^+] + K_{a1}K_{a2}} \tag{5.32}$$

となる．式 (5.28) と式 (5.32) より

$$\alpha_2 = \frac{K_{a1}K_{a2}}{[H^+]^2 + K_{a1}[H^+] + K_{a1}K_{a2}} \tag{5.33}$$

となる．式 (5.26) の $[A^{2-}]$ を式 (5.21) に代入すると

$$[M^{2+}]\alpha_2 C_A = K_{sp} \tag{5.34}$$

となる．この式を変形すると次式が得られる．

$$\frac{K_{sp}}{\alpha_2} = K_{sp}' = [M^{2+}]C_A = s'^2 \tag{5.35}$$

K_{sp}' は条件溶解度積 (conditional solubility product) とよばれ，酸の濃度に依存する溶解度積である．

[例題 5.5]

(a) 溶液 $1\,dm^3$ 中の 0.001 モルの AgCN を完全に溶解するためには，$[H^+]$ はいくらにしたらよいか．ただし，AgCN の K_{sp} は 1.6×10^{-14}，HCN の K_a は 7.2×10^{-10} である．

(b) 0.001 M の HCl 溶液における CaC_2O_4 ($K_{sp} = 1.3 \times 10^{-9}$) の溶解度を計算せよ．ただし，シュウ酸 $(COOH)_2$ の K_{a1} と K_{a2} はそれぞれ 5.6×10^{-2} と 5.2×10^{-5} である．

[解答] (a) 通常の連立方程式による方法 (i) と式 (5.35) を用いる方法 (ii) で解く．

$$AgCN + H^+ \rightleftharpoons Ag^+ + HCN$$

5.5 沈殿平衡のpHによる影響

$$AgCN \rightleftharpoons Ag^+ + CN^-$$
$$HCN \rightleftharpoons H^+ + CN^-$$

(i) $K_{sp}=[Ag^+][CN^-]=1.6\times10^{-14}$ $K_a=\dfrac{[CN^-][H^+]}{[HCN]}=7.2\times10^{-10}$

$[Ag^+]=0.001\,M$ $[CN^-]=\dfrac{K_{sp}}{[Ag^+]}=\dfrac{1.6\times10^{-14}}{0.001}=1.6\times10^{-11}\,M$

$$[HCN]+[CN^-]=0.001\,M$$

$[HCN]\gg[CN^-]$ であるので,$[HCN]\fallingdotseq 0.001\,M$ となる.

$$K_a=\dfrac{[H^+]\times1.6\times10^{-11}}{0.001}=7.2\times10^{-10} \quad [H^+]=0.045\,M$$

この水素イオンは AgCN の溶解平衡に必要な濃度である.この他に,0.001 M の HCN 生成のために $[H^+]=0.001\,M$ が必要である.したがって,必要な全水素イオンの濃度は次のようになる.

$$[H^+]=0.045+0.001=0.046\,M$$

(ii) 式 (5.32) より

$$\alpha_1=\dfrac{K_a}{[H^+]+K_a}=\dfrac{7.2\times10^{-10}}{[H^+]+7.2\times10^{-10}}\fallingdotseq\dfrac{7.2\times10^{-10}}{[H^+]}$$

となり,$[Ag^+]=1.0\times10^{-3}\,M$ および $C_A=[HCN]+[CN^-]=1.0\times10^{-3}\,M$ であるので,式 (5.35) より

$$K_{sp}=1.6\times10^{-14}=\alpha_1[Ag^+]C_A=\dfrac{7.2\times10^{-10}}{[H^+]}\times1.0\times10^{-3}\times1.0\times10^{-3}$$

$$[H^+]=4.5\times10^{-2}\,M$$

となる.この水素イオン濃度に HCN 生成に必要な濃度 0.001 M を加えることによって全水素イオン濃度は

$$[H^+]=4.5\times10^{-2}+0.001=0.046\,M$$

となる.

(b) $[H^+]=1.0\times10^{-3}\,M$,$K_{a1}=5.6\times10^{-2}$,$K_{a2}=5.2\times10^{-5}$ であるので,式 (5.33) より

$$\alpha_2=\dfrac{K_{a1}K_{a2}}{[H^+]^2+K_{a1}[H^+]+K_{a1}K_{a2}}$$

$$=\dfrac{5.6\times10^{-2}\times5.2\times10^{-5}}{(1.0\times10^{-3})^2+5.6\times10^{-2}\times1.0\times10^{-3}+5.6\times10^{-2}\times5.2\times10^{-5}}$$

$$=4.9\times10^{-2}$$

となる．この値を式 (5.35) に代入して，

$$s^2 = \frac{K_{sp}}{\alpha_2} = \frac{1.3 \times 10^{-9}}{4.9 \times 10^{-2}} = 2.7 \times 10^{-8}$$

$$s = 1.6 \times 10^{-4} \text{ mol/dm}^3$$

が得られる．

5.6 硫化物の沈殿

多くの金属イオンは硫化物イオンと反応して溶解度の小さな硫化物を生成する．この反応は金属イオンの分離や除去操作に利用されている．硫化物イオンの供給源としては一般に硫化水素 H_2S が用いられる．H_2S は次の 2 つの反応によって解離し，弱酸性を示す．

$$H_2S \rightleftharpoons H^+ + HS^- \qquad K_1 = 1.1 \times 10^{-7} \qquad (5.36)$$

$$HS^- \rightleftharpoons H^+ + S^{2-} \qquad K_2 = 1.0 \times 10^{-14} \qquad (5.37)$$

上の 2 つの反応から次の平衡が導かれる．

$$H_2S \rightleftharpoons 2H^+ + S^{2-} \qquad (5.38)$$

この反応の平衡定数は次のように表される．

$$\frac{[H^+]^2 [S^{2-}]}{[H_2S]} = K_1 K_2 = 1.1 \times 10^{-21} \qquad (5.39)$$

H_2S は 25℃，1 気圧で水に約 0.1 M 溶解する．この値を式 (5.39) に代入すると

$$[H^+]^2 [S^{2-}] = 1.1 \times 10^{-22} \qquad (5.40)$$

となる．この式は $[H^+]$ と $[S^{2-}]$ のみを含むので，H_2S 飽和溶液において $[S^{2-}]$ は pH を調節することによって変えることができることを意味する．

K_2 は K_1 に比べてきわめて小さいので，無視すると $[H^+] = [HS^-]$ となる．

$$K_1 = \frac{[H^+][HS^-]}{[H_2S]} = \frac{[H^+]^2}{[H_2S]} = 1.1 \times 10^{-7} \qquad (5.41)$$

$[H_2S] = 0.1$ M を代入すると，$[H^+] = [HS^-] = 1.0 \times 10^{-4}$ M となる．この値を用いて，S^{2-} の濃度を求めると

$$[S^{2-}] = \frac{[HS^-] K_2}{[H^+]} = 1.0 \times 10^{-14} \text{ M} \qquad (5.42)$$

となる．この値は H_2S 飽和溶液における S^{2-} の大体の濃度である．もっと正確

な濃度はpHを考慮して式 (5.40) から求めなければならない．$[S^{2-}]$ は酸性が強くなると小さくなる．重金属イオン M^{2+} を含む水溶液に S^{2-} が加えられると，$[M^{2+}][S^{2-}]$ が K_{sp} よりも小さいときには沈殿は生じないが，$[M^{2+}][S^{2-}]$ が K_{sp} よりも大きくなると過剰分だけ沈殿を生成する．

[例題 5.6]

(a) 0.01 M の $Cd(NO_3)_2$ 溶液を H_2S で飽和したとき，溶液中の Cd^{2+} と H^+ の濃度を計算せよ．ただし，CdS の K_{sp} は 1.0×10^{-28} である．

(b) 0.01 M の $ZnCl_2$ 溶液を H_2S で飽和するとき，ZnS の沈殿が生じないためには pH をいくらにしたらよいか．ただし，ZnS の K_{sp} は 1.6×10^{-23} である．

[解答] (a) H_2S の飽和溶液における S^{2-} の濃度の大体の値は式 (5.42) より，1.0×10^{-14} M である．この値と $[Cd^{2+}] = 0.01$ M を用いると

$$[Cd^{2+}][S^{2-}] = 0.01 \times 1.0 \times 10^{-14} = 1.0 \times 10^{-16}$$

となる．これは $K_{sp} = 1.0 \times 10^{-28}$ よりも大きいので，CdS は次の反応により沈殿する．

$$Cd^{2+} + H_2S \rightleftharpoons CdS + 2H^+$$

生成する水素イオンの濃度は $0.01 \times 2 = 0.02$ M である．式 (5.40) より

$$[S^{2-}] = \frac{1.1 \times 10^{-22}}{(0.02)^2} = 2.8 \times 10^{-19} \text{ M}$$

$$[Cd^{2+}] = \frac{K_{sp}}{[S^{2-}]} = \frac{1.0 \times 10^{-28}}{2.8 \times 10^{-19}} = 3.6 \times 10^{-10} \text{ M}$$

となる．

(b) $ZnS \rightleftharpoons Zn^{2+} + S^{2-}$

$Zn^{2+} + H_2S \rightleftharpoons ZnS + 2H^+$

$K_{sp} = [Zn^{2+}][S^{2-}] = 1.6 \times 10^{-23}$ $\quad [S^{2-}] = \dfrac{1.6 \times 10^{-23}}{0.01} = 1.6 \times 10^{-21}$ M

式 (5.40) より

$$[H^+]^2 = \frac{1.1 \times 10^{-22}}{1.6 \times 10^{-21}} = 6.9 \times 10^{-2} \quad [H^+] = 0.26 \text{ M}$$

$$pH = -\log 0.26 = 0.6$$

となる．したがって，ZnS の沈殿が生じないためには，pH を 0.6 以下にしなければならない．

5.7 沈殿滴定曲線

　沈殿平衡反応を利用した滴定は酸塩基滴定ほど多くはないが，ハロゲン化物イオンやチオシアン酸イオンと銀イオンの反応など従来広く行われている．本節では，沈殿滴定曲線を作成してみよう．

　［例］　$0.1\,\mathrm{M}$ の NaCl $20\,\mathrm{cm}^3$ を $0.1\,\mathrm{M}$ の $AgNO_3$ で滴定するとき，各段階における塩化物イオンの濃度を計算し，滴定曲線を作成せよ．

(i)　滴定開始前：
$$[Cl^-] = 0.1\,\mathrm{M}$$
$$pCl = -\log 0.1 = 1.0$$

(ii)　$5\,\mathrm{cm}^3$ の $AgNO_3$ 滴下：

　　滴定開始前の Cl^- のモル数：　$0.1\,(\mathrm{mol/dm^3}) \times 0.02\,(\mathrm{dm^3}) = 2.0 \times 10^{-3}\,\mathrm{mol}$

　　滴下された Ag^+ のモル数：　$0.1\,(\mathrm{mol/dm^3}) \times 0.005\,(\mathrm{dm^3}) = 5.0 \times 10^{-4}\,\mathrm{mol}$

Cl^- の一部は Ag^+ と反応して AgCl として沈殿する．

$$Cl^- + Ag^+ \rightleftharpoons AgCl$$

残存する Cl^- のモル数：　$2.0 \times 10^{-3}\,(\mathrm{mol}) - 5.0 \times 10^{-4}\,(\mathrm{mol}) = 1.5 \times 10^{-3}\,\mathrm{mol}$

$$[Cl^-] = \frac{1.5 \times 10^{-3}\,(\mathrm{mol})}{0.025\,(\mathrm{dm^3})} = 6.0 \times 10^{-2}\,\mathrm{M}$$

$$pCl = -\log(6.0 \times 10^{-2}) = 1.2$$

(iii)　$15\,\mathrm{cm}^3$ の $AgNO_3$ 滴下：

　　滴下された Ag^+ のモル数：　$0.1\,(\mathrm{mol/dm^3}) \times 0.015\,(\mathrm{dm^3}) = 1.5 \times 10^{-3}\,\mathrm{mol}$

　　残存する Cl^- のモル数：　$2.0 \times 10^{-3}\,(\mathrm{mol}) - 1.5 \times 10^{-3}\,(\mathrm{mol}) = 5.0 \times 10^{-4}\,\mathrm{mol}$

$$[Cl^-] = \frac{5.0 \times 10^{-4}\,(\mathrm{mol})}{0.035\,(\mathrm{dm^3})} = 1.4 \times 10^{-2}\,\mathrm{M}$$

$$pCl = -\log(1.4 \times 10^{-2}) = 1.9$$

(iv)　$19.9\,\mathrm{cm}^3$ の $AgNO_3$ 滴下：

　　滴下された Ag^+ のモル数：　$0.1\,(\mathrm{mol/dm^3}) \times 0.0199\,(\mathrm{dm^3}) = 1.99 \times 10^{-3}\,\mathrm{mol}$

　　残存する Cl^- のモル数：　$2.0 \times 10^{-3}\,(\mathrm{mol}) - 1.99 \times 10^{-3}\,(\mathrm{mol}) = 1.0 \times 10^{-5}\,\mathrm{mol}$

$$[Cl^-] = \frac{1.0 \times 10^{-5}\,(\mathrm{mol})}{0.0399\,(\mathrm{dm^3})} = 2.5 \times 10^{-4}\,\mathrm{M}$$

$$pCl = -\log(2.5 \times 10^{-4}) = 3.6$$

(v) $20\,\mathrm{cm}^3$ の $AgNO_3$ 滴下：

滴下された Ag^+ のモル数： $0.1(\mathrm{mol/dm^3}) \times 0.02(\mathrm{dm^3}) = 2.0 \times 10^{-3}\,\mathrm{mol}$

残存する Cl^- のモル数： $2.0 \times 10^{-3}(\mathrm{mol}) - 2.0 \times 10^{-3}(\mathrm{mol}) = 0\,\mathrm{mol}$

すべての Cl^- が $AgCl$ として沈殿したことになるので，この点は当量点である．当量点では，$[Cl^-] = [Ag^+]$ であるので

$$[Ag^+][Cl^-] = K_{sp} = [Cl^-]^2 = 1.8 \times 10^{-10}$$

$$[Cl^-] = 1.3 \times 10^{-5}\,\mathrm{M}$$

$$\mathrm{pCl} = -\log(1.3 \times 10^{-5}) = 4.9$$

(vi) $21\,\mathrm{cm}^3$ の $AgNO_3$ 滴下：

滴下された Ag^+ のモル数： $0.1(\mathrm{mol/dm^3}) \times 0.021(\mathrm{dm^3}) = 2.1 \times 10^{-3}\,\mathrm{mol}$

当量点を過ぎているので，過剰の $AgNO_3$ が加えられたことになる．

過剰の Ag^+ のモル数： $2.1 \times 10^{-3}(\mathrm{mol}) - 2.0 \times 10^{-3}(\mathrm{mol}) = 1.0 \times 10^{-4}\,\mathrm{mol}$

$$[Ag^+] = \frac{1.0 \times 10^{-4}(\mathrm{mol})}{0.041(\mathrm{dm^3})} = 2.4 \times 10^{-3}\,\mathrm{M}$$

$$[Cl^-] = \frac{K_{sp}}{[Ag^+]} = \frac{1.8 \times 10^{-10}}{2.4 \times 10^{-3}} = 7.5 \times 10^{-8}\,\mathrm{M}$$

$$\mathrm{pCl} = -\log(7.5 \times 10^{-8}) = 7.1$$

(vii) $25\,\mathrm{cm}^3$ の $AgNO_3$ 滴下：

滴下された Ag^+ のモル数： $0.1(\mathrm{mol/dm^3}) \times 0.025(\mathrm{dm^3}) = 2.5 \times 10^{-3}\,\mathrm{mol}$

過剰の Ag^+ のモル数： $2.5 \times 10^{-3}(\mathrm{mol}) - 2.0 \times 10^{-3}(\mathrm{mol}) = 5.0 \times 10^{-4}\,\mathrm{mol}$

$$[Ag^+] = \frac{5.0 \times 10^{-4}(\mathrm{mol})}{0.045(\mathrm{dm^3})} = 1.1 \times 10^{-2}\,\mathrm{M}$$

$$[Cl^-] = \frac{1.8 \times 10^{-10}}{1.1 \times 10^{-2}} = 1.6 \times 10^{-8}\,\mathrm{M}$$

$$\mathrm{pCl} = -\log(1.6 \times 10^{-8}) = 7.8$$

図 5.1 は滴下された $AgNO_3$ 溶液の容積に対して pCl をプロットした滴定曲線である．

[例題 5.7]

(a) 沈殿滴定におけるモール法は指示薬として K_2CrO_4 を用いて $AgNO_3$ 標準液で Cl^- を滴定する方法である．この滴定において指示薬の濃度はいくらにしたらよいか．ただし，$AgCl$ と Ag_2CrO_4 の K_{sp} はそれぞれ 1.8×10^{-10} と 1.9×10^{-12} である．

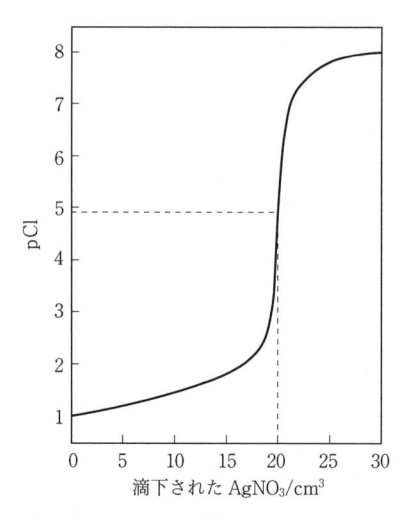

図 5.1 0.1 M NaCl 溶液の 0.1 M AgNO₃ による滴定曲線

(b) 沈殿滴定におけるフォルハルト法は Fe^{3+} を指示薬としてチオシアン酸カリウム (KSCN) 標準液で Ag^+ を滴定する方法である．Ag^+ と Fe^{3+} の混合溶液に SCN^- が加わると AgSCN ($K_{sp}=1.0\times10^{-12}$) が沈殿する．当量点を過ぎると SCN^- は Fe^{3+} と反応して赤色の $Fe(SCN)^{2+}$ を生成する．この滴定において Fe^{3+} の濃度を 0.1 M として当量点における $Fe(SCN)^{2+}$ の濃度を計算せよ．ただし，$Fe(SCN)^{2+}$ の安定度定数は 1.4×10^2 である．

[解答] (a) 当量点では，$[Ag^+]=[Cl^-]$ であるので

$[Ag^+][Cl^-]=[Ag^+]^2=K_{sp}=1.8\times10^{-10}$ $[Ag^+]=1.3\times10^{-5}$ M

この濃度の銀イオンとクロム酸が反応して赤色の Ag_2CrO_4 の沈殿が生じれば当量点は目視できる．このための $[CrO_4^{2-}]$ は次のように算出される．

$$Ag_2CrO_4 \rightleftharpoons 2\,Ag^+ + CrO_4^{2-}$$

$$[Ag^+]^2[CrO_4^{2-}]=K_{sp}=1.9\times10^{-12}$$

$$[CrO_4^{2-}]=\frac{1.9\times10^{-12}}{(1.3\times10^{-5})^2}=1.1\times10^{-2}\text{ M}$$

したがって，指示薬 K_2CrO_4 の濃度は 1.1×10^{-2} M にすればよい．

(b) $AgSCN \rightleftharpoons Ag^+ + SCN^-$ $[Ag^+][SCN^-]=K_{sp}=1.0\times10^{-12}$

当量点では，$[Ag^+]=[SCN^-]$ であるので，

$$[\text{SCN}^-] = \sqrt{1.0 \times 10^{-12}} = 1.0 \times 10^{-6}\,\text{M}$$

この濃度の SCN^- と $0.1\,\text{M}$ の Fe^{3+} が反応して生成する Fe(SCN)^{2+} の濃度は次のようになる．

$$\text{Fe}^{3+} + \text{SCN}^- \rightleftharpoons \text{Fe(SCN)}^{2+}$$

$$K_{\text{stab}} = \frac{[\text{Fe(SCN)}^{2+}]}{[\text{Fe}^{3+}][\text{SCN}^-]} = \frac{[\text{Fe(SCN)}^{2+}]}{0.1 \times (1.0 \times 10^{-6})} = 1.4 \times 10^2$$

したがって，当量点における $[\text{Fe(SCN)}^{2+}]$ は $1.4 \times 10^{-5}\,\text{M}$ となる．

演習問題

5.1 次の化合物の溶解度を mol/dm^3 と mg/100 cm^3 で示せ．
   (1) Ag_2CrO_4 (2) BaCO_3 (3) $\text{Ca(IO}_3)_2$ (4) AgIO_3
   (5) Mn(OH)_2

5.2 問題 [5.1] の溶液におけるすべてのイオンの濃度を計算せよ．

5.3 次の条件における各物質の溶解度積を計算せよ．
   (1) 溶解度 $2.4 \times 10^{-5}\,\text{mol/dm}^3$ の SrC_2O_4
   (2) 溶解度 $2.5 \times 10^{-7}\,\text{mol/dm}^3$ の $\text{Sr}_3(\text{PO}_4)_2$
   (3) 分子量が 899.4，溶解度が $3.0 \times 10^{-3}\,\text{mg/100 cm}^3$ である $\text{Pb}_3(\text{AsO}_4)_2$
   (4) $1.6 \times 10^{-2}\,\text{M}$ の SO_4^{2-} と平衡にある固相 Ag_2SO_4
   (5) $0.2\,\text{M}$ の NaF 溶液中で $10^{-6}\,\text{M}$ の Pb^{2+} と平衡にある固相 PbF_2

5.4 次の溶液において金属イオンの沈殿が始まるとき，および金属イオンの濃度が初めの 0.1% まで減少したときの陰イオン濃度を計算せよ．
   (1) $0.01\,\text{M}$ の Zn^{2+} と ZnCO_3 を含む溶液
   (2) $0.1\,\text{M}$ の Tl^+ と TlCl を含む溶液
   (3) $0.001\,\text{M}$ の Cd^{2+} と $\text{Cd}_3(\text{AsO}_4)_2$ を含む溶液
   (4) $0.01\,\text{M}$ の Ca^{2+} と CaF_2 を含む溶液
   (5) $0.01\,\text{M}$ の Ag^+ と Ag_3PO_4 を含む溶液

5.5 次の溶液における各イオンの濃度と沈殿の溶解度を計算せよ．
   (1) CaF_2 を含む $0.1\,\text{M}$ の NaF 溶液
   (2) CaF_2 を含む $0.2\,\text{M}$ の CaCl_2 溶液
   (3) $\text{Cu(IO}_3)_2$ を含む $0.5\,\text{M}$ の KIO_3 溶液
   (4) $\text{Cu(IO}_3)_2$ を含む $0.3\,\text{M}$ の $\text{Cu(NO}_3)_2$ 溶液

5.6 0.1 M の KI 溶液 0.2 dm³ と 0.05 M の $AgNO_3$ 溶液 0.3 dm³ を混合したとき，各イオンの濃度を計算せよ．

5.7 0.2 M の $CaCl_2$ 溶液 0.1 dm³ と 0.05 M の NaF 溶液 0.1 dm³ を混合したとき，各イオンの濃度を計算せよ．

5.8 1 M の $AgNO_3$ 溶液 0.1 dm³ と 1 M の K_2SO_4 溶液 0.3 dm³ を混合したとき，各イオンの濃度を計算せよ．

5.9 ある温度における $BaCO_3$ の溶解度は 0.018 g/dm³ である．この温度で 0.01 M の $Ba(OH)_2$ 溶液における $BaCO_3$ の溶解度を g/dm³ で示せ．

5.10 濃度 0.01 N の H_2SO_4 溶液 1 dm³ に $BaSO_4$ は何 g 溶解するか．

5.11 水 1 dm³ に 0.1 モルの $AgNO_2$ を完全に溶解するには pH をいくらにしたらよいか．

5.12 水 1 dm³ に 0.05 モルの SrF_2 を完全に溶解するには pH をいくらにしたらよいか．

5.13 水 1 dm³ に 0.01 モルの $Fe(OH)_3$ を完全に溶解するには pH をいくらにしたらよいか．

5.14 1.0×10^{-4} M の HCl 溶液における $PbCO_3$ の溶解度を計算せよ．

5.15 0.1 g の $AgNO_3$ と 0.1 g の $Pb(NO_3)_2$ を含む 1 dm³ の溶液に K_2CrO_4 を加えて沈殿させるとき，どの金属が先に沈殿するか．

5.16 3 g の $Ba(NO_3)_2$ と 2 g の $Ca(NO_3)_2$ を含む 1 dm³ の溶液がある．この溶液に NaF を少量ずつ加えるとき，次の問に答えよ．
　(1)　BaF_2 の沈殿生成に必要な F^- の濃度を計算せよ．
　(2)　CaF_2 の沈殿に必要な F^- の濃度を計算せよ．
　(3)　どちらが早く沈殿するか．
　(4)　2 番目の沈殿が始まるとき，初めの沈殿の金属イオンの濃度を計算せよ．

5.17 3 g の $TlNO_3$ と 0.5 g の $Pb(NO_3)_2$ を含む 1 dm³ の溶液がある．この溶液に NaCl を少量ずつ加えるとき，次の問に答えよ．
　(1)　TlCl の沈殿生成に必要な Cl^- の濃度を計算せよ．
　(2)　$PbCl_2$ の沈殿生成に必要な Cl^- の濃度を計算せよ．
　(3)　どちらが早く沈殿するか．
　(4)　2 番目の沈殿が始まるとき，初めの沈殿の金属イオンの濃度を計算せよ．

5.18 0.5 M の NH_4OH と 0.9 M の NH_4Cl の混合溶液に $MgCl_2$ 希薄水溶液を少量

ずつ加えて $Mg(OH)_2$ の沈殿が始まるとき，Mg^{2+} の濃度を計算せよ．

5.19　$0.5\,g$ の $ZnSO_4$ と $1.0\,g$ の $CdSO_4$ を含む $1\,dm^3$ の溶液がある．H_2S を用いて Cd^{2+} の 99.9% を CdS として沈殿させ，Zn^{2+} は 100% 溶液に残したい．溶液は H_2S で飽和されているものとして，この分離が可能な pH 範囲を計算せよ．

5.20　0.1 M の Pb^{2+} と 0.1 M の Fe^{2+} を含む溶液がある．H_2S を用いて一方の金属イオンの 99.9% を沈殿させ，他方は 100% 残したい．この分離が可能な pH 範囲を計算せよ．

第6章 錯体平衡

　金属イオンは溶液中で非共有電子対をもつ陰イオンまたは中性分子との配位結合 (coordination bond) によって錯体 (complex) を形成する．この陰イオンと中性分子を総称して配位子 (ligand) という．この際，金属イオンは電子対受容体であるのでルイス酸である．一方，配位子は電子対供与体であるのでルイス塩基である．錯体生成の平衡反応はキレート滴定に利用され，金属イオンの定量に広く応用されている．

6.1 安定度定数

　金属イオンと n 個の配位子 L が順次配位結合する反応は次のように表される．

$$\begin{aligned}
\mathrm{M} + \mathrm{L} &\rightleftharpoons \mathrm{ML} \\
\mathrm{ML} + \mathrm{L} &\rightleftharpoons \mathrm{ML}_2 \\
&\vdots \\
\mathrm{ML}_{n-1} + \mathrm{L} &\rightleftharpoons \mathrm{ML}_n
\end{aligned} \quad (6.1)$$

それぞれの反応の平衡定数 $K_1, K_2, \cdots, K_n$ は

$$\frac{[\mathrm{ML}]}{[\mathrm{M}][\mathrm{L}]} = K_1$$

$$\frac{[\mathrm{ML}_2]}{[\mathrm{ML}][\mathrm{L}]} = K_2$$

$$\vdots$$

$$\frac{[\mathrm{ML}_n]}{[\mathrm{ML}_{n-1}][\mathrm{L}]} = K_n \quad (6.2)$$

で表される．$K_1, K_2, \cdots, K_n$ は逐次安定度定数 (stepwise stability constant) とよばれている．一方，錯体の生成反応は次のように考えることもできる．

$$M + L \rightleftharpoons ML$$
$$M + 2L \rightleftharpoons ML_2$$
$$\vdots$$
$$M + nL \rightleftharpoons ML_n \tag{6.3}$$

これらの反応に対する平衡定数は次のように表される.

$$\frac{[ML]}{[M][L]} = \beta_1$$

$$\frac{[ML_2]}{[M][L]^2} = \beta_2$$

$$\vdots$$

$$\frac{[ML_n]}{[M][L]^n} = \beta_n \tag{6.4}$$

β_n は n 番目の全安定度定数(overall stability constant)として知られている. K と β には次の関係がある.

$$\beta_n = \frac{[ML_n]}{[M][L]^n} = \frac{[ML]}{[M][L]} \cdot \frac{[ML_2]}{[ML][L]} \cdots \frac{[MK_n]}{[ML_{n-1}][L]} = K_1 K_2 \cdots K_n \tag{6.5}$$

すなわち,

$$\beta_n = \prod_{j=1}^{n} K_j \tag{6.6}$$

となる. 逐次安定度定数が既知であれば, 全安定度定数は計算により求めることができる. 逐次安定度定数と全安定度定数は同数存在する.

配位子が金属イオン濃度に対して過剰に存在する場合には, 最高に配位した錯体のみを考慮すればよいので錯体濃度は容易に求められる. しかし, 配位子が過剰に存在しない場合には種々の錯体種が存在するので, それぞれの濃度の算出は容易でない. このような場合には, 以下述べるように各錯体種の存在割合と配位子の平衡濃度から求める方法がある.

溶液中の金属の全濃度を C_M とし, これに対する錯体を作っていない金属イオン M および錯体 $ML, ML_2, \cdots, ML_n$ の各濃度の割合をそれぞれ $\alpha_0, \alpha_1, \alpha_2, \cdots, \alpha_n$ と定義する.

$$\alpha_0 = \frac{[M]}{C_M}$$

$$\alpha_1 = \frac{[ML]}{C_M}$$

6.1 安定度定数

$$\alpha_2 = \frac{[ML_2]}{C_M}$$

$$\vdots$$

$$\alpha_n = \frac{[ML_n]}{C_M} \tag{6.7}$$

C_M は金属イオンと各錯体種の濃度の総和である．

$$C_M = [M] + [ML] + [ML_2] + \cdots + [ML_n] \tag{6.8}$$

$$\alpha_0 + \alpha_1 + \alpha_2 + \cdots + \alpha_n = 1 \tag{6.9}$$

逐次安定度定数と式 (6.7) より次の式が誘導される．

$$K_1 = \frac{[ML]}{[M][L]} = \frac{\alpha_1}{\alpha_0 [L]}$$

$$K_2 = \frac{[ML_2]}{[ML][L]} = \frac{\alpha_2}{\alpha_1 [L]}$$

$$\vdots$$

$$K_n = \frac{[ML_n]}{[ML_{n-1}][L]} = \frac{\alpha_n}{\alpha_{n-1} [L]} \tag{6.10}$$

式 (6.10) を変形すると

$$\alpha_1 = \alpha_0 K_1 [L]$$

$$\alpha_2 = \alpha_1 K_2 [L] = \alpha_0 K_1 K_2 [L]^2$$

$$\vdots$$

$$\alpha_n = \alpha_0 K_1 K_2 \cdots K_n [L]^n \tag{6.11}$$

となる．式 (6.11) を式 (6.9) に代入して変形すると，

$$\alpha_0 = \frac{1}{1 + K_1 [L] + K_1 K_2 [L]^2 + \cdots + \beta_n [L]^n}$$

$$\alpha_1 = \frac{K_1 [L]}{1 + K_1 [L] + K_1 K_2 [L]^2 + \cdots + \beta_n [L]^n}$$

$$\alpha_2 = \frac{K_1 K_2 [L]^2}{1 + K_1 [L] + K_1 K_2 [L]^2 + \cdots + \beta_n [L]^n}$$

$$\vdots$$

$$\alpha_n = \frac{\beta_n [L]^n}{1 + K_1 [L] + K_1 K_2 [L]^2 + \cdots + \beta_n [L]^n} \tag{6.12}$$

となる．この式と式 (6.7) から，配位子の平衡濃度が既知であれば溶液内のすべての錯体種の濃度を知ることができる．

[例題 6.1]

(a) 0.1 M の $Cu(NO_3)_2$ と 2.2 M の酒石酸ナトリウム $[CH(OH)COONa]_2$ (Na_2Tar) を含む溶液がある．この溶液の $[Cu^{2+}]$ と錯体種の濃度を計算せよ．ただし，$Cu(Tar)_2^{2-}$ の全安定度定数 β_2 は 1.3×10^5 である．

(b) 0.01 M の $AgNO_3$ と 0.2 M の NH_3 を含む溶液の $[Ag^+]$ を計算せよ．ただし，Ag^+-NH_3 錯体の安定度定数 K_1 と K_2 はそれぞれ 2.5×10^3 と 1.0×10^4 である．

(c) 全金属イオン濃度が 10^{-2} M，NH_3 の平衡濃度が 10^{-4} M である Cu^{2+} と NH_3 の混合溶液がある．この溶液の $[Cu^{2+}]$ と各錯体種の濃度を計算せよ．ただし，Cu^{2+}-NH_3 錯体の安定度定数 K_1，K_2，K_3 および K_4 はそれぞれ 2.0×10^4，4.7×10^3，1.1×10^3 および 2.0×10^2 である．

[解答] (a) $Cu(NO_3)_2 \longrightarrow Cu^{2+} + 2NO_3^-$

$Na_2Tar \longrightarrow 2Na^+ + Tar^{2-}$

銅イオン濃度に対して Tar^{2-} が過剰に存在するので錯体種は最高に配位したもののみを考慮すればよい．

$$Cu^{2+} + 2Tar^{2-} \rightleftharpoons Cu(Tar)_2^{2-} \qquad \frac{[Cu(Tar)_2^{2-}]}{[Cu^{2+}][Tar^{2-}]^2} = \beta_2 = 1.3 \times 10^5$$

物質収支条件： $[Tar^{2-}] + 2[Cu(Tar)_2^{2-}] = 2.2$ M

$[Cu^{2+}] + [Cu(Tar)_2^{2-}] = 0.1$ M

$[Cu^{2+}] \ll [Cu(Tar)_2^{2-}]$ であるので，$[Cu(Tar)_2^{2-}] \fallingdotseq 0.1$ M

$[Tar^{2-}] = 2.2 - 2 \times 0.1 = 2.0$ M

$$\beta_2 = \frac{0.1}{[Cu^{2+}] \times (2.0)^2} = 1.3 \times 10^5 \qquad [Cu^{2+}] = 1.9 \times 10^{-7}\ \text{M}$$

(b) Ag^+ の濃度に対して $[NH_3]$ は過剰に存在するので錯体種は $Ag(NH_3)_2^+$ のみを考慮すればよい．

$$Ag^+ + 2NH_3 \rightleftharpoons Ag(NH_3)_2^+ \qquad \frac{[Ag(NH_3)_2^+]}{[Ag^+][NH_3]^2} = \beta_2 = K_1 K_2 = 2.5 \times 10^7$$

$[Ag^+] + [Ag(NH_3)_2^+] = 0.01$ M $\qquad [NH_3] + 2[Ag(NH_3)_2^+] = 0.2$ M

$[Ag^+] \ll [Ag(NH_3)_2^+]$ であるので，$[Ag(NH_3)_2^+] \fallingdotseq 0.01$ M となる．
$[NH_3] = 0.2 - 2 \times 0.01 = 0.18$ M であるので，

$$[Ag^+] = \frac{[Ag(NH_3)_2^+]}{[NH_3]^2 \beta_2} = \frac{0.01}{(0.18)^2 \times 2.5 \times 10^7} = 1.2 \times 10^{-8}\ \text{M}$$

となる.
(c) 式 (6.12) の分母を X とすると,
$$X = 1 + \beta_1[NH_3] + \beta_2[NH_3]^2 + \beta_3[NH_3]^3 + \beta_4[NH_3]^4$$
となるので，この式に
$$[NH_3] = 1.0 \times 10^{-4} \text{ M}$$
$$\beta_1 = K_1 = 2.0 \times 10^4$$
$$\beta_2 = K_1 K_2 = 2.0 \times 10^4 \times 4.7 \times 10^3 = 9.4 \times 10^7$$
$$\beta_3 = K_1 K_2 K_3 = 9.4 \times 10^7 \times 1.1 \times 10^3 = 1.0 \times 10^{11}$$
$$\beta_4 = K_1 K_2 K_3 K_4 = 1.0 \times 10^{11} \times 2.0 \times 10^2 = 2.0 \times 10^{13}$$
を代入すると,
$$X = 1 + 2.0 \times 10^4 \times 10^{-4} + 9.4 \times 10^7 \times (10^{-4})^2 + 1.0 \times 10^{11} \times (10^{-4})^3$$
$$+ 2.0 \times 10^{13} \times (10^{-4})^4$$
$$\fallingdotseq 4.0$$
となり，それぞれの α 値は式 (6.12) より

$\alpha_0 = \dfrac{1}{4.0} = 0.25$, $\quad \alpha_1 = \dfrac{2.0 \times 10^4 \times 10^{-4}}{4.0} = 0.50$, $\quad \alpha_2 = \dfrac{9.4 \times 10^7 \times (10^{-4})^2}{4.0} = 0.24$,

$\alpha_3 = \dfrac{1.0 \times 10^{11} \times (10^{-4})^3}{4.0} = 0.03$, $\quad \alpha_4 = \dfrac{2.0 \times 10^{13} \times (10^{-4})^4}{4.0} = 5.0 \times 10^{-4}$

となる. $C_M = 0.01$ M であるので式 (6.7) より
$$[Cu^{2+}] = 0.25 \times 10^{-2} = 2.5 \times 10^{-3} \text{ M}$$
$$[Cu(NH_3)^{2+}] = 0.5 \times 10^{-2} = 5.0 \times 10^{-3} \text{ M}$$
$$[Cu(NH_3)_2^{2+}] = 0.24 \times 10^{-2} = 2.4 \times 10^{-3} \text{ M}$$
$$[Cu(NH_3)_3^{2+}] = 0.03 \times 10^{-2} = 3.0 \times 10^{-4} \text{ M}$$
$$[Cu(NH_3)_4^{2+}] = 5.0 \times 10^{-4} \times 10^{-2} = 5.0 \times 10^{-6} \text{ M}$$
となる.

6.2 平均配位数とジョブの連続変化法

n 個の安定度定数を決めるには，$(n+2)$ 個の未知濃度，つまり，n 個の錯体種 ($ML, ML_2, \cdots, ML_n$)，M および L の濃度を決定する必要がある．このうち，M と L の初期濃度は一般に既知であるので，未知濃度は n 個である．錯体が一

種類の場合，つまり $n=1$ のときには，未知濃度は3である．MとLの初期濃度が既知とすると，M，LまたはMLの平衡濃度の1つを測定すれば安定度定数は計算できる．2個以上の安定度定数を決めるのは複雑になるが，各金属イオンに結合している配位子の平均配位数 ($\bar{j}$) を用いることによって近似的に求めることができる．

反応 (6.1) において全配位子濃度を C_L とすると

$$C_L = [ML] + 2[ML_2] + \cdots + n[ML_n] \tag{6.13}$$

となる．平均配位数 $\bar{j}$ は C_L と全金属イオン濃度 C_M の比で与えられるので，

$$\bar{j} = \frac{C_L}{C_M} = \frac{[ML] + 2[ML_2] + \cdots + n[ML_n]}{[M] + [ML] + \cdots + [ML_n]} \tag{6.14}$$

となる．j 個の配位子が結合した錯体種の全安定度定数は次式で示される．

$$\frac{[ML_j]}{[M][L]^j} = \beta_j \tag{6.15}$$

式 (6.8) と式 (6.15) より，C_M は次のように表される．

$$C_M = \sum_{j=0}^{n}[ML_j] = [M] + \sum_{j=1}^{n}[ML_j] = [M] + \sum_{j=1}^{n}\beta_j[M][L]^j \tag{6.16}$$

また，

$$C_L = \sum_{j=1}^{n} j[ML_j] = \sum_{j=1}^{n} j\beta_j[M][L]^j \tag{6.17}$$

であるので，式 (6.16) と式 (6.17) を式 (6.14) に代入すると

$$\bar{j} = \frac{\sum_{j=1}^{n} j\beta_j[M][L]^j}{[M] + \sum_{j=1}^{n} \beta_j[M][L]^j} = \frac{\sum_{j=1}^{n} j\beta_j[L]^j}{1 + \sum_{j=1}^{n} \beta_j[L]^j} \tag{6.18}$$

が得られる．この式から，金属イオンと配位子の濃度を変えることによって異なる $\bar{j}$ 値の溶液を調製し，各溶液の[L]を測定することによって β_j を決定することができる．

β_j の決定法として別の方法もある．全金属イオンの濃度 (C_M) と錯体を形成していない金属イオンの濃度 ([M]) の比は次のように表される．

$$\frac{C_M}{[M]} = \frac{[M] + [ML] + [ML_2] + \cdots + [ML_n]}{[M]} \tag{6.19}$$

この式の各錯体種の濃度に式 (6.4) を代入すると

$$\frac{C_M}{[M]} = \frac{[M] + \beta_1[M][L] + \beta_2[M][L]^2 + \cdots + \beta_n[M][L]^n}{[M]}$$

$$=1+\beta_1[\mathrm{L}]+\beta_2[\mathrm{L}]^2+\cdots+\beta_n[\mathrm{L}]^n \tag{6.20}$$

となる.したがって,

$$\frac{C_\mathrm{M}}{[\mathrm{M}]}=1+\sum_{j=1}^{n}\beta_j[\mathrm{L}]^j \tag{6.21}$$

である.つまり,β_j の値は C_M 一定の条件で調製された溶液の [M] と [L] を測定することによって決定できる.

一方,錯体の最高配位数は分光学的に求められる.この方法としてジョブの連続変化法がある.これは C_M と C_L の和を一定にして,C_M と C_L の比を連続的に変化させ,最大吸光度を示すモル分率から決定する方法である.いま,$C_\mathrm{M}+C_\mathrm{L}=C_0$ とし,C_L の割合を x とすると,錯体生成前の金属イオン濃度は $(1-x)C_0$,配位子の濃度は xC_0 となる.錯体 ML_n の生成の割合を y とすると濃度は yC_0 となる.

$$\begin{array}{ccc} \mathrm{M} & + \quad n\mathrm{L} & \rightleftharpoons \quad \mathrm{ML}_n \\ (1-x-y)C_0 & (x-ny)C_0 & yC_0 \end{array}$$

$$\frac{yC_0}{(1-x-y)C_0\times(x-ny)C_0}=\beta_n \tag{6.22}$$

x の値を変化させ,y が最大のとき ML_n の濃度は最大となる.この条件で次式が成立する.

$$\frac{\mathrm{d}y}{\mathrm{d}x}=0 \tag{6.23}$$

式 (6.22) の y を x で微分すると

$$\frac{\mathrm{d}y}{\mathrm{d}x}=\beta_n C_0\left\{(2ny+nx-x-n)\frac{\mathrm{d}y}{\mathrm{d}x}+(n-1)y+1-2x\right\} \tag{6.24}$$

となり,式 (6.23) を用いると

$$(n-1)y+1-2x=0 \tag{6.25}$$

となる.y が最大のとき,[M]=0 になるはずであるから,$1-x-y=0$ となり,式 (6.25) より

$$x=\frac{n}{n+1} \tag{6.26}$$

となる.[ML_n] が最大となるのは x が式 (6.26) になるときであり,C_M と $(C_\mathrm{M}+C_\mathrm{L})$ の濃度比が次式に等しいときである.

$$\frac{C_\mathrm{M}}{C_\mathrm{M}+C_\mathrm{L}}=\frac{(1-x)C_0}{C_0}=1-\frac{n}{n+1}=\frac{1}{n+1} \tag{6.27}$$

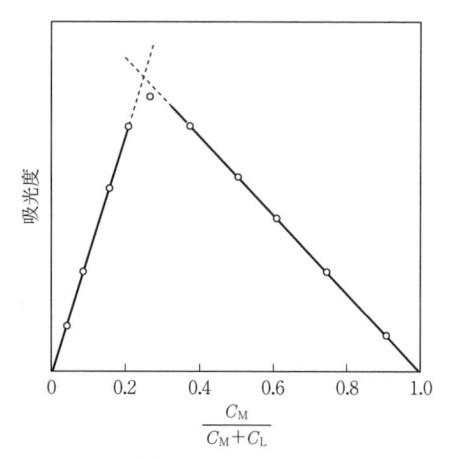

図 6.1 連続変化法における吸光度と$C_M/(C_M+C_L)$の関係

実験的には，図 6.1 に示すようにある波長における[ML$_n$]の吸光度を$C_M/(C_M+C_L)$に対してプロットし，吸光度最大のときの値よりnを求める．図 6.1 の例では，吸光度が$C_M/(C_M+C_L)=0.25$で最大であるので$n=3$となり，錯体の組成はML$_3$である．

[例題 6.2]

(a) [NH$_3$]が10^{-2} M であるとき，Ag$^+$-NH$_3$錯体の平均配位数を計算せよ．ただし，この錯体の安定度定数K_1とK_2はそれぞれ2.5×10^3と1.0×10^4である．

(b) ある金属イオン M と配位子 L の全モル濃度を一定に保って，その濃度比を変化させて生成する錯体の吸光度を測定した．吸光度は$C_M/(C_M+C_L)$が 0.33 のとき最大であった．この錯体の配位数を計算せよ．

[解答] (a) まず，この錯体のβを計算する．$\beta_1=K_1=2.5\times10^3$, $\beta_2=K_1K_2=2.5\times10^3\times1.0\times10^4=2.5\times10^7$であるので，式 (6.18) より

$$\bar{j}=\frac{\beta_1[\mathrm{NH_3}]+2\times\beta_2[\mathrm{NH_3}]^2}{1+\beta_1[\mathrm{NH_3}]+\beta_2[\mathrm{NH_3}]^2}$$

$$=\frac{2.5\times10^3\times10^{-2}+2\times2.5\times10^7\times(10^{-2})^2}{1+2.5\times10^3\times10^{-2}+2.5\times10^7\times(10^{-2})^2}=\frac{5\,025}{2\,526}=1.99$$

したがって，平均配位数は 2 であり，錯体は Ag(NH$_3$)$_2^+$である．

(b) 式 (6.27) より

$$\frac{C_M}{C_M+C_L}=\frac{1}{n+1}=0.33 \qquad n=2$$

したがって，錯体は ML_2 である．

6.3 錯体平衡の pH による影響

配位子 L^- の多くは塩基であるので金属イオンと反応して錯体 ML_n となるとともに H^+ とも反応して弱酸 HL となる．L^- と H^+ の反応の程度は酸解離定数で示される．

$$M^+ + nL^- \rightleftarrows ML_n{}^{1-n}$$
$$HL \rightleftarrows H^+ + L^-$$

溶液中で錯体を作っていない配位子の全濃度を $C_L{}'$ とすると，$C_L{}'$ は HL と L^- の濃度の和である．

$$[HL]+[L^-]=C_L{}' \tag{6.28}$$

酸解離定数の式は

$$\frac{[H^+][L^-]}{[HL]}=K_a \tag{6.29}$$

であるので，これらの式より

$$[HL]=\frac{C_L{}'[H^+]}{K_a+[H^+]} \tag{6.30}$$

となる．錯体を作っていない配位子の全濃度 $C_L{}'$ に対する $[HL]$ と $[L^-]$ の割合を α_0 と α_1 とすると

$$\alpha_0=\frac{[HL]}{C_L{}'}=\frac{[H^+]}{K_a+[H^+]} \tag{6.31}$$

$$\alpha_1=\frac{[L^-]}{C_L{}'}=\frac{K_a}{K_a+[H^+]} \tag{6.32}$$

で表される．錯体生成反応として次の反応を考える．

$$M^+ + 2L^- \rightleftarrows ML_2{}^- \tag{6.33}$$

この反応の安定度定数は次式である．

$$\frac{[ML_2{}^-]}{[M^+][L^-]^2}=K_{stab} \tag{6.34}$$

この式に式 (6.32) を代入すると

$$\frac{[\mathrm{ML_2^-}]}{[\mathrm{M^+}](\alpha_1 C_\mathrm{L}')^2} = K_\mathrm{stab} \tag{6.35}$$

$$\frac{[\mathrm{ML_2^-}]}{[\mathrm{M^+}] C_\mathrm{L}'^2} = \alpha_1^2 K_\mathrm{stab} = K_\mathrm{stab}' \tag{6.36}$$

となる．この式において，K_stab' は条件安定度定数（conditional stability constant）とよばれ，溶液のpHに依存する安定度定数である．式(6.36)から，$\mathrm{ML_2^-}$ の濃度と錯体を作っていない配位子の全濃度が既知であれば金属イオンの濃度を計算することができる．

[例題 6.3]
(a) 1.0 M の NaCN と 0.01 M の $\mathrm{Cd(NO_3)_2}$ を含む pH 10 の溶液がある．錯体を作っていない $\mathrm{Cd^{2+}}$ の濃度を計算せよ．ただし，$\mathrm{Cd(CN)_4^{2-}}$ の K_stab は 7.1×10^{18}，HCN の K_a は 7.2×10^{-10} である．

(b) $\mathrm{Zn^{2+}}$ の全濃度 10^{-3} M と錯体を作っていないアンモニア 0.05 M を含む pH 10 の溶液がある．この溶液における $[\mathrm{Zn^{2+}}]$ を計算せよ．ただし，$\mathrm{Zn^{2+}}$-$\mathrm{NH_3}$ 錯体の安定度定数 $K_1 = 1.9 \times 10^2$, $K_2 = 2.2 \times 10^2$, $K_3 = 2.5 \times 10^2$, $K_4 = 1.1 \times 10^2$ である．また，$\mathrm{NH_4^+}$ の K_a は 5.5×10^{-10} である．

[解答] (a) $\mathrm{Ca^{2+}}$ の濃度に対して NaCN が過剰に存在するので $\mathrm{Cd(CN)_4^{2-}}$ 以外の錯体種は無視できる．

$$\mathrm{Cd^{2+} + 4\,CN^- \rightleftharpoons Cd(CN)_4^{2-}}$$

物質収支条件： $[\mathrm{Cd^{2+}}] + [\mathrm{Cd(CN)_4^{2-}}] = 0.01\,\mathrm{M}$

$$[\mathrm{HCN}] + [\mathrm{CN^-}] + 4[\mathrm{Cd(CN)_4^{2-}}] = 1.0\,\mathrm{M}$$

$[\mathrm{Cd^{2+}}] \ll [\mathrm{Cd(CN)_4^{2-}}]$ であるので，$[\mathrm{Cd(CN)_4^{2-}}] \fallingdotseq 0.01\,\mathrm{M}$

錯体を作っていない配位子の全濃度：

$$C_\mathrm{L}' = [\mathrm{HCN}] + [\mathrm{CN^-}] = 1.0 - 0.01 \times 4 = 0.96\,\mathrm{M}$$

式(6.32)より

$$\alpha_1 = \frac{[\mathrm{CN^-}]}{C_\mathrm{L}'} = \frac{K_\mathrm{a}}{K_\mathrm{a} + [\mathrm{H^+}]} = \frac{7.2 \times 10^{-10}}{7.2 \times 10^{-10} + 10^{-10}} = 0.88$$

となる．式(6.35)より

$$K_\mathrm{stab} = \frac{[\mathrm{Cd(CN)_4^{2-}}]}{[\mathrm{Cd^{2+}}][\mathrm{CN^-}]^4} = \frac{[\mathrm{Cd(CN)_4^{2-}}]}{[\mathrm{Cd^{2+}}](\alpha_1 C_\mathrm{L}')^4} = 7.1 \times 10^{18}$$

$$[\mathrm{Cd^{2+}}] = \frac{0.01}{7.1 \times 10^{18} \times (0.88 \times 0.96)^4} = 2.8 \times 10^{-21}\,\mathrm{M}$$

となる．
(b) NH_3 が過剰に存在するので最高配位数の錯体以外は無視できる．

$$Zn^{2+} + 4NH_3 \rightleftharpoons Zn(NH_3)_4^{2+}$$

$$[Zn^{2+}] + [Zn(NH_3)_4^{2+}] = 10^{-3} M$$

$[Zn^{2+}] \ll [Zn(NH_3)_4^{2+}]$ であるので，$[Zn(NH_3)_4^{2+}] \fallingdotseq 10^{-3} M$

$$C_L' = [NH_3] + [NH_4^+] = 0.05 M$$

$$\alpha_1 = \frac{[NH_3]}{C_L'} = \frac{K_a}{K_a + [H^+]} = \frac{5.5 \times 10^{-10}}{5.5 \times 10^{-10} + 10^{-10}} = 0.85$$

$$K_{stab} = \frac{[Zn(NH_3)_4^{2+}]}{[Zn^{2+}][NH_3]^4} = \frac{[Zn(NH_3)_4^{2+}]}{[Zn^{2+}](\alpha_1 C_L')^4} = \beta_4 = K_1 K_2 K_3 K_4 = 1.1 \times 10^9$$

$$[Zn^{2+}] = \frac{10^{-3}}{1.1 \times 10^9 \times (0.85 \times 0.05)^4} = 2.7 \times 10^{-7} M$$

6.4 錯体平衡と沈殿平衡の競合

錯体の配位子が沈殿成分の金属イオンと反応する場合には，錯体の平衡は沈殿平衡と競争する．沈殿 MA の解離によって生じる金属イオン M^+ が配位子 L と反応して錯体 ML^+, ML_2^+ を生成するとき，次の平衡が存在する．

沈殿平衡： $MA \rightleftharpoons M^+ + A^-$ (6.37)

錯体平衡： $M^+ + L \rightleftharpoons ML^+$ (6.38)

$$ML^+ + L \rightleftharpoons ML_2^+ \quad (6.39)$$

MA の溶解度 s は $[A^-] = [M^+]$ に等しいので

$$[M^+][A^-] = K_{sp} = s^2 \quad (6.40)$$

となる．いま，金属イオンの全濃度を C_M とすると次式が成立する．

$$C_M = [M^+] + [ML^+] + [ML_2^+] \quad (6.41)$$

$[M^+]$, $[ML^+]$, $[ML_2^+]$ の C_M に対する割合をそれぞれ α_0, α_1, α_2 とすると

$$\alpha_0 = \frac{[M^+]}{C_M} \quad (6.42)$$

$$\alpha_1 = \frac{[ML^+]}{C_M} \quad (6.43)$$

$$\alpha_2 = \frac{[ML_2^+]}{C_M} \quad (6.44)$$

$$\alpha_0 + \alpha_1 + \alpha_2 = 1 \quad (6.45)$$

となる．錯体の平衡定数と α より次式が得られる．

$$K_1 = \frac{[\text{ML}^+]}{[\text{M}^+][\text{L}]} = \frac{\alpha_1}{\alpha_0[\text{L}]} \tag{6.46}$$

$$K_1 K_2 = \frac{[\text{ML}^+]}{[\text{M}^+][\text{L}]} \cdot \frac{[\text{ML}_2^+]}{[\text{ML}^+][\text{L}]} = \frac{\alpha_2}{\alpha_0[\text{L}]^2} \tag{6.47}$$

式 (6.45)，式 (6.46) および式 (6.47) より

$$\alpha_0 = \frac{1}{1 + K_1[\text{L}] + K_1 K_2[\text{L}]^2} \tag{6.48}$$

$$\alpha_1 = \frac{K_1[\text{L}]}{1 + K_1[\text{L}] + K_1 K_2[\text{L}]^2} \tag{6.49}$$

$$\alpha_2 = \frac{K_1 K_2[\text{L}]^2}{1 + K_1[\text{L}] + K_1 K_2[\text{L}]^2} \tag{6.50}$$

となる．α は配位子の平衡濃度と錯体の全安定度定数から算出できる．

式 (6.40) の $[\text{M}^+]$ を式 (6.42) で置換すると

$$K_\text{sp} = \alpha_0 C_\text{M}[\text{A}^-] \tag{6.51}$$

となる．この式を変形すると

$$\frac{K_\text{sp}}{\alpha_0} = K_\text{sp}' = C_\text{M}[\text{A}^-] = s^2 \tag{6.52}$$

となる．K_sp' は条件溶解度積（conditional solubility product）とよばれ，配位子濃度に依存する溶解度積である．この式から明らかなように，α_0 が求まれば条件溶解度積と溶解度を知ることができる．

[例題 6.4]

(a) 1.0 M の NH_3 溶液における AgBr（$K_\text{sp} = 5.0 \times 10^{-13}$）の溶解度を計算せよ．$\text{Ag}^+$-$\text{NH}_3$ 錯体の安定度定数は [例題 6.1 (b)] を参照せよ．

(b) 0.01 モルの AgBr を完全に溶解するためには，1 dm³ 当たり何モルの NH_3 を加えなければならないか．

[解答] (a) 式 (6.48) に K_1，K_2 および $[\text{L}] = [\text{NH}_3] = 1.0$ M を代入すると

$$\alpha_0 = \frac{1}{1 + K_1[\text{L}] + K_1 K_2[\text{L}]^2}$$

$$= \frac{1}{1 + 2.5 \times 10^3 \times 1.0 + 2.5 \times 10^3 \times 1.0 \times 10^4 \times 1.0} \fallingdotseq 4.0 \times 10^{-8}$$

式 (6.52) より

$$s^2 = \frac{K_\text{sp}}{\alpha_0} = \frac{5.0 \times 10^{-13}}{4.0 \times 10^{-8}} = 1.3 \times 10^{-5} \qquad s = 3.6 \times 10^{-3}\ \text{mol/dm}^3$$

(b) (a) と同様に a_0 を計算する.
$$a_0 = \frac{1}{1+2.5\times10^3[\text{NH}_3]+2.5\times10^3\times1.0\times10^4[\text{NH}_3]^2} \fallingdotseq \frac{4.0\times10^{-8}}{[\text{NH}_3]^2}$$

AgBr を水 1 dm³ に完全に溶解するということは Ag⁺ と Br⁻ の濃度がそれぞれ 0.01 M になることであるので

$$C_\text{M}=[\text{Ag}^+]=0.01\,\text{M} \qquad [\text{Br}^-]=0.01\,\text{M}$$

式 (6.51) より

$$K_\text{SP}=a_0 C_\text{M}[\text{Br}^-]$$

$$5.0\times10^{-13}=\frac{4.0\times10^{-8}}{[\text{NH}_3]^2}\times0.01\times0.01$$

$$[\text{NH}_3]=2.83\,\text{M}$$

溶解した Ag⁺ はすべて NH₃ と錯体を作っていると考えられる.

$$C_\text{M}=[\text{Ag}(\text{NH}_3)^+]+[\text{Ag}(\text{NH}_3)_2^+]=0.01\,\text{M}$$

$[\text{Ag}(\text{NH}_3)^+] \ll [\text{Ag}(\text{NH}_3)_2^+]$ であるので, $[\text{Ag}(\text{NH}_3)_2^+] \fallingdotseq 0.01\,\text{M}$
錯体形成に必要な $[\text{NH}_3]$ は $0.01\times2=0.02\,\text{M}$ となる. したがって, AgBr を完全に溶解するために必要な NH₃ の濃度は平衡濃度と 0.02 M の和である.

$$[\text{NH}_3]=2.83+0.02=2.85\,\text{M}$$

6.5 EDTA を含む溶液の平衡

錯体において, 1つの金属原子に1個の電子対を供与する配位子を単座配位子 (monodentate ligand) という. 2つ以上の電子対を供与できる配位子は多座配位子 (polydentate ligand) である. 単座配位子は H_2O, NH_3, F^- などである. F^- のように2個以上の電子対をもっていても, 金属原子に供与できる電子対は1個であるから単座配位子である. 多座配位子をもつ錯体はキレート環をもつのでキレート化合物 (chelate compound) という. キレート試薬の代表であるエチレンジアミン四酢酸 (ethylenediaminetetraacetic acid, EDTA) は1価金属イオン以外のほとんどの金属イオンに対して6座配位子として作用し, モル比 1:1 の安定な水溶性キレート錯体を形成する. このため, EDTA はキレート滴定に広く応用されている.

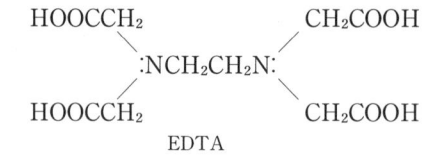

```
        HOOCCH₂           CH₂COOH
               \          /
                :NCH₂CH₂N:
               /          \
        HOOCCH₂           CH₂COOH
                  EDTA
```

EDTAは通常H_4Yで略記されるが，金属イオンと1：1の比で反応する．

$$M^{n+} + Y^{4-} \rightleftharpoons MY^{n-4} \qquad (6.53)$$

Y^{4-}はEDTAのイオン化した形を簡略化したものである．この反応の安定度定数は次のように表される．

$$\frac{[MY^{n-4}]}{[M^{n+}][Y^{4-}]} = K_{stab} \qquad (6.54)$$

Y^{4-}は水素イオンとも反応する．すなわち，錯体平衡はEDTAの酸解離平衡と競争関係にあり，EDTAには次の4つの酸解離平衡がある．

$$H_4Y \rightleftharpoons H^+ + H_3Y^-$$

$$\frac{[H^+][H_3Y^-]}{[H_4Y]} = K_{a1} = 1.0 \times 10^{-2} \qquad (6.55)$$

$$H_3Y^- \rightleftharpoons H^+ + H_2Y^{2-}$$

$$\frac{[H^+][H_2Y^{2-}]}{[H_3Y^-]} = K_{a2} = 2.1 \times 10^{-3} \qquad (6.56)$$

$$H_2Y^{2-} \rightleftharpoons H^+ + HY^{3-}$$

$$\frac{[H^+][HY^{3-}]}{[H_2Y^{2-}]} = K_{a2} = 6.9 \times 10^{-7} \qquad (6.57)$$

$$HY^{3-} \rightleftharpoons H^+ + Y^{4-}$$

$$\frac{[H^+][Y^{4-}]}{[HY^{3-}]} = K_{a4} = 6.0 \times 10^{-11} \qquad (6.58)$$

このように，EDTAには種々の段階の酸解離平衡があるので，式（6.54）を用いて$[M^{n+}]$を求めるためには，EDTAとpHとの関係を知らなければならない．いま，金属イオンと錯体を作っていないEDTAの全濃度をC_L'とする．C_L'は各段階の解離平衡にあるEDTA種の濃度の和である．

$$C_L' = [H_4Y] + [H_3Y^-] + [H_2Y^{2-}] + [HY^{3-}] + [Y^{4-}] \qquad (6.59)$$

ここで，C_L'に対する$[H_4Y]$，$[H_3Y^-]$，$[H_2Y^{2-}]$，$[HY^{3-}]$および$[Y^{4-}]$の割合をそれぞれα_0，α_1，α_2，α_3およびα_4とする．

$$\alpha_0 = \frac{[H_4Y]}{C_L'} \qquad (6.60)$$

$$\alpha_1 = \frac{[\mathrm{H_3Y^-}]}{C_\mathrm{L}'} \tag{6.61}$$

$$\alpha_2 = \frac{[\mathrm{H_2Y^{2-}}]}{C_\mathrm{L}'} \tag{6.62}$$

$$\alpha_3 = \frac{[\mathrm{HY^{3-}}]}{C_\mathrm{L}'} \tag{6.63}$$

$$\alpha_4 = \frac{[\mathrm{Y^{4-}}]}{C_\mathrm{L}'} \tag{6.64}$$

$$\alpha_0 + \alpha_1 + \alpha_2 + \alpha_3 + \alpha_4 = 1 \tag{6.65}$$

式 (6.55)〜式 (6.58) を変形すると

$$[\mathrm{HY^{3-}}] = \frac{[\mathrm{H^+}][\mathrm{Y^{4-}}]}{K_{\mathrm{a}4}} \tag{6.66}$$

$$[\mathrm{H_2Y^{2-}}] = \frac{[\mathrm{H^+}][\mathrm{HY^{3-}}]}{K_{\mathrm{a}3}} = \frac{[\mathrm{H^+}]^2[\mathrm{Y^{4-}}]}{K_{\mathrm{a}3}K_{\mathrm{a}4}} \tag{6.67}$$

$$[\mathrm{H_3Y^-}] = \frac{[\mathrm{H^+}][\mathrm{H_2Y^{2-}}]}{K_{\mathrm{a}2}} = \frac{[\mathrm{H^+}]^3[\mathrm{Y^{4-}}]}{K_{\mathrm{a}2}K_{\mathrm{a}3}K_{\mathrm{a}4}} \tag{6.68}$$

$$[\mathrm{H_4Y}] = \frac{[\mathrm{H^+}][\mathrm{H_3Y^-}]}{K_{\mathrm{a}1}} = \frac{[\mathrm{H^+}]^4[\mathrm{Y^{4-}}]}{K_{\mathrm{a}1}K_{\mathrm{a}2}K_{\mathrm{a}3}K_{\mathrm{a}4}} \tag{6.69}$$

となる.式 (6.66)〜式 (6.69) を式 (6.59) に代入すると

$$C_\mathrm{L}' = [\mathrm{Y^{4-}}]\left\{1 + \frac{[\mathrm{H^+}]}{K_{\mathrm{a}4}} + \frac{[\mathrm{H^+}]^2}{K_{\mathrm{a}3}K_{\mathrm{a}4}} + \frac{[\mathrm{H^+}]^3}{K_{\mathrm{a}2}K_{\mathrm{a}3}K_{\mathrm{a}4}} + \frac{[\mathrm{H^+}]^4}{K_{\mathrm{a}1}K_{\mathrm{a}2}K_{\mathrm{a}3}K_{\mathrm{a}4}}\right\} \tag{6.70}$$

となり,式 (6.64) と式 (6.70) より

$$\frac{C_\mathrm{L}'}{[\mathrm{Y^{4-}}]} = \frac{1}{\alpha_4} = 1 + \frac{[\mathrm{H^+}]}{K_{\mathrm{a}4}} + \frac{[\mathrm{H^+}]^2}{K_{\mathrm{a}3}K_{\mathrm{a}4}} + \frac{[\mathrm{H^+}]^3}{K_{\mathrm{a}2}K_{\mathrm{a}3}K_{\mathrm{a}4}} + \frac{[\mathrm{H^+}]^4}{K_{\mathrm{a}1}K_{\mathrm{a}2}K_{\mathrm{a}3}K_{\mathrm{a}4}} \tag{6.71}$$

となる.この式は一定の pH において,錯体を作っていない EDTA の全濃度 C_L' に対する $[\mathrm{Y^{4-}}]$ の割合を計算するのに用いられる.C_L' がわかれば,平衡定数の式 (6.54) から金属イオンを計算することができる.

式 (6.54) に式 (6.64) を代入すると

$$\frac{[\mathrm{MY}^{n-4}]}{[\mathrm{M}^{n+}][\mathrm{Y^{4-}}]} = \frac{[\mathrm{MY}^{n-4}]}{[\mathrm{M}^{n+}]\alpha_4 C_\mathrm{L}'} = K_\mathrm{stab} \tag{6.72}$$

となる.この式を変形すると

$$\frac{[\mathrm{MY}^{n-4}]}{[\mathrm{M}^{n+}]C_\mathrm{L}'} = \alpha_4 K_\mathrm{stab} = K_\mathrm{stab}' \tag{6.73}$$

となる.K_stab' は条件安定度定数とよばれ,pH に依存する安定度定数である.

[例題 6.5]

(a) 0.05 M の EDTA を含む pH 10.5 の溶液における [Y^{4-}] の錯体を作っていない全 EDTA 濃度に対する割合を計算せよ．

(b) 問題 (a) の溶液 20 cm³ を 0.05 M の Mg^{2+} 溶液 20 cm³ に加えたとき，残存する Mg^{2+} の濃度を計算せよ．ただし，MgY^{2-} の K_{stab} は 4.9×10^8 である．

(c) Zn^{2+} の全濃度が 1.0×10^{-3} M，錯体を作っていない EDTA の濃度が 0.1 M である pH 6.0 の溶液がある．この溶液の [Zn^{2+}] を計算せよ．ただし，ZnY^{2-} の K_{stab} は 3.1×10^{16} である．

[解答] (a) 錯体を作っていない全 EDTA 濃度に対する [Y^{4-}] の割合 α_4 は式 (6.71) より

$$\frac{1}{\alpha_4}=1+\frac{[H^+]}{K_{a4}}+\frac{[H^+]^2}{K_{a3}K_{a4}}+\frac{[H^+]^3}{K_{a2}K_{a3}K_{a4}}+\frac{[H^+]^4}{K_{a1}K_{a2}K_{a3}K_{a4}}$$

である．ここで，[H^+]=3.2×10^{-11}，K_{a1}=1.0×10^{-2}，K_{a2}=2.1×10^{-3}，K_{a3}=6.9×10^{-7}，K_{a4}=6.0×10^{-11} であるので，$K_{a3}K_{a4}$=4.1×10^{-17}，$K_{a2}K_{a3}K_{a4}$=8.7×10^{-20}，$K_{a1}K_{a2}K_{a3}K_{a4}$=8.7×10^{-22} である．

$$\frac{1}{\alpha_4}=1+\frac{3.2\times 10^{-11}}{6.0\times 10^{-11}}+\frac{(3.2\times 10^{-11})^2}{4.1\times 10^{-17}}+\frac{(3.2\times 10^{-11})^3}{8.7\times 10^{-20}}+\frac{(3.2\times 10^{-11})^4}{8.7\times 10^{-22}}$$

$$=1+0.53+2.50\times 10^{-5}+3.77\times 10^{-13}+1.21\times 10^{-21}$$

$$\fallingdotseq 1.53$$

$$\alpha_4=0.65$$

(b) Mg^{2+} のモル数： $0.05\,(mol/dm^3)\times 0.02\,(dm^3)=1.0\times 10^{-3}$ mol

EDTA のモル数： $0.05\,(mol/dm^3)\times 0.02\,(dm^3)=1.0\times 10^{-3}$ mol

当量の Mg^{2+} と EDTA の混合により MgY^{2-} が 1.0×10^{-3} mol 生成したことになる．

$$[MgY^{2-}]=\frac{1.0\times 10^{-3}\,(mol)}{0.04\,(dm^3)}=0.025\,M$$

$$Mg^{2+} + EDTA \rightleftharpoons MgY^{2-}$$

MgY^{2-} の一部は Mg^{2+} と EDTA に解離する．解離した Mg^{2+} と EDTA の濃度はそれぞれ C_L' に等しい．したがって，

$$[MgY^{2-}]=0.025-C_L' \qquad [Mg^{2+}]=C_L' \qquad [EDTA]=C_L'$$

となる．式 (6.64) と問題 (a) の結果より

$$[\text{Y}^{4-}] = \alpha_4 C_\text{L}' = 0.65 C_\text{L}'$$

$$K_\text{stab} = \frac{[\text{MgY}^{2-}]}{[\text{Mg}^{2+}][\text{Y}^{4-}]} = \frac{0.025 - C_\text{L}'}{C_\text{L}' \times 0.65 \times C_\text{L}'} = 4.9 \times 10^8$$

$C_\text{L}' \ll 0.025$ M であるので，$(C_\text{L}')^2 = 7.85 \times 10^{-11}$ となる．

$$C_\text{L}' = [\text{Mg}^{2+}] = 8.9 \times 10^{-6} \text{ M}$$

(c) $\text{Zn}^{2+} + \text{Y}^{4-} \rightleftharpoons \text{ZnY}^{2-}$ $\dfrac{[\text{ZnY}^{2-}]}{[\text{Zn}^{2+}][\text{Y}^{4-}]} = K_\text{stab} = 3.1 \times 10^{16}$

$$[\text{Zn}^{2+}] + [\text{ZnY}^{2-}] = 1.0 \times 10^{-3} \text{ M}$$

$[\text{Zn}^{2+}] \ll [\text{ZnY}^{2-}]$ であるので，$[\text{ZnY}^{2-}] \fallingdotseq 1.0 \times 10^{-3}$ M
$[\text{H}^+] = 10^{-6}$ M であるので，

$$\frac{1}{\alpha_4} = 1 + \frac{10^{-6}}{6.0 \times 10^{-11}} + \frac{(10^{-6})^2}{4.1 \times 10^{-17}} + \frac{(10^{-6})^3}{8.7 \times 10^{-20}} + \frac{(10^{-6})^4}{8.7 \times 10^{-22}}$$

$$= 1 + 1.67 \times 10^4 + 2.44 \times 10^4 + 1.15 \times 10 + 1.15 \times 10^{-3}$$

$$\fallingdotseq 41\,112$$

$$\alpha_4 = 2.4 \times 10^{-5}$$

$C_\text{L}' = [\text{EDTA}] = 0.1$ M であるので，

$$K_\text{stab} = \frac{[\text{ZnY}^{2-}]}{[\text{Zn}^{2+}][\text{Y}^{4-}]} = \frac{[\text{ZnY}^{2-}]}{[\text{Zn}^{2+}]\alpha_4 C_\text{L}'} = \frac{1.0 \times 10^{-3}}{[\text{Zn}^{2+}] \times 2.4 \times 10^{-5} \times 0.1} = 3.1 \times 10^{16}$$

$$[\text{Zn}^{2+}] = 1.3 \times 10^{-14} \text{ M}$$

6.6 キレート滴定曲線

　キレート試薬を用いて金属イオンを滴定する方法がキレート滴定である．これは金属イオンがキレート試薬と反応してキレート化合物を生成する反応を利用するものである．一般に，キレート化合物は簡単な錯体に比べて安定度がはるかに大きく，当量点付近の滴定曲線の急変が見られ，終点の検出が明瞭である．このためアルカリ金属以外のほとんどの金属イオンの滴定に応用されている．本節では，EDTA をキレート試薬として選び，実際のキレート滴定における量的関係を考察しよう．

　[例]　pH 10 の 0.1 M Ca^{2+} 溶液 20 cm^3 を 0.1 M の EDTA 溶液で滴定するとき，各段階における金属イオンの濃度を計算し，滴定曲線を作成せよ．ただし，CaY^{2-} の K_stab は 5.0×10^{10}，pH 10 における α_4 は 0.37 である．

(i) 滴定開始前：
$$[Ca^{2+}] = 0.1\,M \qquad pCa = 1.0$$

(ii) $5\,cm^3$ の EDTA 滴下：

滴下された EDTA のモル数： $0.1(mol/dm^3) \times 0.005(dm^3) = 5.0 \times 10^{-4}\,mol$

滴定開始前の Ca^{2+} のモル数： $0.1(mol/dm^3) \times 0.02(dm^3) = 2.0 \times 10^{-3}\,mol$

Ca^{2+} の一部は EDTA と反応して CaY^{2-} となる．

$$Ca^{2+} + EDTA \rightleftharpoons CaY^{2-}$$

残存する Ca^{2+} のモル数：
$$2.0 \times 10^{-3}(mol) - 5.0 \times 10^{-4}(mol) = 1.5 \times 10^{-3}\,mol$$

$$[Ca^{2+}] = \frac{1.5 \times 10^{-3}(mod)}{0.025(dm^3)} = 6.0 \times 10^{-2}\,M$$

$$pCa = -\log(6.0 \times 10^{-2}) = 1.2$$

(iii) $10\,cm^3$ の EDTA 滴下：

滴下された EDTA のモル数： $0.1(mol/dm^3) \times 0.01(dm^3) = 1.0 \times 10^{-3}\,mol$

残存する Ca^{2+} のモル数： $2.0 \times 10^{-3}(mol) - 1.0 \times 10^{-3}(mol) = 1.0 \times 10^{-3}\,mol$

$$[Ca^{2+}] = \frac{1.0 \times 10^{-3}(mol)}{0.03(dm^3)} = 0.033\,M$$

$$pCa = -\log(0.033) = 1.5$$

(iv) $18\,cm^3$ の EDTA 滴下：

滴下された EDTA のモル数： $0.1(mol/dm^3) \times 0.018(dm^3) = 1.8 \times 10^{-3}\,mol$

残存する Ca^{2+} のモル数：
$$2.0 \times 10^{-3}(mol) - 1.8 \times 10^{-3}(mol) = 2.0 \times 10^{-4}\,mol$$

$$[Ca^{2+}] = \frac{2.0 \times 10^{-4}(mol)}{0.038(dm^3)} = 5.3 \times 10^{-3}\,M$$

$$pCa = -\log(5.3 \times 10^{-3}) = 2.3$$

(v) $20\,cm^3$ の EDTA 滴下：

滴下された EDTA のモル数： $0.1(mol/dm^3) \times 0.02(dm^3) = 2.0 \times 10^{-3}\,mol$

残存する Ca^{2+} のモル数： $2.0 \times 10^{-3}(mol) - 2.0 \times 10^{-3}(mol) = 0\,mol$

Ca^{2+} はすべて錯体 CaY^{2-} になったことになるので，この点は当量点である．当量点では，錯体を作っていない EDTA の全濃度 C_L' と $[Ca^{2+}]$ は等しい．

$$[Ca^{2+}] = C_L'$$

Ca^{2+} の全モル数は $2.0 \times 10^{-3}\,mol$ であるので

6.6 キレート滴定曲線   117

$$[\text{Ca}^{2+}] + [\text{CaY}^{2-}] = \frac{2.0 \times 10^{-3}(\text{mol})}{0.04(\text{dm}^3)} = 5.0 \times 10^{-2} \text{ M}$$

$[\text{Ca}^{2+}] \ll [\text{CaY}^{2-}]$ であるので，$[\text{CaY}^{2-}] \fallingdotseq 5.0 \times 10^{-2}$ M である．

$\alpha_4 = 0.37$，$K_{\text{stab}} = 5.0 \times 10^{10}$ であるので式 (6.73) より

$$K'_{\text{stab}} = \frac{[\text{CaY}^{2-}]}{[\text{Ca}^{2+}]C_L'} = \alpha_4 K_{\text{stab}} = 0.37 \times 5.0 \times 10^{10}$$

$$\frac{0.05}{[\text{Ca}^{2+}]^2} = 0.37 \times 5.0 \times 10^{10}$$

$$[\text{Ca}^{2+}] = 1.6 \times 10^{-6} \text{ M}$$

$$\text{pCa} = -\log(1.6 \times 10^{-6}) = 5.8$$

(vi) 22 cm³ の EDTA 滴下：

この点では，当量点を過ぎているので EDTA が過剰に加えられたことになる．

過剰に加えられた EDTA のモル数：

$$0.1(\text{mol/dm}^3) \times 0.022(\text{dm}^3) - 2.0 \times 10^{-3}(\text{mol}) = 2.0 \times 10^{-4} \text{ mol}$$

過剰に加えられた [EDTA] は錯体を作っていないので C_L' に等しい．

$$[\text{EDTA}] = C_L' = \frac{2.0 \times 10^{-4}(\text{mol})}{0.042(\text{dm}^3)} = 4.8 \times 10^{-3} \text{ M}$$

CaY²⁻ のモル数は当量点を過ぎると一定（2.0×10^{-3} mol）である．

$$[\text{CaY}^{2-}] = \frac{2.0 \times 10^{-3}(\text{mol})}{0.042(\text{dm}^3)} = 4.8 \times 10^{-2} \text{ M}$$

条件安定度定数の式より

$$K'_{\text{stab}} = \frac{4.8 \times 10^{-2}}{[\text{Ca}^{2+}] \times 4.8 \times 10^{-3}} = 0.37 \times 5.0 \times 10^{10} \qquad [\text{Ca}^{2+}] = 5.4 \times 10^{-10} \text{ M}$$

$$\text{pCa} = -\log(5.4 \times 10^{-10}) = 9.3$$

図 6.2 は滴下された EDTA 溶液の容積に対して pCa をプロットした滴定曲線である．

[例題 6.6]

(a) 0.2105 g の CaCO₃ を希塩酸に溶解して 0.5 dm³ とした．この溶液の 20 cm³ を採取し，EDTA 滴定したところ終点までに 15.63 cm³ を要した．この EDTA 溶液の濃度はいくらか．

(b) 2.0×10^{-3} モルの Ni²⁺ 溶液を pH 5.0 で EDTA 滴定するとき，当量点における [Ni²⁺] を計算せよ．ただし，溶液の最終体積は 40 cm³，NiY²⁻ の

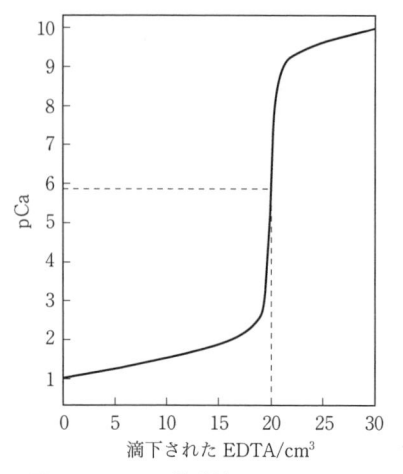

図 6.2 0.1 M Ca^{2+} 溶液 の 0.1 M EDTA による滴定曲線

K_{stab} は $4.1×10^{18}$, pH 5 における $α_4$ は $3.9×10^{-7}$ である.

[解答] (a) 溶解した Ca^{2+} のモル数:

$$\frac{0.2105\,(g)}{100.0\,(g/mol)}=2.105×10^{-3}\,mol$$

$$[Ca^{2+}]=\frac{2.105×10^{-3}\,(mol)}{0.5\,(dm^3)}=4.21×10^{-3}\,M$$

この溶液 20 cm³ に含まれている Ca^{2+} のモル数:

$$4.21×10^{-3}\,(mol/dm^3)×0.02\,(dm^3)=8.42×10^{-5}\,mol$$

EDTA の濃度を x (M) とすると

$$0.01563\,(dm^3)\,x=8.42×10^{-5}\,(mol)$$

$$x=[EDTA]=5.4×10^{-3}\,M$$

となる.

(b) $Ni^{2+} + EDTA \rightleftharpoons NiY^{2-}$

$$\frac{[NiY^{2-}]}{[Ni^{2+}][Y^{4-}]}=K_{stab}=4.1×10^{18}$$

$$[Y^{4-}]=α_4 C_L{'}$$

当量点では, $[Ni^{2+}]=C_L{'}$ である.

物質収支条件： $[Ni^{2+}]+[NiY^{2-}]=\dfrac{2.0\times10^{-3}(\text{mol})}{0.04(\text{dm}^3)}=5.0\times10^{-2}$ M

$[Ni^{2+}]\ll[NiY^{2-}]$ であるので，$[NiY^{2-}]\fallingdotseq 5.0\times10^{-2}$ M

$$K_{\text{stab}}=\dfrac{5.0\times10^{-2}}{[Ni^{2+}]^2\alpha_4}=4.1\times10^{18}$$

$\alpha_4=3.9\times10^{-7}$ であるので

$$[Ni^{2+}]^2=\dfrac{5.0\times10^{-2}}{3.9\times10^{-7}\times4.1\times10^{18}}=3.13\times10^{-14}$$

$$[Ni^{2+}]=1.8\times10^{-7}\text{ M}$$

となる．

演習問題

6.1 次の溶液 $1\,\text{dm}^3$ におけるすべての化学種の濃度を計算せよ．ただし，陰イオンの第2段平衡は無視する．
  (1)　0.01 モルの $ZnSO_4$ と 2 モルの NH_3 を含む溶液
  (2)　0.01 モルの $AlCl_3$ と 1 モルの EDTA を含む溶液
  (3)　0.05 モルの $CaCl_2$ と 2.5 モルの EDTA を含む溶液
  (4)　0.01 モルの $Fe_2(SO_4)_3$ と 1.5 モルの $Na_2C_2O_4$ を含む溶液
  (5)　0.005 モルの $PbSO_4$ と 1 モルの NaCN を含む溶液

6.2 次の溶液 $1\,\text{dm}^3$ における配位子の平衡濃度を計算せよ．
  (1)　0.01 モルの AgCl と NH_3 を含む溶液
  (2)　0.01 モルの NiS と KCN を含む溶液
  (3)　0.02 モルの $Al(OH)_3$ と KF を含む溶液
  (4)　0.01 モルの Ag_2S と KCN を含む溶液
  (5)　0.05 モルの CaC_2O_4 と EDTA を含む溶液

6.3 0.1 M の $ZnCl_2$ と 0.4 M の NH_3 を含む溶液 $1\,\text{dm}^3$ における Zn^{2+} の濃度を計算せよ．

6.4 固相 Ag_2S を含む 1 M の NH_3 溶液における Ag_2S の溶解度とすべての化学種の濃度を計算せよ．

6.5 固相 PbI_2 を含む 2 M の CH_3COONa 溶液における PbI_2 の溶解度とすべての化学種の濃度を計算せよ．

6.6 固相 HgS を含む 0.1 M の EDTA 溶液における HgS の溶解度とすべての化

学種の濃度を計算せよ．

6.7　1 M NH_3 溶液における AgBr の溶解度を計算せよ．

6.8　Zn^{2+} 溶液に NaOH を加えると，$Zn(OH)_2$ がまず沈殿し，それから $Zn(OH)_4^{2-}$ が生成し溶解する．次の pH において固相 $Zn(OH)_2$ と平衡にある $[Zn^{2+}]$ と $[Zn(OH)_4^{2-}]$ を計算せよ．
　　(1)　6.0　　(2)　10.0　　(3)　14.0

6.9　安定度定数 6×10^5 の錯イオン ML^+ がある．(1) この錯イオン 0.1 M 溶液中の M^+ の濃度および (2) 0.2 M の L が加わったときの $[M^+]$ を計算せよ．ただし，高次の錯体種は無視する．

6.10　金属イオン M^{2+} は L^- と 1:1 の錯体を形成し，その安定度定数は 4 である．0.02 M の M^{2+} 溶液と 4 M の NaL 溶液それぞれ $20\,cm^3$ を混合した場合，$[M^{2+}]$ と $[ML^+]$ を計算せよ．

6.11　0.01 M の NH_3 溶液における AgCl の溶解度を計算せよ．ただし，Ag^+-NH_3 錯体の安定度定数 K_1 と K_2 はそれぞれ 2.5×10^3 と 1.0×10^4 である．

6.12　0.1 M のエチレンジアミン (en) 溶液における CdS の溶解度を計算せよ．Cd^{2+}-en 錯体の安定度定数 K_1 と K_2 はそれぞれ 3.2×10^5 と 3.9×10^4 である．

6.13　0.01 モルの CdC_2O_4 を完全に溶解するには，$1\,dm^3$ 当たり何モルの NH_3 が必要か．ただし，Cd^{2+}-NH_3 錯体の安定度定数 K_1 と K_2 はそれぞれ 3.3×10^3 と 5.9×10 である．

6.14　PbY^{2-} (Pb^{2+}-EDTA) の K_{stab} は 1.1×10^{18} である．pH 3 における条件安定度定数 K'_{stab} を計算せよ．

6.15　問題 [6.14] で得られた条件安定度定数を用いて，0.02 M の Pb^{2+} 溶液 $20\,cm^3$ に pH 3 で次の容積の 0.01 M EDTA 溶液を加えたとき，$pPb(=-\log[Pb^{2+}])$ を計算せよ．
　　(1)　$0\,cm^3$　　(2)　$40\,cm^3$　　(3)　$100\,cm^3$

6.16　0.1 M の Ca^{2+} 溶液 $0.1\,dm^3$ に pH 10 で次の容積の 0.1 M EDTA 溶液を加えたとき，pCa を計算せよ．
　　(1)　$0\,dm^3$　　(2)　$0.05\,dm^3$　　(3)　$0.1\,dm^3$　　(4)　$0.15\,dm^3$

6.17　錯体を作っていない EDTA の濃度が 10^{-2} M で，Ni^{2+} の全濃度が 10^{-4} M である溶液の pH 6 における $[Ni^{2+}]$ を計算せよ．

6.18　pH 6 で 0.1 M の EDTA 溶液 $10\,cm^3$ と 5×10^{-2} M の Ca^{2+} 溶液 $10\,cm^3$ を混合したとき，Ca^{2+} の濃度を計算せよ．

6.19　錯体を作っていない EDTA の濃度が 10^{-3} M で，Mg^{2+} の全濃度が 0.1 M で

ある溶液 pH 10 における [Mg^{2+}] を計算せよ．

6.20 pH 10 で 0.1 M の EDTA 溶液 0.1 dm^3 を 10^{-2} M の Ba^{2+} 溶液 0.1 dm^3 に加えたとき，Ba^{2+} の濃度を計算せよ．

第7章 酸化還元平衡

酸化還元反応 (redox reaction) は酸化 (oxidation) と還元 (reduction) の組み合わせから成っている．酸化は電子の喪失を伴う反応であり，還元は電子の獲得を伴う反応である．したがって，酸化還元反応は必然的に電子の交換を伴う．また，酸化還元反応は酸化剤 (oxidizing agent) と還元剤 (reducing agent) 間で起こるということもできる．酸化剤は相手を酸化する物質であり，それ自身は還元される．還元剤は相手を還元する物質であり，それ自身は酸化される．酸化還元反応は電子の移動を伴う反応であるので，電気的な仕事と関連付けることができる．酸化反応と還元反応を2つの電極を用いて電気化学的に分離し，電子が外部回路を通るようにした系は電池 (cell) である．電池の起電力 (electromotive force) はその化学反応の駆動力の尺度であり，化学反応の平衡定数に相当する．

7.1 半反応と電池反応

酸化還元反応は2つの半反応 (half reaction) の組み合わせによるものである．例えば，次の酸化還元反応は Zn の酸化と Cu^{2+} の還元から成っている．

$$Cu^{2+} + Zn \rightleftharpoons Cu + Zn^{2+} \qquad (7.1)$$

2つの半反応は次のように書くことができる．

$$Zn \rightleftharpoons Zn^{2+} + 2\,e^- \quad (酸化) \qquad (7.2)$$

$$Cu^{2+} + 2\,e^- \rightleftharpoons Cu \quad (還元) \qquad (7.3)$$

一般に，半反応は次のように表される．

$$Ox(j) + n e^- \rightleftharpoons Red(j) \qquad (7.4)$$

ここで，$Ox(j)$ は化学種 j の酸化体，$Red(j)$ は化学種 j の還元体，n は酸化体

を還元体にするために必要な電子数である．

2つの半反応を組み合わせたものが電池反応（cell reaction）つまり酸化還元反応である．1つの半反応の絶対電位は測定できないが，ある基準となる半反応の電位の相対値として定められている．2つの半反応の電位差はその電池の起電力である．

7.2 標準水素電極と基準電極

半反応の電位は通常水素電極を基準にして表される．水素電極は水素イオンを含む塩酸水溶液に白金黒付き白金のような不活性電極を浸漬し，その電極表面に水素ガスを通して接触させた電極である．水素イオンと水素ガスは電極上で次の平衡を保つ．

$$2\,H^+ + 2\,e^- \rightleftharpoons H_2 \tag{7.5}$$

この反応の平衡電極電位は次式で表される．

$$E = E^0 + \frac{RT}{F}\ln a_{H^+} - \frac{RT}{2F}\ln P_{H_2} \tag{7.6}$$

ここで，E^0 は標準電極電位，a_{H^+} は水素イオンの活量，T は絶対温度，P_{H_2} は水素ガスの分圧である．水素イオンの活量が1，水素ガスの分圧が1気圧のとき，水素電極を特に標準水素電極（standard hydrogen electrode, SHE）という．標準水素電極電位は水溶液における電極電位の基準であり，すべての温度で0Vとする．水素電極以外に，銀-塩化銀電極やカロメル電極も基準電極（reference electrode）として用いられる．基準電極は，その電位が安定であることと再現性が優れたものでなければならない．

銀-塩化銀電極（silver-silver chloride electrode）は銀の表面をAgCl層で被覆し，塩化物イオンを含む溶液に挿入した電極である．この電極反応は次のように表される．

$$AgCl + e^- \rightleftharpoons Ag + Cl^- \tag{7.7}$$

この平衡に対する標準電極電位は25℃で0.222V（対SHE）である．

カロメル電極（calomel electrode）は甘こう電極ともよばれ，ガラス容器の底に水銀を入れ，その上にペースト状のHg_2Cl_2（カロメル）を置き，さらに1M KClまたは飽和KCl溶液を満たして作製する．この電極反応はHg_2Cl_2のHg

への還元反応である．

$$Hg_2Cl_2 + 2\,e^- \rightleftarrows 2\,Hg + 2\,Cl^- \tag{7.8}$$

飽和カロメル電極（saturated calomel electrode, SCE）の標準電極電位は25°Cで0.241 V（対SHE）である．

［例題 7.1］
(a) ある電極電位が銀-塩化銀電極に対して−1.050 Vである．この電位は標準水素電極基準ではいくらか．
(b) ある電極電位が標準水素電極に対して+0.786 Vである．この電位は飽和カロメル電極基準ではいくらか．

［解 答］ (a) 図7.1に示すように，−1.050 V対Ag/AgClは−0.828 V対SHEである．
(b) 図7.2に示すように，+0.786 V対SHEは+0.545 V対SCEである．

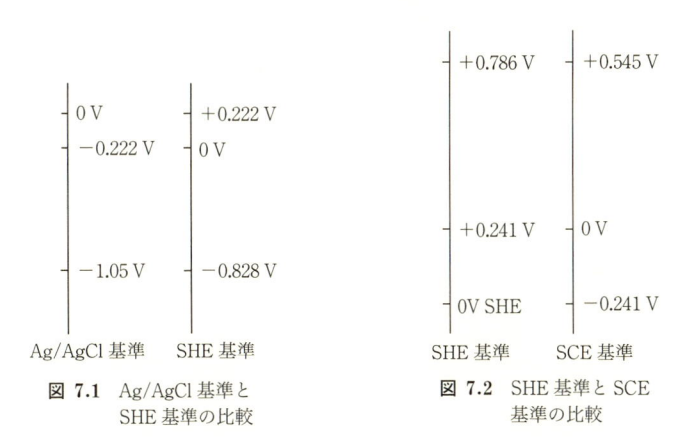

図 7.1 Ag/AgCl基準とSHE基準の比較

図 7.2 SHE基準とSCE基準の比較

7.3 標準電極電位

半反応の電極電位はその半反応と標準水素電極反応から成る電池の起電力と定義される．電池反応が可逆のとき，起電力 E は電池反応の自由エネルギー変化 ΔG と次の関係にある．

$$\Delta G = -nFE \tag{7.9}$$

ここで，n は関与電子数，F はファラデー定数（96 485 C/mol）である．

反応の自由エネルギー変化は3.2節で説明したように，反応体と生成体の活量に関係する．

$$\Delta G = \Delta G^0 + RT \ln \frac{a_L{}^l a_M{}^m}{a_A{}^a a_B{}^b} \tag{7.10}$$

式 (7.9) と (7.10) から

$$E = E^0 + \frac{RT}{nF} \ln \frac{a_A{}^a a_B{}^b}{a_L{}^l a_M{}^n} \tag{7.11}$$

となる．この式はネルンストの式とよばれている．E^0 は反応に関与する化学種の活量が1のときの電池の起電力である．

反応 (7.4) の電極電位は水素電極と組み合わせて作られる電池の起電力と考えることができる．反応 (7.4) と反応 (7.5) を組み合わせると次のようになる．

$$n\mathrm{H}_2 + 2\,\mathrm{Ox}(\mathrm{j}) \rightleftarrows 2n\mathrm{H}^+ + 2\,\mathrm{Red}(\mathrm{j}) \tag{7.12}$$

この電池反応は次のように表示される．

$$\mathrm{Pt, H_2 | H^+}(a=1) \| \mathrm{Ox(j), Red(j) | Pt} \tag{7.13}$$

この表示において，縦一本線は電位が発生する境界を表し，縦二重線は電位差がほとんど無視できる液と液の境界を表す．この電池の起電力は2つの半反応の電位差である．

$$E = E(\mathrm{j}) - E_\mathrm{H} \tag{7.14}$$

反応 (7.12) にネルンストの式を適用すると

$$E(\mathrm{j}) = E^0(\mathrm{j}) + \frac{RT}{2nF} \ln \frac{P_{\mathrm{H}_2}{}^n a_{\mathrm{Ox}(\mathrm{j})}{}^2}{a_{\mathrm{H}^+}{}^{2n} a_{\mathrm{Red}(\mathrm{j})}{}^2} \tag{7.15}$$

となる．この電池では，$P_{\mathrm{H}_2} = a_{\mathrm{H}^+} = 1$，$E_\mathrm{H} = 0$ であるので，

$$E = E(\mathrm{j}) = E^0(\mathrm{j}) + \frac{RT}{nF} \ln \frac{a_{\mathrm{Ox}(\mathrm{j})}}{a_{\mathrm{Red}(\mathrm{j})}} \tag{7.16}$$

となる．この式の活量を濃度と活量係数で表すと

$$E(\mathrm{j}) = E^0(\mathrm{j}) + \frac{RT}{nF} \ln \frac{[\mathrm{Ox}(\mathrm{j})] f_{\mathrm{Ox}(\mathrm{j})}}{[\mathrm{Red}(\mathrm{j})] f_{\mathrm{Red}(\mathrm{j})}} \tag{7.17}$$

となる．濃度と活量係数の項を分けると

$$E(\mathrm{j}) = E^0(\mathrm{j}) + \frac{RT}{nF} \ln \frac{f_{\mathrm{Ox}(\mathrm{j})}}{f_{\mathrm{Red}(\mathrm{j})}} + \frac{RT}{nF} \ln \frac{[\mathrm{Ox}(\mathrm{j})]}{[\mathrm{Red}(\mathrm{j})]} \tag{7.18}$$

となる．ここで，標準電位と活量係数の項の和を次のように定義する．

7.3 標準電極電位

$$E^{0'}(j) = E^0(j) + \frac{RT}{nF}\ln\frac{f_{Ox(j)}}{f_{Red(j)}} \tag{7.19}$$

この式を用いて，式 (7.18) は次のように書き換えられる．

$$E(j) = E^{0'}(j) + \frac{RT}{nF}\ln\frac{[Ox(j)]}{[Red(j)]} \tag{7.20}$$

$E^{0'}(j)$ は形式電位 (formal potential) または希薄溶液においては単に標準電極電位 (standard electrode potential) とよばれている．式 (7.20) において対数を常用対数に変換するための係数と RT/F の積は 25°C で次の定数となる．

$$2.303 \times \frac{RT}{F} = \frac{2.303 \times 8.314\,(\text{J K}^{-1}\text{mol}^{-1}) \times 298.15\,(\text{K})}{96\,485\,(\text{C mol}^{-1})}$$

$$= 0.059\,\text{J C}^{-1} = 0.059\,\text{V} \tag{7.21}$$

この値を用いると

$$E(j) = E^{0'} + \frac{0.059}{n}\log\frac{[Ox(j)]}{[Red(j)]} \tag{7.22}$$

となる．

電池反応は通常自発的に進む方向が正になるように書く．この際，起電力は正で，ΔG^0 は負となる．次の電池反応を考えてみよう．

$$\text{Pt, H}_2 | \text{H}^+(a=1) \| \text{Cl}^-, \text{AgCl} | \text{Ag} \tag{7.23}$$

この電池において，電子は左側の電池つまり水素電極から外部回路を通って右側の電池つまり Ag/AgCl 電極に至る．すなわち，水素電極は酸化され，Ag/AgCl 電極は還元される．

$$\begin{array}{rl}
① & \text{AgCl} + e^- \rightleftharpoons \text{Ag} + \text{Cl}^- \\
② & \text{H}^+ + e^- \rightleftharpoons 1/2\,\text{H}_2 \\
\hline
①-② & \text{AgCl} + 1/2\,\text{H}_2 \rightleftharpoons \text{Ag} + \text{H}^+ + \text{Cl}^-
\end{array} \tag{7.24}$$

この電池反応の起電力，すなわち標準電極電位は $+0.222\,\text{V}$ である．これに相当する自由エネルギー変化は式 (7.9) より

$$\Delta G^0 = -1 \times 96\,485 \times 0.222 = -21.4\,\text{kJ/mol}$$

である．このように，電池反応においては，起電力は正，自由エネルギー変化は負となるように書く．

[例題 7.2]

(a) $Fe^{2+}(0.1\,\text{M}) | Fe$ 電極と $Cd^{2+}(0.001\,\text{M}) | Cd$ 電極がある．この電極を組み合わせて作られる電池の反応を書け．ただし，$E^{0'}(Fe^{2+}, Fe)$ と $E^{0'}(Cd^{2+},$

Cd) はそれぞれ -0.440 V と -0.403 V である.

(b) 問題 (a) において $[Fe^{2+}]=0.01$ M, $[Cd^{2+}]=0.01$ M の場合における電池反応を書け.

(c) 次の電極を用いて電池を作るとき,自然に起こる酸化還元反応を書け. ただし, $E^{0'}(AgCl, Ag)$ は 0.222 V である.

　① $Pt, H_2(0.9\,atm)|H^+(0.1\,M)$　　② $Ag|AgCl, KCl(0.1\,M)$

(d) 10^{-3} M の $C_2O_7{}^{2-}$ と 10^{-2} M の Cr^{3+} を含む pH 2 の溶液における半反応の電位を計算せよ. ただし, $E^{0'}(Cr_2O_7{}^{2-}, Cr^{3+})$ は 1.33 V である.

[解答] (a) $Fe^{2+} + 2\,e^- \rightleftharpoons Fe$

$$E(Fe^{2+}, Fe) = E^{0'}(Fe^{2+}, Fe) + \frac{0.059}{2}\log[Fe^{2+}]$$

$$= -0.440 + \frac{0.059}{2}\log(10^{-1}) = -0.470\,V$$

$$Cd^{2+} + 2\,e^- \rightleftharpoons Cd$$

$$E(Cd^{2+}, Cd) = E^{0'}(Cd^{2+}, Cd) + \frac{0.059}{2}\log[Cd^{2+}]$$

$$= -0.403 + \frac{0.059}{2}\log(10^{-3}) = -0.492\,V$$

$E(Cd^{2+}, Cd)$ が $E(Fe^{2+}, Fe)$ よりも卑 (よりマイナス側) であるので,$Cd^{2+}|Cd$ 電極が酸化され,$Fe^{2+}|Fe$ 電極が還元される.

$$\begin{array}{rl} ① & Fe^{2+} + 2\,e^- \rightleftharpoons Fe \\ ② & Cd^{2+} + 2\,e^- \rightleftharpoons Cd \\ \hline ①-② & Fe^{2+} + Cd \rightleftharpoons Fe + Cd^{2+} \end{array}$$

(b) $E(Fe^{2+}, Fe) = -0.440 + \dfrac{0.059}{2}\log(10^{-2}) = -0.499\,V$

$$E(Cd^{2+}, Cd) = -0.403 + \frac{0.059}{2}\log(10^{-2}) = -0.462\,V$$

この電池では,$Fe^{2+}|Fe$ 電極の方が卑であるので,この電極が酸化され,$Cd^{2+}|Cd$ 電極が還元される.

$$\begin{array}{rl} ① & Cd^{2+} + 2\,e^- \rightleftharpoons Cd \\ ② & Fe^{2+} + 2\,e^- \rightleftharpoons Fe \\ \hline ①-② & Cd^{2+} + Fe \rightleftharpoons Cd + Fe^{2+} \end{array}$$

(c) $2\,H^+ + 2\,e^- \rightleftharpoons H_2$

$$E_\text{H} = \frac{0.059}{2}\log\frac{[\text{H}^+]^2}{P_{\text{H}_2}} = \frac{0.059}{2}\log\frac{(0.1)^2}{0.9} = -0.058 \text{ V}$$

$$\text{AgCl} + \text{e}^- \rightleftharpoons \text{Ag} + \text{Cl}^-$$

$$E(\text{AgCl, Ag}) = +0.222 + 0.059\log\frac{1}{0.1} = +0.281 \text{ V}$$

E_H 電極の方が卑であるので，E_H 電極が酸化され，AgCl|Ag 電極が還元される．

$$\begin{array}{rl} ① & \text{AgCl} + \text{e}^- \rightleftharpoons \text{Ag} + \text{Cl}^- \\ ② & 2\,\text{H}^+ + 2\,\text{e}^- \rightleftharpoons \text{H}_2 \\ \hline 2\times①-② & 2\,\text{AgCl} + \text{H}_2 \rightleftharpoons 2\,\text{Ag} + 2\,\text{H}^+ + 2\,\text{Cl}^- \end{array}$$

この電池反応を導く際，①は 1 電子反応，②は 2 電子反応であるので，①を 2 倍して電子を消去しなければならない．

(d) $\text{Cr}_2\text{O}_7^{2-} + 14\,\text{H}^+ + 6\,\text{e}^- \rightleftharpoons 2\,\text{Cr}^{3+} + 7\,\text{H}_2\text{O}$

$$E(\text{Cr}_2\text{O}_7^{2-}, \text{Cr}^{3+}) = E^{0\prime}(\text{Cr}_2\text{O}_7^{2-}, \text{Cr}^{3+}) + \frac{0.059}{n}\log\frac{[\text{Cr}_2\text{O}_7^{2-}][\text{H}^+]^{14}}{[\text{Cr}^{3+}]^2}$$

$$= +1.33 + \frac{0.059}{6}\log\frac{(10^{-3})(10^{-2})^{14}}{(10^{-2})^2} = +1.065 \text{ V}$$

7.4 起電力と平衡定数

前節で説明したように，ある電極反応の電位はその半反応と標準水素電極反応から成る電池の起電力とみなすことができる．実際には，標準水素電極電位 E_H を 0 と決めているので，それぞれの半反応が標準電極電位をもつと考えてもよい．種々の半反応の形式電位または標準電極電位は巻末（付表 D）にまとめられている．水素電極反応とは異なる 2 つの半反応から成る電池の起電力も電極電位間の差で与えられる．この際，電池反応は 2 つの半反応から関与電子数を消去することによって得られる．例えば，$\text{Ag}^+|\text{Ag}$ と $\text{Zn}^{2+}|\text{Zn}$ の 2 つの半反応を考えよう．

① $\text{Ag}^+ + \text{e}^- \rightleftharpoons \text{Ag}$ $E^{0\prime}(\text{Ag}^+, \text{Ag}) = +0.799$ V (7.25)

② $\text{Zn}^{2+} + 2\,\text{e}^- \rightleftharpoons \text{Zn}$ $E^{0\prime}(\text{Zn}^{2+}, \text{Zn}) = -0.763$ V (7.26)

この電池反応の起電力は $\text{Zn}^{2+}|\text{Zn}$ 電極が酸化され，$\text{Ag}^+|\text{Ag}$ 電極が還元されることによって発生する．標準状態におけるこの電池の起電力 E^0_cell は 2 つの半反

応の標準電極電位の差である．

$$2\times① - ② \quad 2\,Ag^+ + Zn \rightleftharpoons 2\,Ag + Zn^{2+}$$

$$E^0{}_{cell} = E^{0'}(Ag^+, Ag) - E^{0'}(Zn^{2+}, Zn) = 0.799 - (-0.763) = +1.562\ V \quad (7.27)$$

電池反応を得る際には $Ag^+|Ag$ 電極の半反応を2倍したが，$E^0{}_{cell}$ の値は単に半反応の $E^{0'}$ の差である．これはネルンストの式からわかるように，半反応を2倍しても電位は変わらないためである．

式 (7.9) と同様に，電池の起電力は自由エネルギー変化と関係する．

$$\Delta G^0 = -nFE^0{}_{cell} \quad (7.28)$$

また，3章で説明したように，ΔG^0 は平衡定数に関係する．

$$\Delta G^0 = -RT\ln K \quad (7.29)$$

式 (7.28) と式 (7.29) より

$$\ln K = \frac{nFE^0{}_{cell}}{RT} \quad (7.30)$$

となり，25℃ では

$$\log K = \frac{nE^0{}_{cell}}{0.059} \quad (7.31)$$

となる．この式を上記の $Ag^+|Ag$ 電極と $Zn^{2+}|Zn$ 電極から成る電池に適用すると，

$$\log K = \frac{2\times 1.562}{0.059} = 52.9$$

となり，

$$K = \frac{[Zn^{2+}]}{[Ag^+]^2} = 7.9\times 10^{52}$$

となる．

[例題 7.3]

(a) 次の半反応から成る酸化還元反応の平衡定数を計算せよ．

$$I_2 + 2\,e^- \rightleftharpoons 2\,I^- \qquad E^{0'}(I_2, I^-) = +0.536\ V$$
$$Fe^{3+} + e^- \rightleftharpoons Fe^{2+} \qquad E^{0'}(Fe^{3+}, Fe^{2+}) = +0.771\ V$$

(b) 次の半反応から成る酸化還元反応の平衡定数を計算せよ．

$$Fe^{3+} + e^- \rightleftharpoons Fe^{2+}$$
$$MnO_4^- + 8\,H^+ + 5\,e^- \rightleftharpoons Mn^{2+} + 4\,H_2O \qquad E^{0'}(MnO_4^-, Mn^{2+}) = +1.51\ V$$

[解答] (a) $E^{0'}(I_2, I^-)$ が $E^{0'}(Fe^{3+}, Fe^{2+})$ よりも卑であるので，I^- が酸化さ

れ, Fe^{3+} が還元される.

$$① \quad Fe^{3+} + e^- \rightleftharpoons Fe^{2+}$$
$$② \quad I_2 + 2e^- \rightleftharpoons 2I^-$$

$$2×①-② \quad 2Fe^{3+} + 2I^- \rightleftharpoons 2Fe^{2+} + I_2$$

$$E^0{}_{cell} = E^{0\prime}(Fe^{3+}, Fe^{2+}) - E^{0\prime}(I_2, I^-)$$
$$= 0.771 - 0.536 = +0.235 \text{ V}$$

この値を式 (7.31) に代入して

$$\log K = \frac{2×0.235}{0.059} = 8.0$$

$$K = \frac{[Fe^{2+}]^2[I_2]}{[Fe^{3+}]^2[I^-]^2} = 1.0×10^8$$

となる.

(b) $E^{0\prime}(Fe^{3+}, Fe^{2+})$ が $E^{0\prime}(MnO_4^-, Mn^{2+})$ よりも卑であるので Fe^{2+} が酸化され, MnO_4^- が還元される.

$$① \quad MnO_4^- + 8H^+ + 5e^- \rightleftharpoons Mn^{2+} + 4H_2O$$
$$② \quad \qquad\qquad Fe^{3+} + e^- \rightleftharpoons Fe^{2+}$$

$$①-5×② \quad 5Fe^{2+} + MnO_4^- + 8H^+ \rightleftharpoons 5Fe^{3+} + Mn^{2+} + 4H_2O$$

$$E^0{}_{cell} = E^{0\prime}(MnO_4^-, Mn^{2+}) - E^{0\prime}(Fe^{3+}, Fe^{2+})$$
$$= 1.51 - 0.771 = +0.739 \text{ V}$$

この値を式 (7.31) に代入して

$$\log K = \frac{5×0.739}{0.059} = 62.6$$

$$K = \frac{[Fe^{3+}]^5[Mn^{2+}]}{[Fe^{2+}]^5[MnO_4^-][H^+]^8} = 4.0×10^{62}$$

となる.

7.5 酸化還元反応と電位

　酸化還元反応の電位は酸化還元滴定と関連し, その決定は重要である. 例に従って, 酸化還元反応と電位の関係を考えてみよう.

　[例] AとBの2つのビーカーがある. ビーカーAには, 0.02 M の $KMnO_4$, 0.005 M の $MnSO_4$ および 0.5 M の H_2SO_4 を含む溶液が入っている. ビー

カーBには，0.15 M の $FeSO_4$ と 0.0015 M の $Fe_2(SO_4)_3$ を含む溶液が入っている．AとBのビーカーは塩橋で連結され，それぞれの溶液には白金電極が浸されている．両電極は電位差計を介して導線で接続されている．① 各半反応の電位はいくらか．② 電池反応を書け．③ 反応開始時の両電極間の電位はいくらか．④ 反応後の各半反応の電位はいくらか．⑤ 反応が平衡に達した後の両極間の電位はいくらか．⑥ 平衡における MnO_4^- の濃度はいくらか．

この電池は次のように表される．

$$Pt\,|\,\underbrace{Fe^{2+}(0.15\,M),\,Fe^{3+}(0.003\,M)}_{(\text{ビーカー B})}\,\|\,\underbrace{MnO_4^-(0.02\,M),\,Mn^{2+}(0.005\,M),\,H^+(1.0\,M)}_{(\text{ビーカー A})}\,|\,Pt$$

① 各半反応の電位は次のようになる．

$$Fe^{3+} + e^- \rightleftharpoons Fe^{2+}$$

$$E(Fe^{3+},\,Fe^{2+}) = E^{0\prime}(Fe^{3+},\,Fe^{2+}) + 0.059\log\frac{[Fe^{3+}]}{[Fe^{2+}]}$$

$$= 0.771 + 0.059\log\frac{0.0015 \times 2}{0.15}$$

$$= +0.671\,V$$

$$MnO_4^- + 8\,H^+ + 5\,e^- \rightleftharpoons Mn^{2+} + 4\,H_2O$$

$$E(MnO_4^-,\,Mn^{2+}) = E^{0\prime}(MnO_4^-,\,Mn^{2+}) + \frac{0.059}{5}\log\frac{[MnO_4^-][H^+]^8}{[Mn^{2+}]}$$

$$= 1.51 + \frac{0.059}{5}\log\frac{(0.02)(0.5\times 2)^8}{(0.005)}$$

$$= +1.517\,V$$

② $E(Fe^{3+},\,Fe^{2+})$ が $E(MnO_4^-,\,Mn^{2+})$ よりも卑であるので，電池反応は Fe^{2+} が酸化され MnO_4^- が還元される．

$$5\,Fe^{2+} + MnO_4^- + 8\,H^+ \rightleftharpoons 5\,Fe^{3+} + Mn^{2+} + 4\,H_2O$$

③ 反応開始時の両極間の電位は半反応電位の差である．

$$E_{cell} = E(MnO_4^-,\,Mn^{2+}) - E(Fe^{3+},\,Fe^{2+})$$

$$= 1.517 - 0.671 = 0.846\,V$$

④ この反応において，5モルの Fe^{2+} が1モルの MnO_4^- と反応する．この際，MnO_4^- のほとんどは Mn^{2+} に還元されるので，MnO_4^- の濃度の5倍に相当する Fe^{2+} が酸化されることになる．

反応した Fe^{2+} の濃度： $5 \times 0.02 = 0.1$ M

残存する Fe^{2+} の濃度： $0.15 - 0.1 = 0.05$ M

生成した Fe^{3+} の濃度： 0.1 M

平衡における Fe^{3+} の濃度： $0.1 + 2 \times 0.0015 = 0.103$ M

Fe^{2+} と Fe^{3+} の平衡濃度で決まる電位が反応後の電位である．

$$E(Fe^{3+}, Fe^{2+}) = 0.771 + 0.059 \log \frac{0.103}{0.05}$$

$$= +0.790 \text{ V}$$

$E(MnO_4^-, Mn^{2+})$ の電位も $+0.790$ V である．

⑤ 平衡時においては，$E(MnO_4^-, Mn^{2+}) = E(Fe^{3+}, Fe^{2+})$ であるので，

$$E_{cell} = 0 \text{ V}$$

となる．

⑥ MnO_4^- が1モル還元されるとき8モルの H^+ が消費されるので，残存する H^+ の濃度は

$$[H^+] = 0.5 \times 2 - 0.02 \times 8 = 0.84 \text{ M}$$

となる．また，Mn^{2+} の平衡濃度は

$$[Mn^{2+}] = 0.005 + 0.02 = 0.025 \text{ M}$$

である．平衡では，$E(MnO_4^-, Mn^{2+}) = E(Fe^{3+}, Fe^{2+})$ である．

$$E(MnO_4^-, Mn^{2+}) = E^{0'}(MnO_4^-, Mn^{2+}) + \frac{0.059}{5} \log \frac{[MnO_4^-][H^+]^8}{[Mn^{2+}]} = +0.790 \text{ V}$$

$$= 1.51 + \frac{0.059}{5} \log \frac{[MnO_4^-](0.84)^8}{(0.025)} = +0.790$$

したがって，$[MnO_4^-] = 1.0 \times 10^{-62}$ M となる．

[例題 7.4]

(a) 次の2つの半反応から成る酸化還元反応において 0.1 M の H_3AsO_3 の 99.9% を 0.1 M の I_3^- で酸化するとき，pH はいくらにしたらよいか．

$$I_3^- + 2e^- \rightleftharpoons 3I^- \quad E^{0'}(I_3^-, I^-) = +0.536 \text{ V}$$

$$H_3AsO_4 + 2H^+ + 2e^- \rightleftharpoons H_3AsO_3 + H_2O$$

$$E^{0'}(H_3AsO_4, H_3AsO_3) = +0.559 \text{ V}$$

(b) 0.2 M の Fe^{2+} 溶液 10 cm^3 と 0.2 M の Ce^{4+} 溶液 10 cm^3 を混合した溶液の電位を計算せよ．

(c) 0.1 M の Fe^{2+} を含む 0.5 M の H_2SO_4 溶液 0.1 dm^3 を 0.02 M の $KMnO_4$

溶液で滴定するとき，当量点における溶液の電位を計算せよ．

[解答] (a) I_3^- で H_3AsO_3 を酸化するときの酸化還元反応は

$$H_3AsO_3 + I_3^- + H_2O \rightleftharpoons H_3AsO_4 + 3I^- + 2H^+$$

である．この反応の平衡定数は次式で表される．

$$\log K = \frac{2 \times E^0_{cell}}{0.059}$$

$E^0_{cell} = E^{0'}(I_3^-, I^-) - E^{0'}(H_3AsO_4, H_3AsO_3) = 0.536 - 0.559 = -0.023$ V であるので，

$$\log K = \frac{2 \times (-0.023)}{0.059} \qquad K = 0.17$$

となる．平衡における各化学種の濃度は次のようになる．

$$[H_3AsO_3] = 0.1\,(\text{mol/dm}^3) \times \frac{0.1}{100} = 1.0 \times 10^{-4}\,\text{M}$$

$$[I_3^-] = 0.1\,(\text{mol/dm}^3) \times \frac{0.1}{100} = 1.0 \times 10^{-4}\,\text{M}$$

$$[H_3AsO_4] = 0.1\,(\text{mol/dm}^3) - 1.0 \times 10^{-4}\,(\text{mol/dm}^3) \fallingdotseq 0.1\,\text{M}$$

$$[I^-] = 3\{0.1\,(\text{mol/dm}^3) - 1.0 \times 10^{-4}\,(\text{mol/dm}^3)\} \fallingdotseq 0.3\,\text{M}$$

これらの値を平衡定数の式に代入すると，

$$K = \frac{[H_3AsO_4][I^-]^3[H^+]^2}{[H_3AsO_3][I_3^-]}$$

$$= \frac{(0.1)(0.3)^3[H^+]^2}{(1.0 \times 10^{-4})(1.0 \times 10^{-4})} = 0.17$$

となるので，

$$[H^+] = 7.9 \times 10^{-4}\,\text{M}$$

$$\text{pH} = -\log(7.9 \times 10^{-4}) = 3.1$$

となる．

(b) $Fe^{3+} + e^- \rightleftharpoons Fe^{2+}$ $E^{0'}(Fe^{3+}, Fe^{2+}) = +0.771$ V

     $Ce^{4+} + e^- \rightleftharpoons Ce^{3+}$ $E^{0'}(Ce^{4+}, Ce^{3+}) = +1.61$ V

この2つの半反応により得られる電池反応は次のとおりである．

$$Ce^{4+} + Fe^{2+} \rightleftharpoons Ce^{3+} + Fe^{3+}$$

反応によって当量の Ce^{3+} と Fe^{3+} が生成する．残存する Ce^{4+} と Fe^{2+} の濃度を x (M) とすると各イオンの平衡における濃度は次のようになる．

$$[Ce^{4+}] = x\,\text{M}$$

$$[\text{Fe}^{2+}] = x \text{ M}$$

$$[\text{Ce}^{3+}] = \frac{0.2\,(\text{mol/dm}^3) \times 0.01\,(\text{dm}^3)}{0.02\,(\text{dm}^3)} - x \fallingdotseq 0.1 \text{ M}$$

$$[\text{Fe}^{3+}] = \frac{0.2\,(\text{mol/dm}^3) \times 0.01\,(\text{dm}^3)}{0.02\,(\text{dm}^3)} - x \fallingdotseq 0.1 \text{ M}$$

$$E^0{}_{\text{cell}} = E^{0\prime}(\text{Ce}^{4+}, \text{Ce}^{3+}) - E^{0\prime}(\text{Fe}^{3+}, \text{Fe}^{2+}) = 1.61 - 0.771 = +0.839 \text{ V}$$

$$\log K = \frac{nE^0{}_{\text{cell}}}{0.059} = \frac{1 \times 0.839}{0.059} = 14.2 \qquad K = 1.6 \times 10^{14}$$

$$K = \frac{[\text{Ce}^{3+}][\text{Fe}^{3+}]}{[\text{Ce}^{4+}][\text{Fe}^{2+}]}$$

$$= \frac{(0.1)(0.1)}{x^2} = 1.6 \times 10^{14}$$

$$x = [\text{Fe}^{2+}] = 7.9 \times 10^{-9} \text{ M}$$

平衡では，$E(\text{Fe}^{3+}, \text{Fe}^{2+}) = E(\text{Ce}^{4+}, \text{Ce}^{3+})$ であるので，溶液の電位はネルンストの式で与えられる．

$$E(\text{Fe}^{3+}, \text{Fe}^{2+}) = 0.771 + 0.059 \log \frac{[\text{Fe}^{3+}]}{[\text{Fe}^{2+}]}$$

$$= 0.771 + 0.059 \log \frac{0.1}{7.9 \times 10^{-9}} = +1.19 \text{ V}$$

(c) 電池反応は 7.5 節の例題と同じである．

$$5\,\text{Fe}^{2+} + \text{MnO}_4^- + 8\,\text{H}^+ \rightleftharpoons 5\,\text{Fe}^{3+} + \text{Mn}^{2+} + 4\,\text{H}_2\text{O}$$

反応前の Fe^{2+} のモル数： $0.1\,(\text{mol/dm}^3) \times 0.1\,(\text{dm}^3) = 0.01 \text{ mol}$

Fe^{2+} の大部分は MnO_4^- によって Fe^{3+} に酸化されるが，若干残存するモル数を $x\,(\text{mol})$ とすると，

Fe^{3+} の生成量： $0.01 - x \fallingdotseq 0.01 \text{ mol}$

Fe^{2+} の残存量： $x \text{ mol}$

一方，Mn^{2+} の生成量は Fe^{3+} の 1/5 であり，MnO_4^- の残存量は Fe^{2+} の 1/5 である．したがって，

Mn^{2+} の生成量： $\dfrac{0.01 - x}{5} \fallingdotseq 2.0 \times 10^{-3} \text{ mol}$

MnO_4^- の残存量： $\dfrac{x}{5} = 0.2x \text{ mol}$

当量点においては，$[\mathrm{Fe}^{2+}]=5[\mathrm{MnO}_4^-]$* であるので，0.1 M の Fe^{2+} 0.1 dm^3 を酸化するのに必要な 0.02 M の MnO_4^- の容積を y dm^3 とすると次式が成立する．

$$0.1(\mathrm{mol/dm^3}) \times 0.1(\mathrm{dm^3}) = 5 \times 0.02(\mathrm{mol/dm^3}) \times y(\mathrm{dm^3})$$

この式より，$y=0.1$ dm^3 となるので，当量点における全容積は 0.2 dm^3 となる．各イオンの量を濃度で表すと，

$$[\mathrm{Fe}^{3+}] = \frac{0.01(\mathrm{mol})}{0.2(\mathrm{dm^3})} = 5.0 \times 10^{-2} \mathrm{M}$$

$$[\mathrm{Fe}^{2+}] = \frac{x(\mathrm{mol})}{0.2(\mathrm{dm^3})} = 5.0x \mathrm{M}$$

$$[\mathrm{Mn}^{2+}] = \frac{2.0 \times 10^{-3}(\mathrm{mol})}{0.2(\mathrm{dm^3})} = 1.0 \times 10^{-2} \mathrm{M}$$

$$[\mathrm{MnO}_4^-] = \frac{0.2x(\mathrm{mol})}{0.2(\mathrm{dm^3})} = 1.0x \mathrm{M}$$

H^+ の反応前のモル数： $2 \times 0.5(\mathrm{mol/dm^3}) \times 0.1(\mathrm{dm^3}) = 0.1$ mol
H^+ は Fe^{3+} が 5 モル生成するとき 8 モル消費されるので，消費量は

$$\frac{8}{5} \times 0.01 = 1.6 \times 10^{-2} \mathrm{mol}$$

となる．したがって，残存する H^+ のモル数は

$$0.1 - 1.6 \times 10^{-2} = 0.084 \mathrm{mol}$$

となる．濃度で表すと

$$[\mathrm{H}^+] = \frac{0.084(\mathrm{mol})}{0.2(\mathrm{dm^3})} = 0.42 \mathrm{M}$$

となる．平衡定数は $E^0{}_{\mathrm{cell}}$ の値より求める．

$$E^0{}_{\mathrm{cell}} = E^{0\prime}(\mathrm{MnO}_4^-, \mathrm{Mn}^{2+}) - E^{0\prime}(\mathrm{Fe}^{3+}, \mathrm{Fe}^{2+}) = +1.51 - 0.771 = +0.739 \mathrm{V}$$

$$\log K = \frac{5 \times 0.739}{0.059} = 62.6$$

$$K = 4.0 \times 10^{62}$$

---

* ① $\mathrm{MnO}_4^- + 8\mathrm{H}^+ + 5\mathrm{e}^- \rightleftharpoons \mathrm{Mn}^{2+} + 4\mathrm{H}_2\mathrm{O}$
② $\mathrm{Fe}^{2+} \rightleftharpoons \mathrm{Fe}^{3+} + \mathrm{e}^-$
反応①の電子濃度は $5[\mathrm{MnO}_4^-]$ mol/dm^3 であり，反応②の電子濃度は $[\mathrm{Fe}^{2+}]$ mol/dm^3 である．当量点では，両者は等しいので
$$5[\mathrm{MnO}_4^-] = [\mathrm{Fe}^{2+}]$$
となる．

$$K=\frac{[\mathrm{Fe}^{3+}]^5[\mathrm{Mn}^{2+}]}{[\mathrm{Fe}^{2+}]^5[\mathrm{MnO_4^-}][\mathrm{H}^+]^8}=\frac{(5.0\times10^{-2})^5(1.0\times10^{-2})}{(5.0x)^5(1.0x)(0.42)^8}=4.0\times10^{62}$$

$$x=1.2\times10^{-12}\ \mathrm{mol}$$

したがって，$[\mathrm{Fe}^{2+}]=5\times1.2\times10^{-12}=6.0\times10^{-12}$ M となる．この値と $[\mathrm{Fe}^{3+}]$ より，

$$E(\mathrm{Fe}^{3+}, \mathrm{Fe}^{2+})=0.771+0.059\log\frac{[\mathrm{Fe}^{3+}]}{[\mathrm{Fe}^{2+}]}$$

$$=0.771+0.059\log\frac{5.0\times10^{-2}}{6.0\times10^{-12}}$$

$$=+1.356\ \mathrm{V}$$

となる．

7.6 酸化還元滴定曲線

　この滴定は酸化還元反応に基づいて行われるもので，標準液としては酸化剤または還元剤が用いられる．酸化剤または還元剤の種類により，過マンガン酸カリウム滴定，セリウム滴定，ヨウ素滴定，亜ヒ酸滴定などが知られている．終点の判定には，過剰の標準液が示す色や酸化還元指示薬などの変色が利用される．本節では，酸化還元滴定における量的関係について考察する．

　[例]　5.0×10^{-3} モルの $\mathrm{FeSO_4}$ および 1.0×10^{-5} モルの $\mathrm{Fe_2(SO_4)_3}$ を酸に溶解し水で $0.1\ \mathrm{dm^3}$ に希釈した溶液を 0.1 M の $\mathrm{Ce(SO_4)_2}$ 溶液で滴定するとき，各段階における電位を計算し，滴定曲線を作成せよ．

(i) 滴定開始前：

$$[\mathrm{Fe}^{2+}]=\frac{5.0\times10^{-3}\,(\mathrm{mol})}{0.1\,(\mathrm{dm^3})}=5.0\times10^{-2}\ \mathrm{M}$$

$$[\mathrm{Fe}^{3+}]=\frac{2\times1.0\times10^{-5}\,(\mathrm{mol})}{0.1\,(\mathrm{dm^3})}=2.0\times10^{-4}\ \mathrm{M}$$

$$E(\mathrm{Fe}^{3+}, \mathrm{Fe}^{2+})=0.771+0.059\log\frac{2.0\times10^{-4}}{5.0\times10^{-2}}=+0.630\ \mathrm{V}$$

(ii) $5\ \mathrm{cm^3}$ の Ce^{4+} 溶液滴下：

　滴下された Ce^{4+} のモル数：　$0.1\,(\mathrm{mol/dm^3})\times0.005\,(\mathrm{dm^3})=5.0\times10^{-4}\ \mathrm{mol}$
Fe^{2+} の一部は Ce^{4+} によって酸化される．そのモル数は滴下された Ce^{4+} のモル数に等しい．

$$Fe^{2+} + Ce^{4+} \rightleftharpoons Fe^{3+} + Ce^{3+}$$

残存する Fe^{2+} のモル数: $5.0\times10^{-3}\,(\mathrm{mol}) - 5.0\times10^{-4}\,(\mathrm{mol}) = 4.5\times10^{-3}\,\mathrm{mol}$

残存する Ce^{4+} の濃度を x (M) とすると,これに相当する Fe^{2+} も存在するので,Fe^{2+} の平衡濃度は

$$[Fe^{2+}] = \frac{4.5\times10^{-3}\,(\mathrm{mol})}{0.105\,(\mathrm{dm}^3)} + x = (4.29\times10^{-2} + x)\,\mathrm{M} \fallingdotseq 4.29\times10^{-2}\,\mathrm{M}$$

Fe^{3+} の濃度は初めに存在する濃度と Fe^{2+} の酸化によって生成した濃度の和から残存する Fe^{2+} の濃度を差し引いた値となる.

$$[Fe^{3+}] = \frac{5.0\times10^{-4}\,(\mathrm{mol})}{0.105\,(\mathrm{dm}^3)} + \frac{2.0\times10^{-5}\,(\mathrm{mol})}{0.105\,(\mathrm{dm}^3)} - x$$
$$= (4.95\times10^{-3} - x)\,\mathrm{M} \fallingdotseq 4.95\times10^{-3}\,\mathrm{M}$$

$$[Ce^{3+}] = \frac{5.0\times10^{-4}\,(\mathrm{mol})}{0.105\,(\mathrm{dm}^3)} - x = (4.76\times10^{-3} - x)\,\mathrm{M} \fallingdotseq 4.76\times10^{-3}\,\mathrm{M}$$

$$[Ce^{4+}] = x\,\mathrm{M}$$

平衡にあるので

$$E^0_{\mathrm{cell}} = E^{0\prime}(Ce^{4+}, Ce^{3+}) - E^{0\prime}(Fe^{3+}, Fe^{2+}) = 1.61 - 0.771 = +0.839\,\mathrm{V}$$

$$\log K = \frac{n \times E^0_{\mathrm{cell}}}{0.059} = \frac{1 \times 0.839}{0.059} \qquad K = 1.6\times10^{14}$$

となる.

$$K = \frac{[Fe^{3+}][Ce^{3+}]}{[Fe^{2+}][Ce^{4+}]} = \frac{(4.95\times10^{-3})(4.76\times10^{-3})}{(4.29\times10^{-2})\,x} = 1.6\times10^{14}$$

$$x = [Ce^{4+}] = 3.4\times10^{-18}\,\mathrm{M}$$

したがって,この段階における電位は

$$E(Ce^{4+}, Ce^{3+}) = 1.61 + 0.059\log\frac{3.4\times10^{-18}}{4.76\times10^{-3}} = +0.72\,\mathrm{V}$$

となる.電位は $E(Fe^{3+}, Fe^{2+})$ から求めることもできる.

$$E(Fe^{3+}, Fe^{2+}) = 0.771 + 0.059\log\frac{4.95\times10^{-3}}{4.29\times10^{-2}} = +0.72\,\mathrm{V}$$

つまり,平衡では,$E(Ce^{4+}, Ce^{3+}) = E(Fe^{3+}, Fe^{2+})$ であるので,どちらか一方の電位に注目すればよい.

(iii) 10 cm³ の Ce^{4+} 溶液滴下:

滴下された Ce^{4+} のモル数: $0.1\,(\mathrm{mol/dm^3}) \times 0.01\,(\mathrm{dm}^3) = 1.0\times10^{-3}\,\mathrm{mol}$

残存する Fe^{2+} のモル数: $5.0\times10^{-3} - 1.0\times10^{-3} = 4.0\times10^{-3}\,\mathrm{mol}$

7.6 酸化還元滴定曲線   139

残存する Ce^{4+} の濃度： x M

$$[Fe^{2+}] = \frac{4.0 \times 10^{-3} (\text{mol})}{0.11 (\text{dm}^3)} + x \fallingdotseq 3.64 \times 10^{-2} \text{ M}$$

$$[Fe^{3+}] = \frac{1.0 \times 10^{-3} (\text{mol})}{0.11 (\text{dm}^3)} + \frac{2.0 \times 10^{-5} (\text{mol})}{0.11 (\text{dm}^3)} - x \fallingdotseq 9.27 \times 10^{-3} \text{ M}$$

$$E(Fe^{3+}, Fe^{2+}) = 0.771 + 0.059 \log \frac{9.27 \times 10^{-3}}{3.64 \times 10^{-2}} = +0.74 \text{ V}$$

(iv)　20 cm³ の Ce^{4+} 溶液滴下：

　滴下された Ce^{4+} のモル数： $0.1 (\text{mol/dm}^3) \times 0.02 (\text{dm}^3) = 2.0 \times 10^{-3}$ mol
　残存する Fe^{2+} のモル数： $5.0 \times 10^{-3} (\text{mol}) - 2.0 \times 10^{-3} (\text{mol}) = 3.0 \times 10^{-3}$ mol

$$[Fe^{2+}] = \frac{3.0 \times 10^{-3} (\text{mol})}{0.12 (\text{dm}^3)} + x \fallingdotseq 2.5 \times 10^{-2} \text{ M}$$

$$[Fe^{3+}] = \frac{2.0 \times 10^{-3} (\text{mol})}{0.12 (\text{dm}^3)} + \frac{2.0 \times 10^{-5} (\text{mol})}{0.12 (\text{dm}^3)} - x \fallingdotseq 1.68 \times 10^{-2} \text{ M}$$

$$E(Fe^{3+}, Fe^{2+}) = 0.771 + 0.059 \log \frac{1.68 \times 10^{-2}}{2.5 \times 10^{-2}} = +0.76 \text{ V}$$

(v)　40 cm³ の Ce^{4+} 溶液滴下：

　滴下された Ce^{4+} のモル数： $0.1 (\text{mol/dm}^3) \times 0.04 (\text{dm}^3) = 4.0 \times 10^{-3}$ mol
　残存する Fe^{2+} のモル数： $5.0 \times 10^{-3} - 4.0 \times 10^{-3} = 1.0 \times 10^{-3}$ mol

$$[Fe^{2+}] = \frac{1.0 \times 10^{-3} (\text{mol})}{0.14 (\text{dm}^3)} + x \fallingdotseq 7.14 \times 10^{-3} \text{ M}$$

$$[Fe^{3+}] = \frac{4.0 \times 10^{-3} (\text{mol})}{0.14 (\text{dm}^3)} + \frac{2.0 \times 10^{-5} (\text{mol})}{0.14 (\text{dm}^3)} - x \fallingdotseq 2.87 \times 10^{-2} \text{ M}$$

$$E(Fe^{3+}, Fe^{2+}) = 0.771 + 0.059 \log \frac{2.87 \times 10^{-2}}{7.14 \times 10^{-3}} = +0.81 \text{ V}$$

(vi)　50 cm³ の Ce^{4+} 溶液滴下：

　滴下された Ce^{4+} のモル数： $0.1 (\text{mol/dm}^3) \times 0.05 (\text{dm}^3) = 5.0 \times 10^{-3}$ mol
　残存する Fe^{2+} のモル数： $5.0 \times 10^{-3} (\text{mol}) - 5.0 \times 10^{-3} (\text{mol}) = 0$ mol
つまり，この点は当量点である．したがって，

$$[Fe^{2+}] = [Ce^{4+}] = x \text{ M}$$

である．

$$[Fe^{3+}] = \frac{5.0 \times 10^{-3} (\text{mol})}{0.15 (\text{dm}^3)} + \frac{2.0 \times 10^{-5} (\text{mol})}{0.15 (\text{dm}^3)} - x \fallingdotseq 3.35 \times 10^{-2} \text{ M}$$

$$[Ce^{3+}] = \frac{5.0 \times 10^{-3} (\text{mol})}{0.15 (\text{dm}^3)} - x \fallingdotseq 3.33 \times 10^{-2} \text{ M}$$

$$K=\frac{[\mathrm{Fe}^{3+}][\mathrm{Ce}^{3+}]}{[\mathrm{Fe}^{2+}][\mathrm{Ce}^{4+}]}=\frac{(3.35\times10^{-2})(3.33\times10^{-2})}{x^2}=1.6\times10^{14}$$

$$x=[\mathrm{Fe}^{2+}]=2.64\times10^{-9}\,\mathrm{M}$$

$$E(\mathrm{Fe}^{3+},\mathrm{Fe}^{2+})=0.771+0.059\log\frac{3.35\times10^{-2}}{2.64\times10^{-9}}=+1.19\,\mathrm{V}$$

別の方法として,次のようにして求めることもできる.

当量点では,$[\mathrm{Fe}^{2+}]=[\mathrm{Ce}^{4+}]$,$[\mathrm{Fe}^{3+}]=[\mathrm{Ce}^{3+}]$であるので,

$$K=\frac{[\mathrm{Fe}^{3+}][\mathrm{Ce}^{3+}]}{[\mathrm{Fe}^{2+}][\mathrm{Ce}^{4+}]}=1.6\times10^{14}$$

$$\frac{[\mathrm{Fe}^{3+}]^2}{[\mathrm{Fe}^{2+}]^2}=1.6\times10^{14} \qquad \frac{[\mathrm{Fe}^{3+}]}{[\mathrm{Fe}^{2+}]}=1.26\times10^{7}$$

$$E(\mathrm{Fe}^{3+},\mathrm{Fe}^{2+})=0.771+0.059\log(1.26\times10^{7})=+1.19\,\mathrm{V}$$

(vii) $60\,\mathrm{cm}^3$のCe^{4+}溶液滴下:

この点は当量点を過ぎている.最も濃度の小さなイオンはFe^{2+}であるので$[\mathrm{Fe}^{2+}]$を$x(\mathrm{M})$とする.

滴下された過剰のCe^{4+}のモル数:

$$0.1(\mathrm{mol/dm^3})\times(0.06-0.05)(\mathrm{dm^3})=1.0\times10^{-3}\,\mathrm{mol}$$

$$[\mathrm{Ce}^{4+}]=\frac{1.0\times10^{-3}(\mathrm{mol})}{0.16(\mathrm{dm^3})}+x\fallingdotseq6.25\times10^{-3}\,\mathrm{M}$$

Ce^{4+}が過剰に加えられてもCe^{3+}とFe^{3+}のモル数は当量点におけるものと同じ

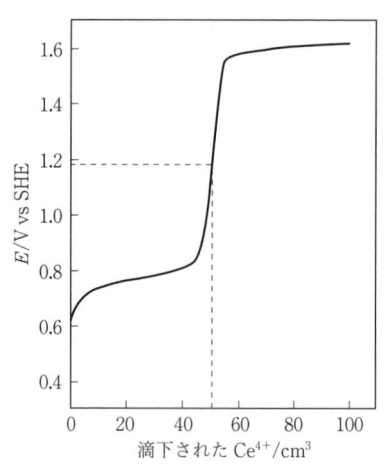

図 7.3 $5.0\times10^{-2}\,\mathrm{M\,Fe^{2+}}$溶液の$0.1\,\mathrm{M}$ $\mathrm{Ce(SO_4)_2}$による滴定曲線

である.

$$[Ce^{3+}] = \frac{5.0 \times 10^{-3} (\text{mol})}{0.16 (\text{dm}^3)} - x \fallingdotseq 3.13 \times 10^{-2} \text{ M}$$

$$E(Ce^{4+}, Ce^{3+}) = 1.61 + 0.059 \log \frac{6.25 \times 10^{-3}}{3.13 \times 10^{-2}} = +1.57 \text{ V}$$

図7.3は滴下された Ce^{4+} 溶液の容積に対して電極電位をプロットした滴定曲線である.

[例題 7.5]

Sn^{2+} 溶液の Ce^{4+} 溶液による酸化還元滴定における当量点での電位を計算せよ. ただし, $E^{0\prime}(Sn^{4+}, Sn^{2+}) = +0.15$ V, $E^{0\prime}(Ce^{4+}, Ce^{3+}) = +1.61$ V である.

[解答] この滴定における反応は

$$Sn^{2+} + 2\,Ce^{4+} \rightleftharpoons Sn^{4+} + 2\,Ce^{3+}$$

である.

$$E^0{}_{\text{cell}} = E^{0\prime}(Ce^{4+}, Ce^{3+}) - E^{0\prime}(Sn^{4+}, Sn^{2+})$$

$$= +1.61 - 0.15 = +1.46 \text{ V}$$

$$\log K = \frac{2 \times 1.46}{0.059} = 49.5 \quad K = 3.2 \times 10^{49}$$

$$\frac{[Sn^{4+}][Ce^{3+}]^2}{[Sn^{2+}][Ce^{4+}]^2} = K$$

当量点では, $2[Sn^{2+}] = [Ce^{4+}]$, $2[Sn^{4+}] = [Ce^{3+}]$* であるので,

$$\frac{[Sn^{4+}](2[Sn^{4+}])^2}{[Sn^{2+}](2[Sn^{2+}])^2} = 3.2 \times 10^{49} \quad \frac{[Sn^{4+}]}{[Sn^{2+}]} = (3.2 \times 10^{49})^{1/3} = 3.2 \times 10^{16}$$

$$E(Sn^{4+}, Sn^{2+}) = E^{0\prime}(Sn^{4+}, Sn^{2+}) + \frac{0.059}{2} \log \frac{[Sn^{4+}]}{[Sn^{2+}]}$$

$$= +0.15 + \frac{0.059}{2} \log(3.2 \times 10^{16}) = +0.64 \text{ V}$$

演習問題

7.1 次の2つの半反応から成る酸化還元反応を書け.
 (1) $V^{3+}(0.1 \text{ M}) | V^{2+}(0.01 \text{ M})$, $Sn^{2+}(10^{-3} \text{ M}) | Sn$
 (2) $Ce^{4+}(0.1 \text{ M}) | Ce^{3+}(0.01 \text{ M})$, $Co^{3+}(10^{-3} \text{ M}) | Co^{2+}(1 \text{ M})$

---

* p.136 脚注参照.

(3) $Fe^{3+}(1\,M)|Fe^{2+}(0.01\,M)$, $Hg_2^{2+}(0.01\,M)|Hg$

7.2 次の2つの半反応から成る酸化還元反応と平衡定数の式を書け．
   (1) $Sn^{4+} + 2\,e^- \rightleftharpoons Sn^{2+}$
       $Cr^{3+} + e^- \rightleftharpoons Cr^{2+}$
   (2) $Cr_2O_7^{2-} + 14\,H^+ + 6\,e^- \rightleftharpoons 2\,Cr^{3+} + 7\,H_2O$
       $O_2(g) + 2\,H^+ + 2\,e^- \rightleftharpoons H_2O_2$
   (3) $O_2 + 4\,H^+ + 4\,e^- \rightleftharpoons 2\,H_2O$
       $Co^{3+} + e^- \rightleftharpoons Co^{2+}$

7.3 次の2つの半反応から成る酸化還元反応の E^0_{cell} と K を計算せよ．
   (1) $I_2(s) + 2\,e^- \rightleftharpoons 2\,I^-$
       $Cl_2 + 2\,e^- \rightleftharpoons 2\,Cl^-$
   (2) $Fe^{3+} + e^- \rightleftharpoons Fe^{2+}$
       $Br_2 + 2\,e^- \rightleftharpoons 2\,Br^-$
   (3) $Cu^+ + e^- \rightleftharpoons Cu$
       $MnO_4^- + 8\,H^+ + 5\,e^- \rightleftharpoons Mn^{2+} + 4\,H_2O$

7.4 次の電池の起電力を求め，酸化還元反応の平衡定数を計算せよ．
   (1) $Cu|Cu^{2+}(1\,M)\|Zn^{2+}(0.01\,M)|Zn$
   (2) $Ag|Ag^+(0.1\,M)\|Pb^{2+}(0.01\,M)|Pb$
   (3) $Mg|Mg^{2+}(10^{-3}\,M)\|H^+(0.1\,M)|H_2(1\,atm),Pt$

7.5 次の不均化反応の平衡定数を計算せよ．
   (1) $2\,Cu^+ \rightleftharpoons Cu^{2+} + Cu$
   (2) $3\,Au^+ \rightleftharpoons Au^{3+} + 2\,Au$

7.6 固相金属を含む次の溶液における反応の平衡定数と各イオンの濃度を計算せよ．
   (1) Znと0.01MのCuCl$_2$を含む溶液
   (2) Cdと0.05MのSnCl$_4$を含む溶液
   (3) Coと0.1MのAgNO$_3$を含む溶液

7.7 純鉄0.2gを溶解して調製した硫酸第1鉄溶液をKMnO$_4$溶液で酸化したところ，30cm^{3}を要した．KMnO$_4$溶液の濃度を計算せよ．

7.8 0.1NのKMnO$_4$溶液0.05dm^{3}を脱色するのにシュウ酸結晶(COOH)$_2$·2H$_2$Oは何g必要か．

7.9 Cr^{2+}とFe^{3+}を含む溶液における(1)酸化還元反応，(2)平衡定数，(3)当量混合における酸化還元電位を計算せよ．

演習問題　143

7.10　Fe^{3+} と Sn^{2+} を含む溶液における (1) 酸化還元反応, (2) 平衡定数, (3) 当量混合における酸化還元電位を計算せよ.

7.11　Ce^{4+} と Cu^+ を含む溶液における (1) 酸化還元反応, (2) 平衡定数, (3) 当量混合における酸化還元電位を計算せよ.

7.12　10^{-2} M の $KMnO_4$ と 10^{-3} M の $MnSO_4$ を含む pH 2 の溶液における半反応の電位を計算せよ.

7.13　Br^- は酸性水溶液中で空気酸化される. (1) この反応式を書け, (2) $[Br^-]$ が 1.0 M のとき空気酸化を防ぐには pH をいくらにしたらよいか.

7.14　5 M の H_2O_2 溶液を用いて 0.01 M の Co^{2+} の 99% を Co^{3+} に酸化するには pH をいくらにしたらよいか.

7.15　問題 [7.14] において Co^{2+} の 1% を Co^{3+} に酸化するには pH をいくらにしたらよいか.

7.16　0.1 M の Tl^+ 溶液 20 cm³ と 0.5 M の Ce^{4+} 溶液 20 cm³ を混合したとき, 溶液の電位を計算せよ.

7.17　0.01 M の V^{2+} 溶液 0.1 dm³ と 0.02 M の Sn^{4+} 溶液 0.1 dm³ を混合したとき, 溶液の電位を計算せよ.

7.18　0.05 M の Sn^{2+} を含む 0.1 M の H_2SO_4 溶液 0.1 dm³ を 0.01 M の $KMnO_4$ 溶液で滴定するとき, 当量点における電位を計算せよ.

7.19　0.01 M の亜ヒ酸を含む 0.1 M の H_2SO_4 溶液 0.1 dm³ を 0.01 M の $KMnO_4$ 溶液で滴定するとき, 当量点における電位を計算せよ.

7.20　0.02 M の Sn^{2+} を含む 0.1 M の HCl 溶液 0.1 dm³ を 0.01 M の KIO_3 溶液で滴定するとき, 当量点における電位を計算せよ.

7.21　固相 PbO_2 を含む 0.01 M の Mn^{2+} 溶液がある. Mn^{2+} の 99% を Mn^{3+} に酸化するには pH をいくらにしたらよいか.

7.22　固相 AgBr と 0.05 M の Ti^{3+} を含む溶液がある. Ti^{3+} の 99.9% を TiO^{2+} に酸化するには pH をいくらにしたらよいか.

7.23　固相 PbO_2 と 1 mg の Au を含む 1 dm³ の溶液がある. Au を完全に溶解するには pH をいくらにしたらよいか.

7.24　Fe^{2+} 溶液を $KMnO_4$ 溶液で滴定したところ, 当量点における電位は 1.21 V であった. 当量点における pH を計算せよ.

7.25　亜ヒ酸溶液を $KMnO_4$ 溶液で滴定したところ, 当量点における電位は 0.91 V であった. 当量点における pH を計算せよ.

第8章　溶液内イオン平衡とグラフ

　平衡状態における化学種の濃度を知りたいとき，未知濃度の化学種の数だけの連立方程式を解かなければならない．この際，方程式は3次以上になることもあり，代数的に解くのは困難である．このような場合には，前章までにみたように，近似を用いることによって簡単化できる．しかし，複雑な系においては，近似を適用するのが困難な場合も少なくない．例えば，無視できる化学種と無視できない化学種の区別が直感的に難しい場合がある．このようなときには，平衡系をグラフ（濃度対 pH，電位対 pH など）に描き，視覚的に眺めることが有効である．本章では，主変数法（master variable technique）を用いて平衡系をグラフ化することによって平衡の理解を深める．

8.1　酸塩基平衡におけるグラフ

8.1.1　主変数法と水の解離平衡

　前章でみたように，平衡定数を含む式は次のような積の形をしている．

$$xy = z \tag{8.1}$$

これをグラフに描くとき，このままでは曲線となるが，対数表示に変換すれば直線となりグラフ化が容易になる．式 (8.1) の対数をとると

$$\log x + \log y = \log z \tag{8.2}$$

この方法を適用するとき，各平衡において最も重要な変数（主変数）を選ぶ必要がある．例えば，酸塩基平衡において最も重要なパラメーターは水素イオンであるので主変数は pH とする．式 (8.2) の変数の1つを主変数とし，これが変化するとき他の変数（例えば，$[OH^-]$，$[H_2A]$，$[HA^-]$ など）がどのように変化するかグラフ上で調べる．

まず，水の解離平衡のグラフ化について考えてみよう．水の解離平衡は4章で述べたように

$$H_2O \rightleftharpoons H^+ + OH^- \tag{8.3}$$

である．25℃では次式が成立する．

$$[H^+][OH^-] = K_w = 10^{-14} \tag{8.4}$$

この式の対数をとると

$$\log[OH^-] = pH - 14 \tag{8.5}$$

また，$[H^+]$ と pH の関係は定義により

$$\log[H^+] = -pH \tag{8.6}$$

である．図 8.1 は $\log[OH^-]$ と $\log[H^+]$ を pH に対してプロットしたものである．

水の解離平衡において $[H^+] = [OH^-]$ であるので，25℃の水の pH は 7 であることがわかる．この図は酸塩基の問題においても有用である．水に 10^{-2} M の HCl が加わった場合を考えてみよう．

$$\log[Cl^-] = -2 \tag{8.7}$$

この式を図 8.1 に載せると，$\log[Cl^-]$ は pH に依存しないから，縦軸の -2 で横一直線となる．水に HCl を加えた溶液の電気中性条件は

$$[H^+] = [Cl^-] + [OH^-] \tag{8.8}$$

である．図 8.1 から，酸性側では $[Cl^-] \gg [OH^-]$ であることがわかる．したが

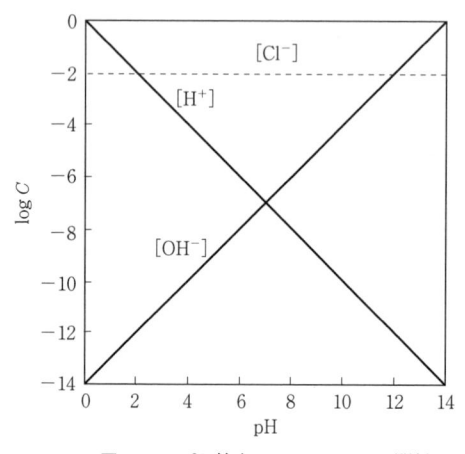

図 8.1 25℃純水の $\log C$ と pH の関係

って，この溶液の平衡の条件は $\log[\mathrm{H}^+]=\log[\mathrm{Cl}^-]$ となるので，溶液の pH は 2 である．

8.1.2 弱酸の溶液

0.1 M の弱酸 HA（$K_\mathrm{a}=1.0\times10^{-5}$）溶液の化学種 H^+，HA，A^- および OH^- の濃度が主変数 pH に対してどのように変化するかを調べてみよう．この溶液では，水の解離に加えて HA の解離平衡を考えなければならない．

$$\frac{[\mathrm{H}^+][\mathrm{A}^-]}{[\mathrm{HA}]}=K_\mathrm{a}=1.0\times10^{-5} \tag{8.9}$$

酸の濃度 C_A は 0.1 M であるので物質収支条件は

$$[\mathrm{HA}]+[\mathrm{A}^-]=C_\mathrm{A}=0.1\,\mathrm{M} \tag{8.10}$$

となる．両式より

$$[\mathrm{HA}]=\frac{[\mathrm{H}^+]C_\mathrm{A}}{[\mathrm{H}^+]+K_\mathrm{a}} \tag{8.11}$$

$$[\mathrm{A}^-]=\frac{K_\mathrm{a}C_\mathrm{A}}{[\mathrm{H}^+]+K_\mathrm{a}} \tag{8.12}$$

式 (8.11) は 2 つの極端な条件で簡略化できる．すなわち，$[\mathrm{H}^+]\gg K_\mathrm{a}$ つまり $\mathrm{pH}\ll \mathrm{p}K_\mathrm{a}$ のとき，

$$[\mathrm{HA}]\fallingdotseq\frac{[\mathrm{H}^+]C_\mathrm{A}}{[\mathrm{H}^+]}=C_\mathrm{A} \tag{8.13}$$

となり，$[\mathrm{H}^+]\ll K_\mathrm{a}$ つまり $\mathrm{pH}\gg \mathrm{p}K_\mathrm{a}$ のとき，

$$[\mathrm{HA}]\fallingdotseq\frac{[\mathrm{H}^+]C_\mathrm{A}}{K_\mathrm{a}} \tag{8.14}$$

となる．式 (8.13) と式 (8.14) の対数をとり，溶液の条件を代入すると次のようになる．

$$\mathrm{pH}\ll\mathrm{p}K_\mathrm{a}\,\text{では,}\ \log[\mathrm{HA}]=\log C_\mathrm{A}=-1 \tag{8.15}$$

$$\mathrm{pH}\gg\mathrm{p}K_\mathrm{a}\,\text{では,}\ \log[\mathrm{HA}]=\log C_\mathrm{A}-\mathrm{pH}-\log K_\mathrm{a}$$
$$=-1-\mathrm{pH}+5=4-\mathrm{pH} \tag{8.16}$$

したがって，$\log[\mathrm{HA}]$ は pH が $\mathrm{p}K_\mathrm{a}$ よりも小さい領域では，-1 となり，横一直線となる．pH が $\mathrm{p}K_\mathrm{a}$ よりも大きな領域では，$\log[\mathrm{HA}]$ は pH に対して -1 の勾配をもち，切片 4 の直線となる．しかし，pH が $\mathrm{p}K_\mathrm{a}$ に等しい領域では，$\log[\mathrm{HA}]$ 対 pH のプロットは直線からずれる．$\mathrm{pH}=\mathrm{p}K_\mathrm{a}$ のときには，$[\mathrm{HA}]=$

[A⁻] であるので式 (8.10) より

$$[\text{HA}] = \frac{C_\text{A}}{2} \tag{8.17}$$

となる．この式の対数をとると

$$\log[\text{HA}] = \log C_\text{A} - 0.3 = -1 - 0.3 = -1.3 \tag{8.18}$$

となる．すなわち，pH＝pK_a では，log[HA] は log C_A の値よりも 0.3 だけ下にある．式 (8.15) と式 (8.16) の交わる点 (pH＝5，log C_A＝−1) はシステムポイントとよばれている．log[HA] 対 pH 曲線は次の手順で描くことができる．

① pH がシステムポイントよりも小さい領域では，log[HA]＝log C_A となり pH に依存せず横一直線となる．

② pH がシステムポイントよりも大きい領域では，log[HA]＝log C_A − log K_a − pH の直線となり，直線の勾配は−1，切片は (log C_A − log K_a) である．

③ システムポイントでは，log[HA]＝log C_A − 0.3 となり，log[HA] は，log C_A よりも 0.3 だけ下を通る曲線となる．

図 8.2 はこの手順で描かれた log[HA] 対 pH 曲線である．

一方，log[A⁻] 対 pH のプロットも同じ手順で行うことができる．式 (8.12) において，pH≪pK_a では，

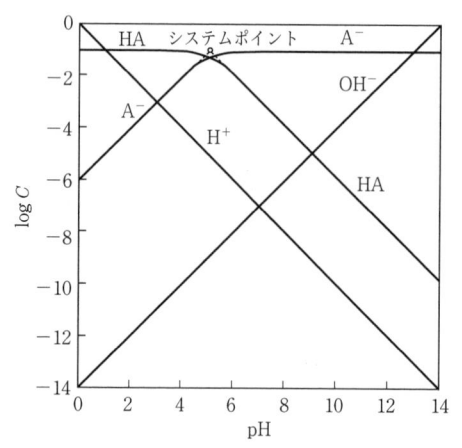

図 8.2 0.1 M 弱酸 HA (K_a＝1.0×10⁻⁵) 溶液の log C と pH の関係

$$[A^-] \fallingdotseq \frac{K_a C_A}{[H^+]}$$

$$\log[A^-] = \log C_A + \log K_a + \text{pH} = -6 + \text{pH} \tag{8.19}$$

となる．pH $\gg$ pK_a では，

$$[A^-] \fallingdotseq C_A$$

$$\log[A^-] = \log C_A = -1 \tag{8.20}$$

$\log[A^-]$ 対 pH の曲線におけるシステムポイントは式 (8.19) と式 (8.20) の交点 (pH=5, $\log C_A = -1$) である．pH がシステムポイントよりも小さい領域では，$\log[A^-]$ は pH に対して勾配+1，切片-6 の直線である．pH がシステムポイントよりも大きい領域では，$\log[A^-]$ は-1 で横一直線となる．システムポイントでは，$\log[A^-]$ は $\log C_A$ の値よりも 0.3 だけ下を通る曲線となる．

$\log[A^-]$ を pH に対してプロットすると図 8.2 のようになる．

[例題 8.1]
(a) 図 8.2 の条件で pH=3.5 における [HA] と [A$^-$] を計算せよ．
(b) 0.1 M の HA 溶液の [HA]，[A$^-$]，[H$^+$] および [OH$^-$] を計算せよ．

[解答] (a) 図 8.2 の pH 3.5 における $\log$[HA] と $\log$[A$^-$] の値より

$$\log[\text{HA}] = -1.0 \qquad [\text{HA}] = 0.1\,\text{M}$$
$$\log[\text{A}^-] = -2.5 \qquad [\text{A}^-] = 3.2 \times 10^{-3}\,\text{M}$$

(b) この計算には，プロトン条件を適用すると便利である．この溶液のゼロ準位は HA と H$_2$O である．ゼロ準位よりもプロトンの多いものは H$^+$ であり，少ないものは A$^-$ と OH$^-$ である．したがって，プロトン条件は

$$[\text{H}^+] = [\text{A}^-] + [\text{OH}^-]$$

である．図 8.2 からわかるように，いずれの pH においても [A$^-$] $\gg$ [OH$^-$] である (pH>13 では逆転しているが，HA は強塩基ではない)．つまり，$\log$[H$^+$]= $\log$[A$^-$] がこの溶液の平衡条件である．この点における各化学種の濃度は次のとおりである．

$$\log[\text{A}^-] = -3 \qquad [\text{A}^-] = 10^{-3}\,\text{M}$$
$$\log[\text{HA}] = -1 \qquad [\text{HA}] = 0.1\,\text{M}$$
$$\log[\text{H}^+] = -3 \qquad [\text{H}^+] = 10^{-3}\,\text{M}$$
$$\log[\text{OH}^-] = -11 \qquad [\text{OH}^-] = 10^{-11}\,\text{M}$$

8.1.3 弱塩基の溶液

前項と同様に，0.1 M の NH_3 ($K_b=1.8\times10^{-5}$) 溶液の NH_4^+, NH_3, H^+, OH^- の濃度が主変数に対してどのように変化するかを調べてみよう．平衡定数の式と物質収支条件は次のように表される．

$$\frac{[NH_4^+][OH^-]}{[NH_3]}=K_b=1.8\times10^{-5} \quad (8.21)$$

$$[NH_3]+[NH_4^+]=C_B=0.1\,\mathrm{M} \quad (8.22)$$

両式より次式が導かれる．

$$[NH_3]=\frac{[OH^-]C_B}{[OH^-]+K_b} \quad (8.23)$$

$$[NH_4^+]=\frac{K_b C_B}{[OH^-]+K_b} \quad (8.24)$$

式 (8.23) において，$[OH^-]\gg K_b$ のときには

$$[NH_3]\fallingdotseq C_B$$
$$\log[NH_3]=\log C_B=-1 \quad (8.25)$$

となる．$[OH^-]\ll K_b$ のときには

$$[NH_3]\fallingdotseq \frac{[OH^-]C_B}{K_b}=\frac{C_B K_w}{K_b[H^+]}$$
$$\log[NH_3]=\log C_B+\log K_w-\log K_b-\log[H^+]$$
$$=-1-14+4.7+pH$$
$$=-10.3+pH \quad (8.26)$$

この溶液におけるシステムポイントは式 (8.25) と式 (8.26) の交点 (pH= 9.3, $\log C_B=-1$) である．$\log[NH_3]$ 対 pH の曲線は pH がシステムポイントよりも大きいときには式 (8.25) で表され，小さいときには式 (8.26) で表される．また，システムポイントでは，$\log C_B$ よりも 0.3 だけ小さい曲線となる．図 8.3 はこの曲線をプロットしたものである．

一方，式 (8.24) において，$[OH^-]\gg K_b$ であれば

$$[NH_4^+]\fallingdotseq \frac{K_b C_B}{[OH^-]}=\frac{K_b C_B[H^+]}{K_w}$$
$$\log[NH_4^+]=\log K_b+\log C_B+\log[H^+]-\log K_w$$
$$=8.3-pH \quad (8.27)$$

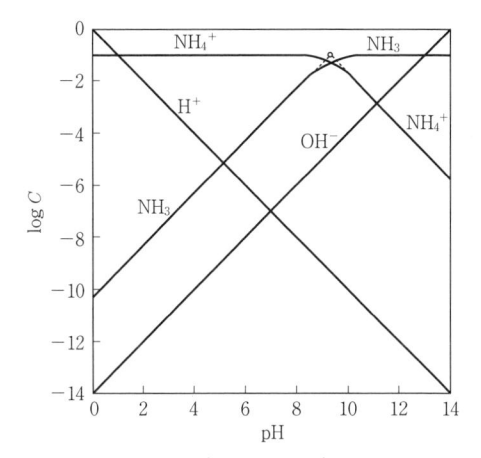

図 8.3 0.1 M NH$_3$ (K_b=1.8×10^{-5}) 溶液の log C と pH の関係

となる．[OH$^-$]≪K_b であれば
$$[NH_4^+] \fallingdotseq C_B$$
$$\log[NH_4^+] = \log C_B = -1 \tag{8.28}$$
となる．システムポイントは式(8.27)と式(8.28)の交点 (pH=9.3, log C_B=-1) である．log[NH$_4^+$] 対 pH 曲線は pH がシステムポイントよりも大きい領域では-1の勾配をもつ直線となり，システムポイントよりも小さな領域では-1で横一直線となる．

[例題 8.2]
0.1 M の NH$_3$ 溶液の [NH$_3$], [NH$_4^+$], [H$^+$] および [OH$^-$] を計算せよ．
[解答] この溶液のゼロ準位は NH$_3$ と H$_2$O である．ゼロ準位よりもプロトンの多いものは H$^+$ と NH$_4^+$ であり，少ないものは OH$^-$ である．したがって，プロトン条件は
$$[NH_4^+] + [H^+] = [OH^-]$$
である．図 8.3 から，[NH$_4^+$]≫[H$^+$] であるので，この溶液の平衡条件は
$$\log[NH_4^+] = \log[OH^-]$$
である．この点における各化学種の濃度は次のとおりである．

$\log[NH_3] = -1.0$　　$[NH_3] = 0.1$ M
$\log[NH_4^+] = -2.9$　　$[NH_4^+] = 1.3 \times 10^{-3}$ M

$\log[\mathrm{OH}^-] = -2.9 \qquad [\mathrm{OH}^-] = 1.3 \times 10^{-3}$ M
$\log[\mathrm{H}^+] = -11.1 \qquad [\mathrm{H}^+] = 7.9 \times 10^{-12}$ M

8.1.4 酸塩基混合溶液

 溶液に酸と塩基が存在する場合には，それぞれの曲線を同じグラフに描くことによって各化学種の主変数に対する変化を調べることができる．例えば，HA-A^- と NH_3-NH_4^+ を含む溶液は図 8.2 と図 8.3 を重ねることによって得られる図 8.4 によって理解できる．

 この図においては，2 つのシステムポイント (1, 2) がある．システムポイント 1 は HA-A^- 系によるもので，システムポイント 2 は NH_3-NH_4^+ 系によるものである．

［例題 8.3］
0.1 M の $\mathrm{NH}_4\mathrm{A}$ 溶液の pH を計算せよ．

［解答］ $\mathrm{NH}_4\mathrm{A}$ は次のように解離し，水と反応して平衡に達する．

$$\mathrm{NH}_4\mathrm{A} \longrightarrow \mathrm{NH}_4^+ + \mathrm{A}^-$$
$$\mathrm{NH}_4^+ \rightleftharpoons \mathrm{NH}_3 + \mathrm{H}^+$$
$$\mathrm{A}^- + \mathrm{H}_2\mathrm{O} \rightleftharpoons \mathrm{HA} + \mathrm{OH}^-$$

$\mathrm{NH}_4\mathrm{A}$ の溶液は酸（NH_4^+）と塩基（A^-）の混合系とみなすことができる．こ

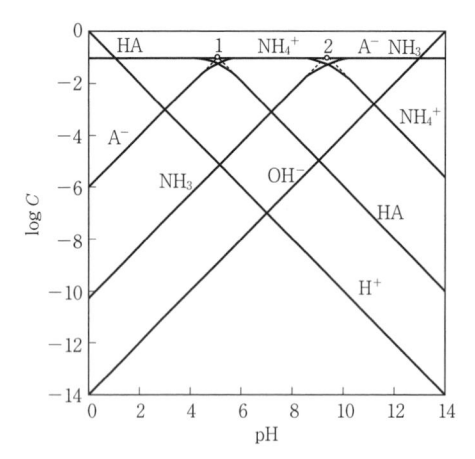

図 8.4 0.1 M HA ($K_\mathrm{a} = 1.0 \times 10^{-5}$) と 0.1 M NH_3 ($K_\mathrm{b} = 1.8 \times 10^{-5}$) の混合系における $\log C$ と pH の関係

の混合溶液はプロトン条件を満足する点で平衡に達する．ゼロ準位は NH_4^+，A^- および H_2O である．ゼロ準位よりもプロトンの多いものは H^+ と HA であり，少ないものは NH_3 と OH^- である．プロトン条件は

$$[H^+]+[HA]=[NH_3]+[OH^-]$$

図 8.4 からわかるように，HA の曲線は H^+ の線よりも上にあり，NH_3 の曲線は OH^- の線よりも上にある．したがって，$[HA]\gg[H^+]$ および $[NH_3]\gg[OH^-]$ と考えることができるので，この溶液の平衡条件は

$$\log[HA]=\log[NH_3]$$

となり，pH は 7.15 である．

8.1.5 多塩基酸の溶液

多塩基酸の系も同様にグラフ化することができる．いま，濃度 C_A の二塩基酸 H_2A の平衡について考えよう．

$$H_2A \rightleftharpoons H^+ + HA^- \tag{8.29}$$

$$HA^- \rightleftharpoons H^+ + A^{2-} \tag{8.30}$$

それぞれの酸解離定数と物質収支条件式は次のようになる．

$$\frac{[H^+][HA^-]}{[H_2A]}=K_{a1} \tag{8.31}$$

$$\frac{[H^+][A^{2-}]}{[HA^-]}=K_{a2} \tag{8.32}$$

$$[H_2A]+[HA^-]+[A^{2-}]=C_A \tag{8.33}$$

これらの式を組み合わせると，

$$[H_2A]\left(1+\frac{K_{a1}}{[H^+]}+\frac{K_{a1}K_{a2}}{[H^+]^2}\right)=C_A \tag{8.34}$$

$$[H_2A]=\frac{C_A[H^+]^2}{[H^+]([H^+]+K_{a1})+K_{a1}K_{a2}} \tag{8.35}$$

となる．$[H^+]\gg K_{a1}$ つまり $pH\ll pK_{a1}$ において，

$$[H_2A]\fallingdotseq\frac{C_A[H^+]^2}{[H^+]^2}=C_A$$

$$\log[H_2A]=\log C_A \tag{8.36}$$

となる．$K_{a1}>[H^+]>K_{a2}$ つまり $pK_{a1}<pH<pK_{a2}$ においては，

$$[H_2A]\fallingdotseq\frac{C_A[H^+]^2}{[H^+]K_{a1}}=\frac{C_A[H^+]}{K_{a1}}$$

$$\log[\mathrm{H_2A}] = \log C_\mathrm{A} - \log K_{\mathrm{a}1} - \mathrm{pH} \tag{8.37}$$

となる. $[\mathrm{H^+}] \ll K_{\mathrm{a}2}$ つまり $\mathrm{pH} \gg \mathrm{p}K_{\mathrm{a}2}$ においては,

$$[\mathrm{H_2A}] \fallingdotseq \frac{C_\mathrm{A}[\mathrm{H^+}]^2}{K_{\mathrm{a}1}K_{\mathrm{a}2}}$$

$$\log[\mathrm{H_2A}] = \log C_\mathrm{A} - \log K_{\mathrm{a}1}K_{\mathrm{a}2} - 2\,\mathrm{pH} \tag{8.38}$$

となる. 一方, $[\mathrm{HA^-}]$ に対しては式 (8.31) と式 (8.35) より

$$[\mathrm{HA^-}] = \frac{K_{\mathrm{a}1} C_\mathrm{A} [\mathrm{H^+}]}{[\mathrm{H^+}]([\mathrm{H^+}] + K_{\mathrm{a}1}) + K_{\mathrm{a}1} K_{\mathrm{a}2}} \tag{8.39}$$

となるので, $\mathrm{pH} \ll \mathrm{p}K_{\mathrm{a}1}$ においては,

$$[\mathrm{HA^-}] \fallingdotseq \frac{K_{\mathrm{a}1} C_\mathrm{A} [\mathrm{H^+}]}{[\mathrm{H^+}]^2} = \frac{K_{\mathrm{a}1} C_\mathrm{A}}{[\mathrm{H^+}]}$$

$$\log[\mathrm{HA^-}] = \log K_{\mathrm{a}1} + \log C_\mathrm{A} + \mathrm{pH} \tag{8.40}$$

となる. $\mathrm{p}K_{\mathrm{a}1} < \mathrm{pH} < \mathrm{p}K_{\mathrm{a}2}$ においては,

$$[\mathrm{HA^-}] \fallingdotseq \frac{K_{\mathrm{a}1} C_\mathrm{A} [\mathrm{H^+}]}{[\mathrm{H^+}] K_{\mathrm{a}1}} = C_\mathrm{A}$$

$$\log[\mathrm{HA^-}] = \log C_\mathrm{A} \tag{8.41}$$

となる. $\mathrm{pH} \gg \mathrm{p}K_{\mathrm{a}2}$ においては,

$$[\mathrm{HA^-}] \fallingdotseq \frac{K_{\mathrm{a}1} C_\mathrm{A} [\mathrm{H^+}]}{K_{\mathrm{a}1} K_{\mathrm{a}2}} = \frac{C_\mathrm{A} [\mathrm{H^+}]}{K_{\mathrm{a}2}}$$

$$\log[\mathrm{HA^-}] = \log C_\mathrm{A} - \log K_{\mathrm{a}2} - \mathrm{pH} \tag{8.42}$$

となる. さらに, $[\mathrm{A^{2-}}]$ に対しては, 式 (8.32) と式 (8.39) より

$$[\mathrm{A^{2-}}] = \frac{K_{\mathrm{a}1} K_{\mathrm{a}2} C_\mathrm{A}}{[\mathrm{H^+}]([\mathrm{H^+}] + K_{\mathrm{a}1}) + K_{\mathrm{a}1} K_{\mathrm{a}2}} \tag{8.43}$$

この式は $\mathrm{pH} \ll \mathrm{p}K_{\mathrm{a}}$ においては,

$$[\mathrm{A^{2-}}] \fallingdotseq \frac{K_{\mathrm{a}1} K_{\mathrm{a}2} C_\mathrm{A}}{[\mathrm{H^+}]^2}$$

$$\log[\mathrm{A^{2-}}] = \log K_{\mathrm{a}1} K_{\mathrm{a}2} + \log C_\mathrm{A} + 2\,\mathrm{pH} \tag{8.44}$$

となる. $\mathrm{p}K_{\mathrm{a}1} < \mathrm{pH} < \mathrm{p}K_{\mathrm{a}2}$ においては,

$$[\mathrm{A^{2-}}] \fallingdotseq \frac{K_{\mathrm{a}1} K_{\mathrm{a}2} C_\mathrm{A}}{[\mathrm{H^+}] K_{\mathrm{a}1}} = \frac{K_{\mathrm{a}2} C_\mathrm{A}}{[\mathrm{H^+}]}$$

$$\log[\mathrm{A^{2-}}] = \log K_{\mathrm{a}2} + \log C_\mathrm{A} + \mathrm{pH} \tag{8.45}$$

となる. $\mathrm{pH} \gg \mathrm{p}K_{\mathrm{a}2}$ においては,

$$[\mathrm{A^{2-}}] \fallingdotseq \frac{K_{\mathrm{a}1} K_{\mathrm{a}2} C_\mathrm{A}}{K_{\mathrm{a}1} K_{\mathrm{a}2}} = C_\mathrm{A}$$

$$\log[\mathrm{A}^{2-}] = \log C_\mathrm{A} \tag{8.46}$$

となる.いま,$\mathrm{H_2A}$ の K_{a1} と K_{a2} をそれぞれ 10^{-3} と 10^{-7} とし,C_A を $0.1\,\mathrm{M}$ として,各 pH 領域における化学種の濃度と pH の関係を整理すると次のようになる.$\mathrm{pH} \ll \mathrm{p}K_{a1}$ において

$$\log[\mathrm{H_2A}] = \log C_\mathrm{A} = -1$$
$$\log[\mathrm{HA}^-] = \mathrm{pH} + \log K_{a1} + \log C_\mathrm{A} = \mathrm{pH} - 3 - 1 = \mathrm{pH} - 4$$
$$\log[\mathrm{A}^{2-}] = 2\,\mathrm{pH} + \log K_{a1}K_{a2} + \log C_\mathrm{A} = 2\,\mathrm{pH} - 10 - 1 = 2\,\mathrm{pH} - 11$$

となる.$\mathrm{p}K_{a1} < \mathrm{pH} < \mathrm{p}K_{a2}$ において

$$\log[\mathrm{H_2A}] = -\mathrm{pH} + \log C_\mathrm{A} - \log K_{a1} = -\mathrm{pH} + 2$$
$$\log[\mathrm{HA}^-] = \log C_\mathrm{A} = -1$$
$$\log[\mathrm{A}^{2-}] = \mathrm{pH} + \log K_{a2} + \log C_\mathrm{A} = \mathrm{pH} - 8$$

となる.$\mathrm{pH} \gg \mathrm{p}K_{a2}$ において

$$\log[\mathrm{H_2A}] = -2\,\mathrm{pH} + \log C_\mathrm{A} - \log K_{a1}K_{a2} = -2\,\mathrm{pH} + 9$$
$$\log[\mathrm{HA}^-] = -\mathrm{pH} + \log C_\mathrm{A} - \log K_{a2} = -\mathrm{pH} + 6$$
$$\log[\mathrm{A}^{2-}] = \log C_\mathrm{A} = -1$$

となる.この系では,システムポイントは $\log C_\mathrm{A} = -1$ と $\mathrm{pH} = \mathrm{p}K_{a1} = 3$ の交点 (1) と $\log C_\mathrm{A} = -1$ と $\mathrm{pH} = \mathrm{p}K_{a2} = 7$ の交点 (2) の 2 つになる.これらの曲線を図示したものが図 8.5 である.

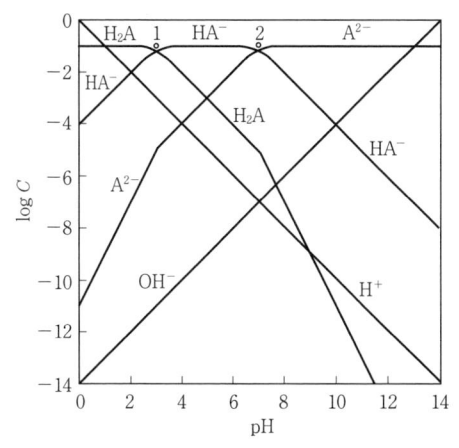

図 8.5 $0.1\,\mathrm{M}\,\mathrm{H_2A}\,(K_{a1} = 10^{-3}, K_{a2} = 10^{-7})$ 溶液の $\log C$ と pH の関係

[例題 8.4]

(a) 0.1 M の H_2A 溶液の pH および $[A^{2-}]$ を計算せよ．
(b) 0.1 M の NaHA 溶液の pH を計算せよ．
(c) 0.1 M の Na_2A 溶液の pH を計算せよ．

[解答] (a) この溶液においてゼロ準位は H_2A と H_2O である．ゼロ準位よりもプロトンの多いものは H^+ であり，少ないものは HA^-，A^{2-} および OH^- である．したがって，プロトン条件は

$$[H^+] = [HA^-] + 2[A^{2-}] + [OH^-]$$

となる．この式において，$[A^{2-}]$ の前の 2 は A^{2-} がゼロ準位よりもプロトンが 2 つ少ないことを意味する．図 8.5 からわかるように，酸性領域では $[HA^-] \gg [A^{2-}] + [OH^-]$ であるので，

$$\log[H^+] = \log[HA^-]$$

となり，この条件で溶液は平衡に達する．この点では，pH = 2.0，$[A^{2-}] = 10^{-7}$ M である．

(b) この溶液の平衡は次の反応から成っている．

$$NaHA \longrightarrow Na^+ + HA^-$$
$$HA^- + H_2O \rightleftharpoons H_2A + OH^-$$
$$HA^- \rightleftharpoons H^+ + A^{2-}$$

この溶液は二塩基酸を含むので図 8.5 を適用できる．この溶液のゼロ準位は HA^- と H_2O である．ゼロ準位よりもプロトンの多いものは H_2A と H^+ であり，少ないものは A^{2-} と OH^- であるのでプロトン条件は

$$[H_2A] + [H^+] = [A^{2-}] + [OH^-]$$

である．図 8.5 より，$[H_2A] \gg [H^+]$，$[A^{2-}] \gg [OH^-]$ であるので，

$$\log[H_2A] = \log[A^{2-}]$$

この条件を満足する溶液の pH は 5.0 である．

(c) この溶液の平衡は次の反応から成っている．

$$Na_2A \longrightarrow 2 Na^+ + A^{2-}$$
$$A^{2-} + H_2O \rightleftharpoons HA^- + OH^-$$
$$HA^- + H_2O \rightleftharpoons H_2A + OH^-$$

この溶液のゼロ準位は A^{2-} と H_2O である．ゼロ準位よりもプロトンの多いものは H^+，HA^- および H_2A であり，少ないものは OH^- であるのでプロトン条件

は
$$[H^+]+[HA^-]+2[H_2A]=[OH^-]$$
となる．図 8.5 より，$[HA^-] \gg [H^+]+[H_2A]$ であるので
$$\log[HA^-]=\log[OH^-]$$
となる．この条件を満足する pH は 10 である．

8.2 沈殿平衡におけるグラフ

金属イオンの沈殿平衡においてもグラフ化は平衡の理解に有用である．例えば，次の水酸化物の沈殿におけるグラフを考えてみよう．

$$M(OH)_n \rightleftharpoons M^{n+} + nOH^- \tag{8.47}$$

この反応の溶解度積は

$$[M^{n+}][OH^-]^n = K_{sp} \tag{8.48}$$

この式の対数をとると

$$\log[M^{n+}] + n\log[OH^-] = \log K_{sp} \tag{8.49}$$

となる．さらに，$[OH^-]$ を pH に変換すると

$$\log[M^{n+}] = \log K_{sp} + n(14-\mathrm{pH}) \tag{8.50}$$

となる．この式を種々の金属水酸化物に適用する．

$Fe(OH)_2 \rightleftharpoons Fe^{2+} + 2OH^-$
$$\log[Fe^{2+}] = \log(2.2 \times 10^{-15}) + 2(14-\mathrm{pH}) = 13.3 - 2\mathrm{pH}$$

$Fe(OH)_3 \rightleftharpoons Fe^{3+} + 3OH^-$
$$\log[Fe^{3+}] = \log(2.5 \times 10^{-39}) + 3(14-\mathrm{pH}) = 3.40 - 3\mathrm{pH}$$

$Mn(OH)_2 \rightleftharpoons Mn^{2+} + 2OH^-$
$$\log[Mn^{2+}] = \log(1.7 \times 10^{-13}) + 2(14-\mathrm{pH}) = 15.2 - 2\mathrm{pH}$$

$Al(OH)_3 \rightleftharpoons Al^{3+} + 3OH^-$
$$\log[Al^{3+}] = \log(1.0 \times 10^{-32}) + 3(14-\mathrm{pH}) = 10.0 - 3\mathrm{pH}$$

$Cd(OH)_2 \rightleftharpoons Cd^{2+} + 2OH^-$
$$\log[Cd^{2+}] = \log(1.2 \times 10^{-14}) + 2(14-\mathrm{pH}) = 14.1 - 2\mathrm{pH}$$

$Cr(OH)_3 \rightleftharpoons Cr^{3+} + 3OH^-$
$$\log[Cr^{3+}] = \log(6 \times 10^{-31}) + 3(14-\mathrm{pH}) = 11.8 - 3\mathrm{pH}$$

$Mg(OH)_2 \rightleftharpoons Mg^{2+} + 2OH^-$

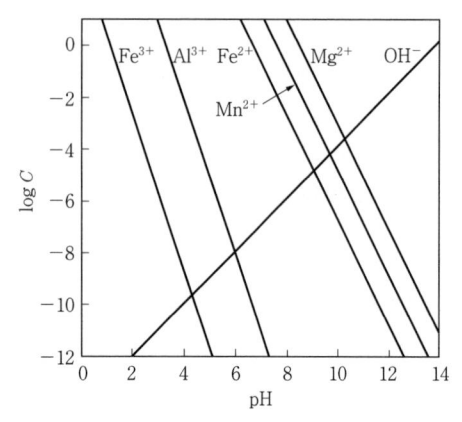

図 8.6 金属水酸化物の沈殿平衡における $\log C$ と pH の関係

$$\log[\text{Mg}^{2+}] = \log(1 \times 10^{-11}) + 2(14-\text{pH}) = 17.0 - 2\,\text{pH}$$

図 8.6 は各金属イオン濃度の対数値を pH に対してプロットしたものである。この図から，混合金属イオン溶液においてどの金属イオンが早く沈殿するか，残存する金属イオンの割合，pH を変化させたときの金属イオンの濃度変化などを定量的に知ることができる。

この方法は $CaSO_4$ や CaF_2 などの沈殿平衡にも応用される。両者を1つのグラフに表すときには，Ca^{2+} を主変数とすると便利である。

$CaSO_4 \rightleftharpoons Ca^{2+} + SO_4^{2-}$

$$[\text{Ca}^{2+}][\text{SO}_4^{2-}] = K_{sp} = 1.0 \times 10^{-5} \tag{8.51}$$

$CaF_2 \rightleftharpoons Ca^{2+} + 2\,F^-$

$$[\text{Ca}^{2+}][\text{F}^-]^2 = K_{sp} = 4.0 \times 10^{-11} \tag{8.52}$$

両式より次式が導かれる。

$$\log[\text{SO}_4^{2-}] = -\log[\text{Ca}^{2+}] - 5 = \text{pCa} - 5 \tag{8.53}$$

$$\log[\text{F}^-] = -\frac{1}{2}(\log[\text{Ca}^{2+}] + 10.4) = \frac{\text{pCa}}{2} - 5.2 \tag{8.54}$$

図 8.7 は式 (8.53) と式 (8.54) を主変数 pCa に対してプロットしたものである。

［例題 8.5］

(a) 0.1 M の Al^{3+} 溶液の pH を 4.5 にしたとき，残存する Al^{3+} の濃度はいくらか。また，沈殿した Al^{3+} は何 % か。

8.2 沈殿平衡におけるグラフ

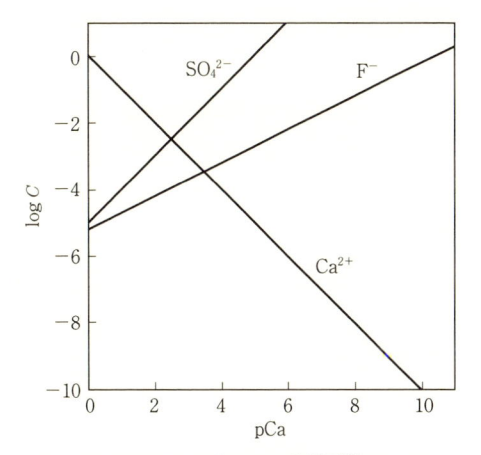

図 8.7 CaSO$_4$ および CaF$_2$ の沈殿平衡における log C と pCa の関係

(b) 溶液中で固相 Fe(OH)$_3$ と平衡にある Fe^{3+} と OH$^-$ の濃度はいくらか.

(c) それぞれ 10^{-2} M の濃度の Fe^{2+} と Mg^{2+} を含む溶液がある. pH を変えることによって, Fe^{2+} を水酸化物として沈殿させ, Mg^{2+} から分離するとき, 最も効果的な pH はいくらか. また, その pH において何 % の Fe^{2+} が沈殿するか.

[解答] (a) 図 8.6 において pH=4.5 で log[Al^{3+}]=−3.5 である. したがって, [Al^{3+}]=3.2×10^{-4} M である. 沈殿した Al^{3+} の割合は

$$\frac{(0.1-3.2\times 10^{-4})}{0.1}\times 100 = 99.7\%$$

となる.

(b) Fe(OH)$_3$ $\rightleftharpoons$ Fe^{3+} + 3OH$^-$

電気中性条件より

$$3[\mathrm{Fe}^{3+}] = [\mathrm{OH}^-]$$

であるので,

$$\log[\mathrm{Fe}^{3+}] = \log[\mathrm{OH}^-] - \log 3 = \log[\mathrm{OH}^-] - 0.48$$

となる. 図 8.6 において log[Fe^{3+}] と log[OH$^-$] の交点より 0.48 だけ低い点は

$$\log[\mathrm{Fe}^{3+}] = -10.2$$
$$[\mathrm{Fe}^{3+}] = 6.3\times 10^{-11}\ \mathrm{M}$$

である．また，
$$\log[\text{OH}^-] = \log[\text{Fe}^{3+}] + 0.48 = -9.72$$
$$[\text{OH}^-] = 1.9 \times 10^{-10} \text{ M}$$
となる．

(c) 図 8.6 からわかるように，10^{-2} M の Fe^{2+} 溶液は pH 7.7 から沈殿する．10^{-2} M の Mg^{2+} 溶液は pH 9.5 から沈殿する．したがって，溶液の pH を 9.2 にすれば Fe^{2+} は沈殿し，Mg^{2+} は沈殿しない．この pH において
$$\log[\text{Fe}^{2+}] = -5.1 \qquad [\text{Fe}^{2+}] = 7.9 \times 10^{-6} \text{ M}$$
となる．沈殿した $[\text{Fe}^{2+}]$ の割合は
$$\frac{10^{-2} - 7.9 \times 10^{-6}}{10^{-2}} \times 100 = 99.9\%$$
となる．したがって，pH を 9.2 に調整すれば Fe^{2+} は Mg^{2+} からほぼ完全に分離できる．

8.3 錯体平衡におけるグラフ

錯体平衡において配位子が過剰に存在する溶液では，錯体は最高に配位されるので最高配位数をもった錯体種の平衡のみを考えればよい．しかし，配位子濃度が過剰でない場合には，すべての錯体種の関与する平衡を考慮しなければならない．例えば，Cd^{2+}-NH_3 錯体においては，次の 4 つの平衡が存在する．

$$\text{Cd}^{2+} + \text{NH}_3 \rightleftharpoons \text{Cd}(\text{NH}_3)^{2+} \tag{8.55}$$

$$\text{Cd}^{2+} + 2\,\text{NH}_3 \rightleftharpoons \text{Cd}(\text{NH}_3)_2^{2+} \tag{8.56}$$

$$\text{Cd}^{2+} + 3\,\text{NH}_3 \rightleftharpoons \text{Cd}(\text{NH}_3)_3^{2+} \tag{8.57}$$

$$\text{Cd}^{2+} + 4\,\text{NH}_3 \rightleftharpoons \text{Cd}(\text{NH}_3)_4^{2+} \tag{8.58}$$

それぞれの平衡は全安定度定数で表される．

$$\frac{[\text{Cd}(\text{NH}_3)^{2+}]}{[\text{Cd}^{2+}][\text{NH}_3]} = \beta_1 = 3.2 \times 10^2 \tag{8.59}$$

$$\frac{[\text{Cd}(\text{NH}_3)_2^{2+}]}{[\text{Cd}^{2+}][\text{NH}_3]^2} = \beta_2 = 3.0 \times 10^4 \tag{8.60}$$

$$\frac{[\text{Cd}(\text{NH}_3)_3^{2+}]}{[\text{Cd}^{2+}][\text{NH}_3]^3} = \beta_3 = 5.9 \times 10^5 \tag{8.61}$$

$$\frac{[\mathrm{Cd(NH_3)_4^{2+}}]}{[\mathrm{Cd^{2+}}][\mathrm{NH_3}]^4} = \beta_4 = 3.6 \times 10^6 \tag{8.62}$$

この系では,主変数として $\mathrm{pNH_3}$ ($=-\log[\mathrm{NH_3}]$) を選び,それぞれの錯体種の濃度を $\mathrm{pNH_3}$ に対してプロットする.式 (8.59) の対数をとると,

$$\log[\mathrm{Cd(NH_3)^{2+}}] = 2.51 + \log[\mathrm{Cd^{2+}}] + \log[\mathrm{NH_3}] \tag{8.63}$$

ここで,錯体を作っていない $\mathrm{Cd^{2+}}$ の濃度を 10^{-6} M とすると

$$\log[\mathrm{Cd(NH_3)^{2+}}] = -3.49 - \mathrm{pNH_3} \tag{8.64}$$

となる.同様に,他の錯体種についても計算すると

$$\log[\mathrm{Cd(NH_3)_2^{2+}}] = -1.51 - 2\,\mathrm{pNH_3} \tag{8.65}$$

$$\log[\mathrm{Cd(NH_3)_3^{2+}}] = -0.23 - 3\,\mathrm{pH} \tag{8.66}$$

$$\log[\mathrm{Cd(NH_3)_4^{2+}}] = 0.56 - 4\,\mathrm{pNH_3} \tag{8.67}$$

図 8.8 は式 (8.64)〜式 (8.67) をプロットしたものである.この図から,ある $\mathrm{NH_3}$ 濃度においてどの錯体種が多く存在するかを知ることができる.$[\mathrm{NH_3}]>1$ M では,錯体種はほとんど $\mathrm{Cd(NH_3)_4^{2+}}$ として存在すると考えてよい.$[\mathrm{NH_3}]<10^{-4}$ M では,錯体を作っていない $\mathrm{Cd^{2+}}$ が主として存在する.しかし,10^{-2} M $<[\mathrm{NH_3}]<1$ M では,4 種類の錯体種がかなりの割合で存在することがわかる.この図の作成において,$[\mathrm{Cd^{2+}}]=10^{-6}$ M と仮定したが,この値が変わって

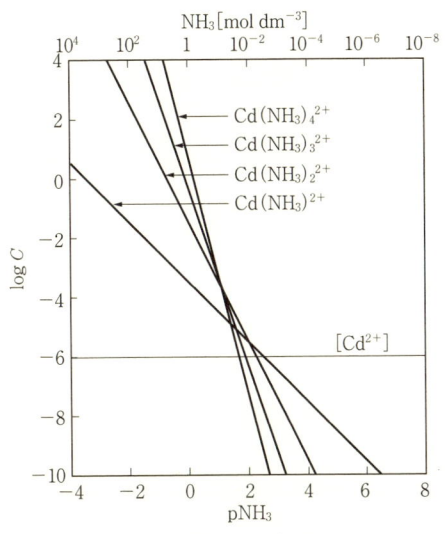

図 8.8 $\mathrm{Cd^{2+}}$-$\mathrm{NH_3}$ 錯イオン系における $\log C$ と $\mathrm{pNH_3}$ の関係

も各錯体種の相対的濃度は変化しない．このため，錯体種の濃度の相対的な大きさを問題にするときには，Cd^{2+} の濃度は任意の値で構わない．

　図8.8を用いて，あるpNH$_3$におけるそれぞれの錯体種の濃度の全金属イオン濃度（C_M）に対する割合（γ）を計算し，この値をpNH$_3$に対してプロットするとそれぞれの錯体種の存在割合が一層明瞭になる．図8.8より，pNH$_3$=1における各錯体種の濃度は次のとおりである．

$$[Cd(NH_3)_4^{2+}] = 4.0 \times 10^{-4} \text{ M}$$
$$[Cd(NH_3)_3^{2+}] = 4.0 \times 10^{-4} \text{ M}$$
$$[Cd(NH_3)_2^{2+}] = 3.2 \times 10^{-4} \text{ M}$$
$$[Cd(NH_3)^{2+}] = 3.2 \times 10^{-5} \text{ M}$$
$$[Cd^{2+}] = 1.0 \times 10^{-6} \text{ M}$$

全金属イオンはこれらの濃度の和であるので

$$C_M = [Cd(NH_3)_4^{2+}] + [Cd(NH_3)_3^{2+}] + [Cd(NH_3)_2^{2+}] + [Cd(NH_3)^{2+}] + [Cd^{2+}]$$
$$= 1.15 \times 10^{-3} \text{ M}$$

となる．

$$\gamma_4 = \frac{[Cd(NH_3)_4^{2+}]}{C_M} = \frac{4.0 \times 10^{-4}}{1.15 \times 10^{-3}} = 0.348$$

$$\gamma_3 = \frac{[Cd(NH_3)_3^{2+}]}{C_M} = \frac{4.0 \times 10^{-4}}{1.15 \times 10^{-3}} = 0.348$$

$$\gamma_2 = \frac{[Cd(NH_3)_2^{2+}]}{C_M} = \frac{3.2 \times 10^{-4}}{1.15 \times 10^{-3}} = 0.278$$

$$\gamma_1 = \frac{[Cd(NH_3)^{2+}]}{C_M} = \frac{3.2 \times 10^{-5}}{1.15 \times 10^{-3}} = 0.028$$

$$\gamma_0 = \frac{[Cd^{2+}]}{C_M} = \frac{1.0 \times 10^{-6}}{1.15 \times 10^{-3}} = 8.7 \times 10^{-4}$$

他のpNH$_3$における $\gamma_0 \sim \gamma_4$ を計算し，プロットしたものが図8.9である．この図から，あるpNH$_3$において存在する錯体種の割合が容易にわかる．

　さらに，図8.8と図8.9を用いて，金属イオンに配位している配位子の平均配位数（$\bar{j}$）* をグラフ化することができる．Cd^{2+}-NH$_3$錯体の場合，$\bar{j}$とγの関係は次のように示される．

$$\bar{j} = 4 \times \gamma_4 + 3 \times \gamma_3 + 2 \times \gamma_2 + 1 \times \gamma_1 + 0 \times \gamma_0$$

---

* 6.2節参照．

8.3 錯体平衡におけるグラフ

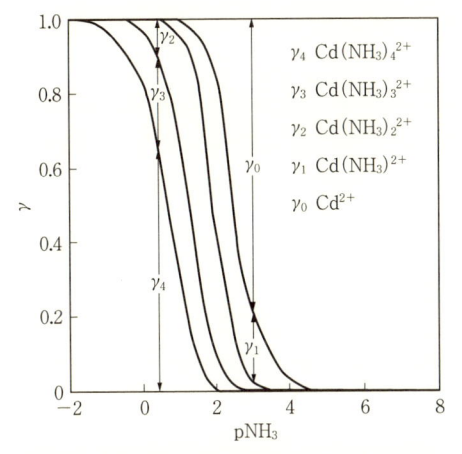

図 8.9 Cd^{2+}-NH_3 錯イオン系における C_M に対する各錯体種の割合(γ) と pNH_3 の関係

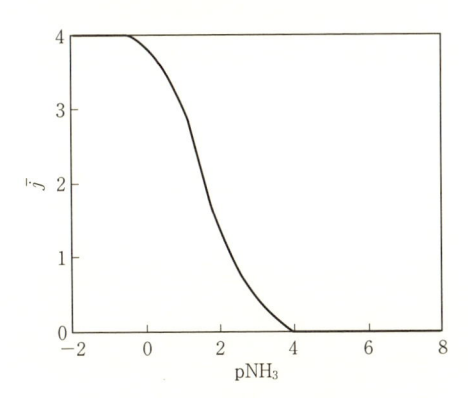

図 8.10 Cd^{2+}-NH_3 錯イオン系における平均配位数($\bar{j}$) と pNH_3 の関係

$pNH_3=1$ における γ 値をそれぞれ代入すると

$$\bar{j} = 4\times 0.348 + 3\times 0.348 + 2\times 0.278 + 1\times 0.028$$
$$= 3.02$$

つまり，$[NH_3]=10^{-1}$ M において Cd^{2+}-NH_3 錯体の平均配位数は 3 である．他の pNH_3 における $\bar{j}$ の値を計算し，プロットしたものが図 8.10 である．この図から NH_3 の特定の濃度における錯体の平均配位数を知ることができる．

8.4 酸化還元平衡におけるグラフ

電位と濃度の関係は第7章で述べたように次式で表される．

$$E(\mathrm{j}) = E^{0'}(\mathrm{j}) + \frac{0.059}{n}\log\frac{[\mathrm{Ox(j)}]}{[\mathrm{Red(j)}]} \tag{8.68}$$

この式を変形すると

$$\frac{[\mathrm{Ox(j)}]}{[\mathrm{Red(j)}]} = 10^{\frac{n}{0.059}(E(\mathrm{j})-E^{0'}(\mathrm{j}))} \tag{8.69}$$

となる．ここで，Ox(j)とRed(j)の濃度の和は一定とする．

$$[\mathrm{Ox(j)}] + [\mathrm{Red(j)}] = C_\mathrm{M} \tag{8.70}$$

式 (8.69) を式 (8.70) に代入して変形すると

$$[\mathrm{Ox(j)}] = \frac{C_\mathrm{M}}{\{1 + 10^{-\frac{n}{0.059}(E(\mathrm{j})-E^{0'}(\mathrm{j}))}\}} \tag{8.71}$$

この式において電位の極限条件における［Ox(j)］の近似解は次のようになる．
$E(\mathrm{j}) \gg E^{0'}(\mathrm{j})$ では

$$[\mathrm{Ox(j)}] = C_\mathrm{M}$$
$$\log[\mathrm{Ox(j)}] = \log C_\mathrm{M} \tag{8.72}$$

となる．$E(\mathrm{j}) \ll E^{0'}$ では

$$[\mathrm{Ox(j)}] = C_\mathrm{M} 10^{\frac{n}{0.059}(E(\mathrm{j})-E^{0'}(\mathrm{j}))}$$
$$\log[\mathrm{Ox(j)}] = \log C_\mathrm{M} + \frac{n}{0.059}(E(\mathrm{j}) - E^{0'}(\mathrm{j})) \tag{8.73}$$

となる．同様に，［Red(j)］に対して計算すると

$$[\mathrm{Red(j)}] = \frac{C_\mathrm{M} 10^{-\frac{n}{0.059}(E(\mathrm{j})-E^{0'}(\mathrm{j}))}}{1 + 10^{-\frac{n}{0.059}(E(\mathrm{j})-E^{0'}(\mathrm{j}))}} \tag{8.74}$$

となる．極限条件における［Red(j)］を求めると，$E(\mathrm{j}) \gg E^{0'}(\mathrm{j})$ では

$$[\mathrm{Red(j)}] = C_\mathrm{M} 10^{-\frac{n}{0.059}(E(\mathrm{j})-E^{0'}(\mathrm{j}))}$$
$$\log[\mathrm{Red(j)}] = \log C_\mathrm{M} - \frac{n}{0.059}(E(\mathrm{j}) - E^{0'}(\mathrm{j})) \tag{8.75}$$

となる．$E(\mathrm{j}) \ll E^{0'}(\mathrm{j})$ では

$$[\mathrm{Red(j)}] = C_\mathrm{M}$$
$$\log[\mathrm{Red(j)}] = \log C_\mathrm{M} \tag{8.76}$$

8.4 酸化還元平衡におけるグラフ

となる．酸化還元平衡のグラフにおいては，主変数として電極電位を選び，これに対して酸化体と還元体の濃度をプロットする．この際，$E(\mathrm{j}) = E^{0'}(\mathrm{j})$ と $\log C_\mathrm{M}$ の交点がシステムポイントである．$E(\mathrm{j})$ が $E^{0'}(\mathrm{j})$ よりも貴な電位領域では，$\log[\mathrm{Ox}(\mathrm{j})]$ は $\log C_\mathrm{M}$ に等しく一定となる．$E(\mathrm{j})$ が $E^{0'}(\mathrm{j})$ よりも卑な電位領域では，式 (8.73) にしたがって $\log[\mathrm{Ox}(\mathrm{j})]$ は電位に対して $n/0.059$ の勾配をもつ直線となる．一方，$\log[\mathrm{Red}(\mathrm{j})]$ は $E(\mathrm{j})$ が $E^{0'}(\mathrm{j})$ よりも貴な領域では，式 (8.75) にしたがって $-n/0.059$ の勾配をもつ直線となり，$E(\mathrm{j})$ が $E^{0'}(\mathrm{j})$ よりも卑な電位領域では，$\log C_\mathrm{M}$ に等しく一定となる．

上記の関係を Fe^{3+} と Fe^{2+} を含む電極系に適用してみよう．

$$\mathrm{Fe}^{3+} + \mathrm{e}^- \rightleftharpoons \mathrm{Fe}^{2+} \quad E^{0'}(\mathrm{Fe}^{3+}, \mathrm{Fe}^{2+}) = +0.771\,\mathrm{V} \quad (8.77)$$

Fe^{3+} と Fe^{2+} の濃度の和を $0.1\,\mathrm{M}$ とする．

$$[\mathrm{Fe}^{3+}] + [\mathrm{Fe}^{2+}] = 0.1\,\mathrm{M} \quad (8.78)$$

$E(\mathrm{Fe}^{3+}, \mathrm{Fe}^{2+}) \gg E^{0'}(\mathrm{Fe}^{3+}, \mathrm{Fe}^{2+})$ では，式 (8.72) と式 (8.75) より

$$\log[\mathrm{Fe}^{3+}] = -1 \quad (8.79)$$

$$\log[\mathrm{Fe}^{2+}] = -1 - \frac{1}{0.059}(E(\mathrm{Fe}^{3+}, \mathrm{Fe}^{2+}) - 0.771) \quad (8.80)$$

となる．$E(\mathrm{Fe}^{3+}, \mathrm{Fe}^{2+}) \ll E^{0'}(\mathrm{Fe}^{3+}, \mathrm{Fe}^{2+})$ では，式 (8.73) と式 (8.76) より

$$\log[\mathrm{Fe}^{3+}] = -1 + \frac{1}{0.059}(E(\mathrm{Fe}^{3+}, \mathrm{Fe}^{2+}) - 0.771) \quad (8.81)$$

$$\log[\mathrm{Fe}^{2+}] = -1 \quad (8.82)$$

図 8.11 は式 (8.79)～式 (8.82) をプロットしたものである．

この溶液におけるシステムポイントは，$\log C_\mathrm{M} = -1$ と $E^{0'}(\mathrm{Fe}^{3+}, \mathrm{Fe}^{2+}) = +0.771\,\mathrm{V}$ の交点である．$\log[\mathrm{Fe}^{3+}]$ 曲線と $\log[\mathrm{Fe}^{2+}]$ 曲線の交点では，Fe^{3+} と Fe^{2+} の濃度が等しいので

$$[\mathrm{Fe}^{3+}] = [\mathrm{Fe}^{2+}] = 0.05\,\mathrm{M}$$

$$\log[\mathrm{Fe}^{3+}] = \log[\mathrm{Fe}^{2+}] = -1.3$$

となる．つまり，$\log[\mathrm{Fe}^{3+}]$ 曲線と $\log[\mathrm{Fe}^{2+}]$ 曲線の交点はシステムポイントよりも 0.3 だけ下にある．図 8.11 は弱酸における $\log[\mathrm{HA}]$ と $\log[\mathrm{A}^-]$ の pH に対する関係（図 8.2）に対応するものである．

図 8.12 は $\mathrm{MnO_4^-}|\mathrm{Mn}^{2+}$ 電極と $\mathrm{Fe}^{3+}|\mathrm{Fe}^{2+}$ 電極の電位を pH に対してプロットしたものである．

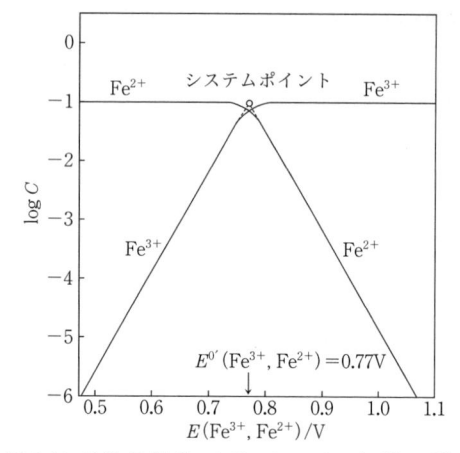

図 8.11 Fe^{3+}/Fe^{2+} 系における $\log C$ と $E(Fe^{3+}, Fe^{2+})$ の関係

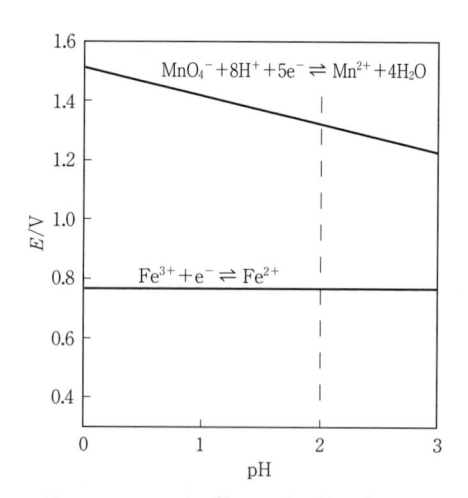

図 8.12 MnO_4^-/Mn^{2+} および Fe^{3+}/Fe^{2+} 電極系の電位と pH の関係

$MnO_4^-|Mn^{2+}$ 電極の反応は

$$MnO_4^- + 8\,H^+ + 5\,e^- \rightleftharpoons Mn^{2+} + 4\,H_2O \tag{8.83}$$

である．この反応の pH 依存性は次のように表される．

$$\frac{\Delta E(\mathrm{MnO_4^-, Mn^{2+}})}{\Delta \mathrm{pH}} = -\frac{8}{5} \times 0.059 = -0.094 \text{ V} \quad (8.84)$$

したがって，$\mathrm{MnO_4^-|Mn^{2+}}$ 電極の電位は pH が 1 変化する毎に -0.094 V 変化する．一方，$\mathrm{Fe^{3+}|Fe^{2+}}$ 電極の電位は反応 (8.77) からわかるように pH に依存せず，$E^{0'}(\mathrm{Fe^{3+}, Fe^{2+}}) = +0.77$ V で横一直線となる．例えば，pH=2 において $E(\mathrm{MnO_4^-, Mn^{2+}})$ は $+1.32$ V であり，$E(\mathrm{Fe^{3+}, Fe^{2+}})$ は $+0.77$ V である．この電位差により $\mathrm{Fe^{2+}}$ は $\mathrm{Fe^{3+}}$ に酸化され，$\mathrm{MnO_4^-}$ は $\mathrm{Mn^{2+}}$ に還元される．$[\mathrm{Fe^{3+}}]$ が増加することによって $E(\mathrm{Fe^{3+}, Fe^{2+}})$ は貴な電位方向に移行し，$[\mathrm{MnO_4^-}]$ が減少することによって $E(\mathrm{MnO_4^-, Mn^{2+}})$ は卑な電位方向に移行する．結局，この 2 つの半反応の電位が等しくなるところで平衡に達する．

電極電位と pH の関係図は金属の腐食において安定領域を知るのにきわめて有用である．例えば，Ni における電位-pH 図を作成してみよう．この系では，次に示すような半反応や酸解離の平衡が電位および pH に依存して変化する．いま，pH のみが変化し，他の化学種は標準状態にあるものとして各反応の電位と pH の関係を調べる．

① $\mathrm{Ni^{2+}} + 2\,\mathrm{e^-} \rightleftharpoons \mathrm{Ni}$
$$E(\mathrm{Ni^{2+}, Ni}) = -0.250 \text{ V}$$

② $\mathrm{Ni(OH)_2} + 2\,\mathrm{H^+} + 2\,\mathrm{e^-} \rightleftharpoons \mathrm{Ni} + 2\,\mathrm{H_2O}$
$$E(\mathrm{Ni(OH)_2, Ni}) = 0.110 - 0.059\,\mathrm{pH}$$

③ $\mathrm{Ni^{2+}} + 2\,\mathrm{H_2O} = \mathrm{Ni(OH)_2} + 2\,\mathrm{H^+}$
$$[\mathrm{H^+}]^2 = K = 6.6 \times 10^{-13}$$
$$\mathrm{pH} = 6.09$$

④ $\mathrm{Ni_2O_3} + 10\,\mathrm{H^+} + 10\,\mathrm{e^-} \rightleftharpoons 2\,\mathrm{Ni(OH)_2} + 3\,\mathrm{H_2O}$
$$E = 1.032 - 0.059\,\mathrm{pH}$$

⑤ $2\,\mathrm{NiO_2} + 2\,\mathrm{H^+} + 2\,\mathrm{e^-} \rightleftharpoons \mathrm{Ni_2O_3} + \mathrm{H_2O}$
$$E = 1.434 - 0.059\,\mathrm{pH}$$

⑥ $\mathrm{Ni_2O_3} + 6\,\mathrm{H^+} + 2\,\mathrm{e^-} \rightleftharpoons 2\,\mathrm{Ni^{2+}} + 3\,\mathrm{H_2O}$
$$E = 1.753 + \frac{0.059}{2} \log[\mathrm{H^+}]^6$$
$$= 1.753 - 0.177\,\mathrm{pH}$$

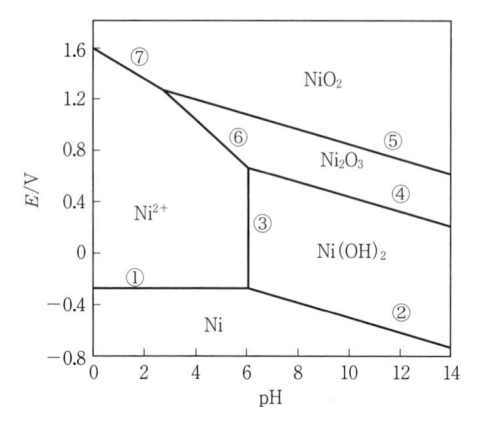

図 8.13 Ni/H₂O 系の電位と pH の関係

⑦　$NiO_2 + 4H^+ + 2e^- \rightleftharpoons Ni^{2+} + 2H_2O$

$$E = 1.593 + \frac{0.059}{2}\log[H^+]^4$$

$$= 1.593 - 0.118\,\mathrm{pH}$$

曲線①～⑦の電位を pH に対してプロットすると図 8.13 が得られる．この際，曲線①は pH に依存しないので $E = -0.250$ V で横一直線となる．また，曲線③は電位に依存しないので pH = 6.09 で縦一直線となる．この図より，特定の電位と pH でどの化学種が安定に存在するかを知ることができる．

演習問題

8.1 0.1 M の HNO_2 溶液における $\log C$ 対 pH 図を作成せよ．

8.2 問題 [8.1] の図を用いて，次の溶液の pH とすべての化学種の濃度を計算せよ．

　　(1) 0.1 M の HNO_2 溶液　　(2) 0.1 M の $NaNO_2$ 溶液

8.3 0.1 M の HNO_2 溶液における化学種の全酸濃度に対する割合 (α) と pH の関係図を作成せよ．

$$\alpha_0 = \frac{[HNO_2]}{[HNO_2]+[NO_2^-]} \qquad \alpha_1 = \frac{[NO_2^-]}{[HNO_2]+[NO_2^-]}$$

8.4 0.1 M の H_2CO_3 溶液における $\log C$ 対 pH 図を作成せよ．

8.5 問題 [8.4] の図を用いて，次の溶液における pH とすべての化学種の濃度を計算せよ．
(1) 0.1 M の H_2CO_3 溶液　(2) 0.1 M の $NaHCO_3$ 溶液
(3) 0.1 M の Na_2CO_3 溶液

8.6 0.1 M の H_2CO_3 溶液の α-pH 図を作成せよ．

8.7 Ag^+-Cl^- 錯体溶液における $\log C$ 対 pCl 図を作成せよ．

$$Ag^+ + Cl^- \rightleftharpoons AgCl \qquad \log K_1 = 3.04$$
$$Ag^+ + 2\,Cl^- \rightleftharpoons AgCl_2^- \qquad \log K_2 = 2.00$$
$$Ag^+ + 3\,Cl^- \rightleftharpoons AgCl_3^{2-} \qquad \log K_3 = 0.00$$
$$Ag^+ + 4\,Cl^- \rightleftharpoons AgCl_4^{3-} \qquad \log K_4 = 0.26$$

8.8 問題 [8.7] の溶液における (1) 全金属イオン濃度に対する各錯体種の濃度の割合（$\gamma_0 \sim \gamma_4$）対 pCl 図および (2) 平均配位数（$\bar{j}$）対 pCl 図を作成せよ．

8.9 次のデータを用いて Fe/H_2O 系の電位と pH の関係図を作成せよ．

① $Fe^{2+} + 2\,e^- \rightleftharpoons Fe$
　　$E = -0.440$ V
② $Fe^{3+} + e^- \rightleftharpoons Fe^{2+}$
　　$E = +0.771$ V
③ $Fe(OH)_3 + 3\,H^+ + e^- \rightleftharpoons Fe^{2+} + 3\,H_2O$
　　$E = +1.044 - 0.177\,\text{pH}$
④ $Fe(OH)_2 + 2\,H^+ + 2\,e^- \rightleftharpoons Fe + 2\,H_2O$
　　$E = -0.049 - 0.059\,\text{pH}$
⑤ $Fe^{2+} + 2\,H_2O \rightleftharpoons Fe(OH)_2 + 2\,H^+$
　　pH = 6.6
⑥ $Fe^{3+} + 3\,H_2O \rightleftharpoons Fe(OH)_3 + 3\,H^+$
　　pH = 1.5
⑦ $Fe(OH)_3 + H^+ + e^- \rightleftharpoons Fe(OH)_2 + H_2O$
　　$E = +0.262 - 0.059\,\text{pH}$

参　考　書

- A. J. Bard（松田好晴，小倉興太郎　共訳），「溶液内イオン平衡―理論と計算」，化学同人（1975）．
- H. Freiser, Q. Fernando（藤永太一郎，関戸栄一　共訳），「イオン平衡」，化学同人（1967）．
- R. A. Day, A. L. Underwood（鳥居泰男，康智三　共訳），「定量分析化学」，培風館（1982）．
- G. D. Christian（原口紘炁　監訳），「原書6版 クリスチャン分析化学Ⅰ基礎編」，丸善（2005）．
- 小倉興太郎，「化学教科書シリーズ 無機化学演習」，丸善（1993）．
- G. M. Barrow（大門寛，堂免一成　共訳），「バーロー物理化学 第6版」，東京化学同人（1999）．
- 長倉三郎 他 編，「岩波理化学辞典 第5版」，岩波書店（1998）．
- 日本化学会 編，「化学便覧 基礎編 改訂5版」，丸善（2004）．
- 電気化学会 編，「第5版 電気化学便覧」，丸善（2000）．

演習問題解答*

第1章

1.1[答] (1) 0.128 M, (2) 0.028 M, (3) 0.076 M, (4) 0.093 M

1.2[答] (1) 62.425 g, (2) 51.825 g, (3) 13.373 g, (4) 17.25 g

[解] $x(\text{g}) = C(\text{mol/dm}^3) \times 分子量(\text{g/mol}) \times V(\text{dm}^3)$

(1) $x = 0.5(\text{mol/dm}^3) \times 249.7(\text{g/mol}) \times 0.5(\text{dm}^3) = 62.425$ g

(2) $x = 0.5(\text{mol/dm}^3) \times 207.3(\text{g/mol}) \times 0.5(\text{dm}^3) = 51.825$ g

(3) $x = 0.5(\text{mol/dm}^3) \times 53.49(\text{g/mol}) \times 0.5(\text{dm}^3) = 13.373$ g

(4) $x = 0.5(\text{mol/dm}^3) \times 69.0(\text{g/mol}) \times 0.5(\text{dm}^3) = 17.25$ g

1.3[答] (1) 11.88 M, (2) 6.76 M, (3) 4.0 M, (4) 1.6 M, (5) 0.012 M,
(6) 4.72×10^{-5} M, (7) 4.28×10^{-8} M

1.4[答] (1) $[\text{Ba}^{2+}] = 1$ M, $[\text{Li}^+] = 0.4$ M, $[\text{Cl}^-] = 2.4$ M

(2) $[\text{Ba}^{2+}] = 0.192$ M, $[\text{K}^+] = 0.322$ M, $[\text{Cl}^-] = 0.706$ M

(3) $[\text{Fe}^{2+}] = 0.138$ M, $[\text{Co}^{2+}] = 0.162$ M, $[\text{SO}_4^{2-}] = 0.3$ M

(4) $[\text{Ba}^{2+}] = 0.3$ M, $[\text{Na}^+] = 0.12$ M, $[\text{Cl}^-] = 0.4$ M, $[\text{OH}^-] = 0.32$ M

[解] (1) $[\text{Ba}^{2+}] = \dfrac{0.5(\text{mol})}{0.5(\text{dm}^3)} = 1$ M $[\text{Li}^+] = \dfrac{0.2(\text{mol})}{0.5(\text{dm}^3)} = 0.4$ M

$[\text{Cl}^-] = \dfrac{(0.5 \times 2 + 0.2)(\text{mol})}{0.5(\text{dm}^3)} = 2.4$ M

(2) BaCl_2 のモル数: $\dfrac{20(\text{g})}{208.2(\text{g/mol})} = 0.096$ mol

KCl のモル数: $\dfrac{12(\text{g})}{74.56(\text{g/mol})} = 0.161$ mol

$[\text{Ba}^{2+}] = \dfrac{0.096(\text{mol})}{0.5(\text{dm}^3)} = 0.192$ M

$[\text{K}^+] = \dfrac{0.161(\text{mol})}{0.5(\text{dm}^3)} = 0.322$ M

$[\text{Cl}^-] = \dfrac{(0.096 \times 2 + 0.161)(\text{mol})}{0.5(\text{dm}^3)} = 0.706$ M

(3) FeSO_4 のモル数: $\dfrac{20(\text{g})}{242(\text{g/mol})} = 0.083$ mol

CoSO_4 のモル数: $\dfrac{15(\text{g})}{155(\text{g/mol})} = 0.097$ mol

---

* 解答は,偶数番は詳細に,奇数番は結果のみ記した.

$$[\text{Fe}^{2+}] = \frac{0.083\,(\text{mol})}{0.6\,(\text{dm}^3)} = 0.138\ \text{M}$$

$$[\text{Co}^{2+}] = \frac{0.097\,(\text{mol})}{0.6\,(\text{dm}^3)} = 0.162\ \text{M}$$

$$[\text{SO}_4{}^{2-}] = \frac{(0.083+0.097)\,(\text{mol})}{0.6\,(\text{dm}^3)} = 0.3\ \text{M}$$

(4) Ba(OH)_2 のモル数： $\dfrac{8.57\,(\text{g})}{171.3\,(\text{g/mol})} = 0.05\ \text{mol}$

BaCl_2 のモル数： $0.1\ \text{mol}$

NaOH のモル数： $0.3\,(\text{mol/dm}^3) \times 0.2\,(\text{dm}^3) = 0.06\ \text{mol}$

$$[\text{Ba}^{2+}] = \frac{(0.05+0.1)\,(\text{mol})}{0.5\,(\text{dm}^3)} = 0.3\ \text{M}$$

$$[\text{Na}^+] = \frac{0.06\,(\text{mol})}{0.5\,(\text{dm}^3)} = 0.12\ \text{M}$$

$$[\text{OH}^-] = \frac{(0.05 \times 2 + 0.06)\,(\text{mol})}{0.5\,(\text{dm}^3)} = 0.32\ \text{M}$$

$$[\text{Cl}^-] = \frac{0.1 \times 2\,(\text{mol})}{0.5\,(\text{dm}^3)} = 0.4\ \text{M}$$

1.5[答] (1) 0.032 N, (2) 0.069 N, (3) 5.1×10^{-3} N, (4) 0.158 N, (5) 0.01 N

1.6[答] (1) 1.7 wt%, (2) 0.095 M, (3) 0.089 mol/kg, (4) 0.29 N

[解] (1) 10 g のクエン酸結晶中のクエン酸の質量 x は

$$x = \frac{\text{C(OH)(COOH)(CH}_2\text{COOH)}_2}{\text{C(OH)(COOH)(CH}_2\text{COOH)}_2\cdot\text{H}_2\text{O}} \times 10\,(\text{g})$$

$$= \frac{192.08\,(\text{g/mol})}{210.1\,(\text{g/mol})} \times 10\,(\text{g})$$

$$= 9.1\ \text{g}$$

この溶液 0.5 dm³ の質量： $1.10\,(\text{g/cm}^3) \times 10^3\,(\text{cm}^3/\text{dm}^3) \times 0.5\,(\text{dm}^3) = 550\ \text{g}$

重量 $\% = \dfrac{9.1\,(\text{g})}{550\,(\text{g})} \times 100 = 1.7\ \text{wt\%}$

(2) $C = \dfrac{10\,(\text{g})}{210.1\,(\text{g/mol}) \times 0.5\,(\text{dm}^3)} = 0.095\ \text{M}$

(3) 溶媒の質量： $550\,(\text{g}) - 9.1\,(\text{g}) = 540.9\ \text{g}$

溶液中のクエン酸のモル数： $\dfrac{10\,(\text{g})}{210.1\,(\text{g/mol})} = 0.048\ \text{mol}$

重量モル濃度 $m = \dfrac{0.048\,(\text{mol})}{0.541\,(\text{kg})} = 0.089\ \text{mol/kg}$

(4) クエン酸の 1 モルは 3 g 当量であるので，1 g 当量 = 70.0 g/eq である．

規定度： $\dfrac{10\,(\text{g})}{70.0\,(\text{g/eq}) \times 0.5\,(\text{dm}^3)} = 0.29\ \text{eq/dm}^3 = 0.29\ \text{N}$

1.7[答] 65.4 wt%

1.8[答] 3.3 wt%

[解] NaOH の 1 モルは 1 g 当量である．0.5 N の NaOH 溶液 23 cm³ に相当する酢酸のモル数は

演習問題解答 *175*

$0.5\,(\text{eq/dm}^3) \times 1\,(\text{mol/eq}) \times 0.023\,(\text{dm}^3) = 0.0115\,\text{mol}$

酢酸の質量は

$0.0115\,(\text{mol}) \times 60.5\,(\text{g/mol}) = 0.696\,\text{g}$

食用酢中の酢酸の重量%は

$$\frac{0.696\,(\text{g})}{1.055\,(\text{g/cm}^3) \times 20\,(\text{cm}^3)} \times 100 = 3.3\,\text{wt\%}$$

1.9[答] 49.8 wt%

1.10[答] 0.015 M

[解] この滴定における反応は

$$\text{MnO}_4^- + 5\,\text{Fe}^{2+} + 8\,\text{H}^+ \rightleftharpoons \text{Mn}^{2+} + 5\,\text{Fe}^{3+} + 4\,\text{H}_2\text{O}$$

であるので，MnO_4^-の1モルは5g当量，Fe^{2+}の1モルは1g当量である．KMnO_4溶液のモル濃度を$x\,(\text{M})$とすると

$1\,(\text{eq/mol}) \times 0.1\,(\text{mol/dm}^3) \times 0.02\,(\text{dm}^3) = 5\,(\text{eq/mol})\,x \times 0.0265\,(\text{dm}^3)$

$x = 0.015\,\text{mol/dm}^3 = 0.015\,\text{M}$

第2章

2.1[答] (1) 0.5, (2) 1.53, (3) 0.23, (4) 0.28

2.2[答] (1) 0.61, (2) 0.57, (3) 0.41, (4) 0.46, (5) 0.22

[解] (1) $\text{Pb(NO}_3)_2 \longrightarrow \text{Pb}^{2+} + 2\,\text{NO}_3^-$

	C_i	Z_i	Z_i^2	$C_i Z_i^2$
Pb^{2+}	0.005	2	4	0.02
NO_3^-	0.01	-1	1	0.01

$\mu = \dfrac{1}{2}\sum C_i Z_i^2 = 0.015$

$-\log f_{\text{Pb}^{2+}} = \dfrac{0.51 \times 4\sqrt{0.015}}{1 + 1.3\sqrt{0.015}} = 0.215$

$f_{\text{Pb}^{2+}} = 0.61$

(2) $\text{KNO}_3 \longrightarrow \text{K}^+ + \text{NO}_3^-$

	C_i	Z_i	Z_i^2	$C_i Z_i^2$
Pb^{2+}	0.005	2	4	0.02
K^+	0.005	1	1	0.005
NO_3^-	0.015	-1	1	0.015

$\mu = \dfrac{1}{2}\sum C_i Z_i^2 = 0.02$

$-\log f_{\text{Pb}^{2+}} = \dfrac{0.51 \times 4\sqrt{0.02}}{1 + 1.3\sqrt{0.02}} = 0.244$

$f_{\text{Pb}^{2+}} = 0.57$

(3) $KNO_3 \longrightarrow K^+ + NO_3^-$

	C_i	Z_i	Z_i^2	$C_iZ_i^2$
Pb^{2+}	0.005	2	4	0.02
K^+	0.05	1	1	0.05
NO_3^-	0.06	−1	1	0.06

$\mu = \dfrac{1}{2}\Sigma C_iZ_i^2 = 0.065$

$-\log f_{Pb^{2+}} = \dfrac{0.51\times 4\sqrt{0.065}}{1+1.3\sqrt{0.065}} = 0.391$

$f_{Pb^{2+}} = 0.41$

(4) $K_2SO_4 \longrightarrow 2K^+ + SO_4^{2-}$

	C_i	Z_i	Z_i^2	$C_iZ_i^2$
Pb^{2+}	0.005	2	4	0.02
K^+	0.02	1	1	0.02
NO_3^-	0.01	−1	1	0.01
SO_4^{2-}	0.01	−2	4	0.04

$\mu = \dfrac{1}{2}\Sigma C_iZ_i = 0.045$

$-\log f_{Pb^{2+}} = \dfrac{0.51\times 4\sqrt{0.045}}{1+1.3\sqrt{0.045}} = 0.339$

$f_{Pb^{2+}} = 0.46$

(5) $K_2SO_4 \longrightarrow 2K^+ + SO_4^{2-}$

	C_i	Z_i	Z_i^2	$C_iZ_i^2$
Pb^{2+}	0.005	2	4	0.02
K^+	0.2	1	1	0.2
SO_4^{2-}	0.1	−2	4	0.4
NO_3^-	0.01	−1	1	0.01

$\mu = \dfrac{1}{2}\Sigma C_iZ_i^2 = 0.315$

$-\log f_{Pb^{2+}} = \dfrac{0.51\times 4\sqrt{0.315}}{1+1.3\sqrt{0.315}} = 0.662$

$f_{Pb^{2+}} = 0.22$

2.3 [答] 0.832

2.4 [答] 0.619

[解] $Na_3PO_4 \longrightarrow 3Na^+ + PO_4^{3-}$

$f_{Na_3PO_4} = f_{Na^+}^3 \cdot f_{PO_4^{3-}} = f_\pm^4$

$f_{Na_3PO_4} = (0.887)^4 = 0.619$

2.5 [答] 0.851

2.6 [答] 0.789

[解] $\mu = \dfrac{1}{2}\Sigma C_iZ_i^2 = \dfrac{1}{2}\{0.1\times 1 + 0.1\times (-1)^2\} = 0.1$

$$-\log f_{\mathrm{H^+}} = \frac{0.51\sqrt{0.1}}{1+3.0\sqrt{0.1}} = 0.083 \qquad f_{\mathrm{H^+}} = 0.826$$

$$-\log f_{\mathrm{Cl^-}} = \frac{0.51\sqrt{0.1}}{1+\sqrt{0.1}} = 0.123 \qquad f_{\mathrm{Cl^-}} = 0.753$$

$$f_{\mathrm{HCl}} = f_{\mathrm{H^+}} \cdot f_{\mathrm{Cl^-}} = f_{\pm}^2$$

$$f_{\pm}^2 = 0.826 \times 0.753 = 0.622 \qquad f_{\pm} = 0.789$$

2.7 [答] 0.572

2.8 [答] $f_{\mathrm{Ba^{2+}}} = 0.621$, $f_{\mathrm{Cl^-}} = 0.880$, $f_{\pm} = 0.784$

[解] $\mathrm{BaCl_2} \longrightarrow \mathrm{Ba^{2+}} + 2\,\mathrm{Cl^-}$

	C_i	Z_i	Z_i^2	$C_i Z_i^2$
$\mathrm{Ba^{2+}}$	0.005	2	4	0.02
$\mathrm{Cl^-}$	0.01	-1	1	0.01

$$\mu = \frac{1}{2}\sum C_i Z_i^2 = 0.015$$

$$-\log f_{\mathrm{Ba^{2+}}} = \frac{0.51 \times 4\sqrt{0.015}}{1+1.7\sqrt{0.015}} = 0.207 \qquad f_{\mathrm{Ba^{2+}}} = 0.621$$

$$-\log f_{\mathrm{Cl^-}} = \frac{0.51\sqrt{0.015}}{1+\sqrt{0.015}} = 0.056 \qquad f_{\mathrm{Cl^-}} = 0.880$$

$$f_{\mathrm{BaCl_2}} = f_{\mathrm{Ba^{2+}}} \cdot f_{\mathrm{Cl^-}}^2 = f_{\pm}^3$$

$$f_{\pm}^3 = 0.621 \times (0.880)^2 = 0.481 \qquad f_{\pm} = 0.784$$

2.9 [答] $f_{\mathrm{CH_3COO^-}} = 0.929$, $f_{\mathrm{H^+}} = 0.934$, $f_{\pm} = 0.932$

2.10 [答] 0.977

[解] $\alpha = \dfrac{\Lambda}{\Lambda_0} = \dfrac{0.00113}{0.02714} = 0.0416$

$[\mathrm{NH_4^+}] = [\mathrm{OH^-}] = 0.01\,(\mathrm{M}) \times 0.0416 = 4.16 \times 10^{-4}\,\mathrm{M}$

	C_i	Z_i	Z_i^2	$C_i Z_i^2$
$\mathrm{NH_4^+}$	4.16×10^{-4}	1	1	4.16×10^{-4}
$\mathrm{OH^-}$	4.16×10^{-4}	-1	1	4.16×10^{-4}

$$\mu = \frac{1}{2}\sum C_i Z_i^2 = 4.16 \times 10^{-4}$$

$$-\log f_{\mathrm{NH_4^+}} = \frac{0.51\sqrt{4.16 \times 10^{-4}}}{1+\sqrt{4.16 \times 10^{-4}}} = 0.0102$$

$$f_{\mathrm{NH_4^+}} = 0.977$$

同様に, $f_{\mathrm{Cl^-}} = 0.977$ となるので

$$f_{\pm}^2 = f_{\mathrm{NH_4^+}} f_{\mathrm{Cl^-}} = (0.977)^2 \qquad f_{\pm} = 0.977$$

2.11 [答] $0.05475\ \Omega^{-1}\,\mathrm{m^2\,mol^{-1}}$

2.12 [答] $\varkappa = 0.0389\ \Omega^{-1}\mathrm{m^{-1}}$, $\Lambda = 0.0122\ \Omega^{-1}\,\mathrm{m^2\,mol^{-1}}$

[解] セル定数を K とすると, 式 (2.15) より

$$\varkappa = KL = \frac{K}{R}$$

$$K = \varkappa R = 1.2886\,(\Omega^{-1}\mathrm{m}^{-1}) \times 192.3\,(\Omega) = 247.8\,\mathrm{m}^{-1}$$

NaCl の比伝導度は

$$\varkappa = \frac{247.8\,(\mathrm{m}^{-1})}{6363\,(\Omega)} = 0.0389\,\Omega^{-1}\mathrm{m}^{-1}$$

この値を用いて式 (2.16) より,

$$\Lambda = \frac{\varkappa}{C} = \frac{0.0389\,(\Omega^{-1}\mathrm{m}^{-1})}{0.003186\,(\mathrm{mol/dm^3})}$$

$$= \frac{10^{-3} \times 0.0389\,(\Omega^{-1}\mathrm{m}^{-1})}{0.003186\,(\mathrm{mol/m^3})} = 0.0122\,\Omega^{-1}\,\mathrm{m^2\,mol^{-1}}$$

2.13[答]　1.0×10^{-14}

第3章

3.1[答]　(1) $\dfrac{[\mathrm{H^+}][\mathrm{AsO_2^-}]}{[\mathrm{HAsO_2}]} = K_a$,　(2) $[\mathrm{Ba^{2+}}][\mathrm{SO_4^{2-}}] = K_{sp}$

(3) $\dfrac{[\mathrm{Zn(CN)_4^{2-}}]}{[\mathrm{Zn^{2+}}][\mathrm{CN^-}]^4} = K_{stab}$,　(4) $[\mathrm{Hg_2^{2+}}][\mathrm{Cl^-}]^2 = K_{sp}$

(5) $\dfrac{[\mathrm{NH_4^+}][\mathrm{OH^-}]}{[\mathrm{NH_3}]} = K_b$

3.2[答]　(1) $\mathrm{Cu^{2+} + Zn \rightleftharpoons Cu + Zn^{2+}}$,　(2) $\mathrm{2\,Cu^+ \rightleftharpoons Cu^{2+} + Cu}$
(3) $\mathrm{Ag(CN)_2^- \rightleftharpoons AgCN + CN^-}$,　(4) $\mathrm{AgCl \rightleftharpoons Ag^+ + Cl^-}$
(5) $\mathrm{CO_2 + H_2O \rightleftharpoons H_2CO_3}$
(6) $\mathrm{H_3AsO_3 + I_3^- + H_2O \rightleftharpoons H_3AsO_4 + 3\,I^- + 2\,H^+}$

3.3[答]　(1) 2.1×10^{-2},　(2) $\mathrm{H_2} = 2.2 \times 10^{-4}\,\mathrm{M}$, $\mathrm{I_2} = 2.2 \times 10^{-4}\,\mathrm{M}$, $\mathrm{HI} = 1.6 \times 10^{-3}\,\mathrm{M}$

3.4[答]　0.14

[解]　$\mathrm{N_2O_4}$ の初めの濃度を $1\,\mathrm{mol/dm^3}$ とする. $\mathrm{N_2O_4}$ の $x\,(\mathrm{M})$ が $\mathrm{NO_2}$ に転化したとすると, 残存する $\mathrm{N_2O_4}$ の濃度は

$$[\mathrm{N_2O_4}] = 1 - x = 1\,(\mathrm{M}) \times \frac{(100-17)}{100} = 0.83\,\mathrm{M}\quad x = 0.17\,\mathrm{M}$$

$\mathrm{NO_2}$ の平衡濃度は $2x$ であるので

$$[\mathrm{NO_2}] = 2x = 2 \times 0.17\,(\mathrm{M}) = 0.34\,\mathrm{M}$$

$$K = \frac{[\mathrm{NO_2}]^2}{[\mathrm{N_2O_4}]} = \frac{(0.34)^2}{0.83} = 0.14$$

3.5[答]　0.43 M

3.6[答]　0.11

[解]　式 (3.16) より

$$\Delta G^0 = 5.5 \times 10^3 = -2.303 \times 8.314 \times 298.15 \log K$$

$$\log K = -0.96$$

$$K = 0.11$$

3.7[答]　(1) $-506.6\,\mathrm{kJ/mol}$,　(2) 5.5×10^{88}

3.8[答]　1.5×10^7

[解]　$\Delta G^0 = -274.9 \times 10^3 = -2.303 \times 8.314 \times 2000 \log K$

演習問題解答　*179*

$\log K = 7.18$

$K = 1.5 \times 10^7$

3.9 [答] 2.5×10^4

3.10 [答] 2.0×10^2

[解] 式 (3.19) より

$$\log K^{300°C} - \log K^{25°C} = \frac{2.5 \times 10^4}{2.303 \times 8.314} \left(\frac{1}{573.15} - \frac{1}{298.15} \right)$$

$\log K^{300°C} - 4.4 = -2.103$

$K^{300°C} = 2.0 \times 10^2$

3.11 [答] $-88.7 \, \mathrm{J\,K^{-1}mol^{-1}}$

3.12 [答] (1) 94.1 kJ/mol, (2) 0.10

[解] (1) 式 (3.19) より

$$\log 0.540 - \log 0.0319 = \frac{-\Delta H^0}{2.303 \times 8.314} \left(\frac{1}{1000.15} - \frac{1}{800.15} \right)$$

$\Delta H^0 = 94.0$ kJ/mol

(2) $\log K^{600°C} - \log 0.0319 = \frac{-94.0 \times 10^3}{2.303 \times 8.314} \left(\frac{1}{873.15} - \frac{1}{800.15} \right)$

$\log K^{600°C} = -0.983$

$K^{600°C} = 0.10$

3.13 [答] (1) 175.3 kJ/mol, (2) 0.173 atm

3.14 [答] (1) 6.8×10^{-5}, (2) 1.6×10^{-2}

[解] (1) 1 000 K で $\Delta G^0 = 79.79$ kJ/mol である.

$\log K^{1000K} = -\frac{79.79 \times 10^3}{2.303 \times 8.314 \times 1\,000} = -4.167$

$K^{1000K} = 6.8 \times 10^{-5}$

(2) 2 000 K で $\Delta G^0 = 69.29$ kJ/mol である.

$\log K^{2000K} = -\frac{69.29 \times 10^3}{2.303 \times 8.314 \times 2\,000} = -1.809$

$K^{2000K} = 1.6 \times 10^{-2}$

3.15 [答] (1) $[Ag^+] + [H^+] = [ClO_4^-] = 0.124$ mol

(2) $[K^+] = 3[Fe(CN)_6^{3-}] + [Cl^-] = 1.634$ mol

(3) $2[Cu^{2+}] + [Na^+] = 2[SO_4^{2-}] = 0.258$ mol

3.16 [答] (1) 電気中性条件： $[H^+] + [Na^+] = [CN^-]$

物質収支条件： $[HCN] + [CN^-] = 1.2$ M, $[Na^+] = 1.0$ M

(2) 電気中性条件： $[H^+] = [Cl^-] + [CN^-]$

物質収支条件： $[HCN] + [CN^-] = 0.05$ M, $[Cl^-] = 0.25$ M

(3) 電気中性条件： $[Na^+] + [H^+] = [Cl^-] + [CN^-]$

物質収支条件： $[HCN] + [CN^-] = 1.0$ M, $[Na^+] = 1.2$ M,

$[Cl^-] = 0.6$ M

(4) 電気中性条件： $[H^+] = [NO_3^-] + [F^-] + [CN^-]$

物質収支条件： $[HF] + [F^-] = 0.5\,M$, $[HCN] + [CN^-] = 0.1\,M$,
$[NO_3^-] = 1.0\,M$

(5) 電気中性条件： $[NH_4^+] + [H^+] + [Na^+] = [Cl^-]$

物質収支条件： $[NH_4^+] + [NH_3] = 1.0\,M$, $[Cl^-] = 1.5\,M$,
$[Na^+] = 0.1\,M$

3.17[答] (1) $[H^+] = [CH_3COO^-] + [OH^-]$, (2) $[CH_3COOH] + [H^+] = [OH^-]$
(3) $[H^+] = [NH_3] + [OH^-]$, (4) $2[H_2S] + [HS^-] + [H^+] = [OH^-]$
(5) $2[H_2CO_3] + [HCO_3^-] + [H^+] = [OH^-]$

3.18[答] (1) $[H^+] = 0.03\,M$, $[HA] = 2.97\,M$, $[A^-] = 1.03\,M$,
$[OH^-] = 3.33 \times 10^{-13}\,M$, $[Na^+] = 1.0\,M$
(2) $[H^+] = 0.029\,M$, $[HA] = 2.971\,M$, $[A^-] = 1.029\,M$,
$[OH^-] = 3.45 \times 10^{-13}\,M$, $[Na^+] = 1.0\,M$

[解] (1) $[HA] + [A^-] = 4\,M$ $[Na^+] = 1\,M$

$[Na^+] + [H^+] = [A^-]$

$$\frac{[H^+][A^-]}{[HA]} = K_a = 1.0 \times 10^{-2}$$

$$\frac{[H^+]([H^+] + 1)}{3 - [H^+]} = 1.0 \times 10^{-2}$$

$[H^+] \ll 1\,M$ と仮定すると，$[H^+] = 0.03\,M$

$[HA] = 3 - 0.03 = 2.97\,M$ $[A^-] = 1 + 0.03 = 1.03\,M$

(2) $[H^+]^2 + 1.01\,[H^+] - 3.0 \times 10^{-2} = 0$

$$[H^+] = \frac{-1.01 + \sqrt{(1.01)^2 + 4 \times 3.0 \times 10^{-2}}}{2} = 0.029\,M$$

$[HA] = 3 - 0.029 = 2.971\,M$ $[A^-] = 4 - 2.971 = 1.029\,M$

3.19[答] (1) $[H^+] = 5.0 \times 10^{-5}\,M$, $[HX] = 0.5\,M$, $[X^-] = 0.1\,M$,
$[OH^-] = 2.0 \times 10^{-10}\,M$, $[K^+] = 0.1\,M$
(2) $[H^+] = 4.997 \times 10^{-5}\,M$, $[HX] = 0.5\,M$, $[X^-] = 0.1\,M$,
$[OH^-] = 2.0 \times 10^{-10}\,M$, $[K^+] = 0.1\,M$

3.20[答] (1) $[NH_4^+] = 4.2 \times 10^{-4}\,M$, $[OH^-] = 4.2 \times 10^{-4}\,M$, $[NH_3] = 0.01\,M$,
$[H^+] = 2.4 \times 10^{-11}\,M$
(2) $[NH_4^+] = 4.15 \times 10^{-4}\,M$, $[OH^-] = 4.15 \times 10^{-4}\,M$, $[NH_3] = 0.01\,M$,
$[H^+] = 2.41 \times 10^{-11}\,M$

[解] (1) $NH_3 + H_2O \rightleftharpoons NH_4^+ + OH^-$

$$\frac{[NH_4^+][OH^-]}{[NH_3]} = K_b = 1.8 \times 10^{-5}$$

$[NH_4^+] = [OH^-]$ $[NH_4^+] + [NH_3] = 0.01\,M$

$$\frac{[NH_4^+]^2}{0.01 - [NH_4^+]} = 1.8 \times 10^{-5}$$ $[NH_4^+] \fallingdotseq 4.2 \times 10^{-4}\,M$

$[NH_3] \fallingdotseq 0.01\,M$

$[OH^-] = 4.2 \times 10^{-4}$ M $\quad [H^+] = \dfrac{10^{-14}}{4.2 \times 10^{-4}} = 2.4 \times 10^{-11}$ M

(2) $[NH_4^+]^2 + 1.8 \times 10^{-5}[NH_4^+] - 1.8 \times 10^{-7} = 0$

$[NH_4^+] = \dfrac{-1.8 \times 10^{-5} + \sqrt{(1.8 \times 10^{-5})^2 - 4 \times 1.8 \times 10^{-7}}}{2} = 4.15 \times 10^{-4}$ M

$[OH^-] = 4.15 \times 10^{-4}$ M $\quad [H^+] = \dfrac{10^{-14}}{4.15 \times 10^{-4}} = 2.41 \times 10^{-11}$ M

$[NH_3] = 0.01$ M

第4章

4.1[答] (1) pH=9.3, pOH=4.7, $[OH^-] = 2.0 \times 10^{-5}$ M
(2) pH=7.4, pOH=6.6, $[OH^-] = 2.5 \times 10^{-7}$ M
(3) pH=6.7, pOH=7.3, $[OH^-] = 5.0 \times 10^{-8}$ M
(4) pH=0, pOH=14, $[OH^-] = 1.0 \times 10^{-14}$ M
(5) pH=-1, pOH=15, $[OH^-] = 10^{-15}$ M

4.2[答] (1) 5.8, (2) 4.4, (3) 9.3, (4) 6.8, (5) 3.3

[解] (1) pH=$-\log 10^{-5.82}=5.8$, (2) pH=$-\log(3.8 \times 10^{-5})=4.4$
(3) pH=$-\log(4.5 \times 10^{-10})=9.3$
(4) $[H^+] = \dfrac{10^{-14}}{6.2 \times 10^{-8}} = 1.61 \times 10^{-7}$ M $\quad$ pH=$-\log(1.61 \times 10^{-7})=6.8$
(5) $[H^+] = \dfrac{10^{-14}}{2.0 \times 10^{-11}} = 5.0 \times 10^{-4}$ $\quad$ pH=$-\log(5 \times 10^{-4})=3.3$

4.3[答] (1) pOH=1, $[OH^-]=0.1$ M, $[H^+]=10^{-13}$ M
(2) pOH=3.5, $[OH^-]=3.2 \times 10^{-4}$ M, $[H^+]=3.2 \times 10^{-11}$ M
(3) pOH=9.8, $[OH^-]=1.6 \times 10^{-10}$ M, $[H^+]=6.3 \times 10^{-5}$ M
(4) pOH=14, $[OH^-]=1.0 \times 10^{-14}$ M, $[H^+]=1.0$ M
(5) pOH=14.5, $[OH^-]=3.2 \times 10^{-15}$ M, $[H^+]=3.2$ M

4.4[答] (1) 0.25 M, 0.6, (2) 9.5×10^{-15} M, 14.0, (3) 1.2 M, -0.08,
(4) 4.0×10^{-3} M, 2.4, (5) 4.0×10^{-14} M, 13.4

[解] (1) $[H^+] = \dfrac{0.05 \,(\text{mol})}{0.2\,(\text{dm}^3)} = 0.25$ M

pH=$-\log[H^+] = -\log 0.25 = 0.6$

(2) $[OH^-] = \dfrac{25.1\,(\text{g})}{40.0\,(\text{g/mol})} \times \dfrac{1}{0.6\,(\text{dm}^3)} = 1.05$ M

$[H^+] = \dfrac{10^{-14}}{1.05\,(\text{M})} = 9.5 \times 10^{-15}$ M

pOH=$-\log[OH^-] = -\log 1.05 = -0.02$

pH=$14 - (-0.02) = 14.02$

(3) $[H^+] = 6\,(\text{mol/dm}^3) \times 0.1\,(\text{dm}^3) \times \dfrac{1}{0.5\,(\text{dm}^3)} = 1.2$ M

pH=$-\log 1.2 = -0.08$

(4) $[H^+] = \dfrac{0.002 \,(\mathrm{mol})}{0.5 \,(\mathrm{dm}^3)} = 4.0 \times 10^{-3}$ M

pH $= -\log(4.0 \times 10^{-3}) = 2.4$

(5) $[OH^-] = 1\,(\mathrm{mol/dm}^3) \times 0.5\,(\mathrm{dm}^3) \times \dfrac{1}{2\,(\mathrm{dm}^3)} = 0.25$ M

$[H^+] = \dfrac{10^{-14}}{0.25} = 4.0 \times 10^{-14}$ M

pH $= -\log(4.0 \times 10^{-14}) = 13.4$

4.5 [答] $[H^+] = 2.1 \times 10^{-13}$ M, $[OH^-] = 0.047$ M, pH $= 12.7$

4.6 [答] (1) $[H^+] = 8.3 \times 10^{-2}$ M, $[OH^-] = 1.2 \times 10^{-13}$ M, $[SO_4^{2-}] = 0.21$ M, $[Na^+] = 0.33$ M, pH $= 1.08$

(2) $[H^+] = 7.7 \times 10^{-6}$ M, $[OH^-] = 1.3 \times 10^{-9}$ M, $[CH_3COOH] = 0.3$ M, $[CH_3COO^-] = 0.7$ M, $[Na^+] = 1.2$ M, $[Cl^-] = 0.5$ M, pH $= 5.1$

(3) $[H^+] = 0.8$ M, $[OH^-] = 1.2 \times 10^{-14}$ M, $[CH_3COOH] = 1$ M, $[CH_3COO^-] = 4 \times 10^{-5}$ M, $[Na^+] = 1.2$ M, $[Cl^-] = 2$ M, pH $= 0.1$

(4) $[H^+] = 2.4 \times 10^{-10}$ M, $[OH^-] = 4.2 \times 10^{-5}$ M, $[NH_4^+] = 0.6$ M, $[NH_3] = 0.4$ M, $[Na^+] = 1.4$ M, $[Cl^-] = 1$ M, pH $= 9.6$

(5) $[H^+] = 2.4 \times 10^{-12}$ M, $[OH^-] = 4.2 \times 10^{-3}$ M, $[NH_4^+] = 1.0$ M, $[NH_3] = 1.0$ M, $[Cl^-] = 1.0$ M, pH $= 11.6$

[解] (1) H_2SO_4 の 0.5 N は 0.25 M である．

H^+ のモル数： $2 \times 0.25\,(\mathrm{mol/dm}^3) \times 0.1\,(\mathrm{dm}^3) = 0.05$ mol

OH^- のモル数： $2\,(\mathrm{mol/dm}^3) \times 0.02\,(\mathrm{dm}^3) = 0.04$ mol

$[H^+] = \dfrac{(0.05 - 0.04)\,(\mathrm{mol})}{0.120\,(\mathrm{dm}^3)} = 0.083$ M

pH $= -\log 0.083 = 1.08$

$[OH^-] = \dfrac{10^{-14}}{0.083} = 1.2 \times 10^{-13}$ M

$[SO_4^{2-}] = \dfrac{0.25\,(\mathrm{mol/dm}^3) \times 0.1\,(\mathrm{dm}^3)}{0.120\,(\mathrm{dm}^3)} = 0.21$ M

$[Na^+] = \dfrac{2\,(\mathrm{mol/dm}^3) \times 0.02\,(\mathrm{dm}^3)}{0.120\,(\mathrm{dm}^3)} = 0.33$ M

(2) HCl $\longrightarrow$ H$^+$ + Cl$^-$ NaOH $\longrightarrow$ Na$^+$ + OH$^-$

CH$_3$COONa $\longrightarrow$ CH$_3$COO$^-$ + Na$^+$

$[CH_3COOH] + [CH_3COO^-] = 1$ M

$[Na^+] = 0.2 + 1.0 = 1.2$ M $[Cl^-] = 0.5$ M

$[Na^+] + [H^+] = [Cl^-] + [OH^-] + [CH_3COO^-]$

$[CH_3COO^-] = [Na^+] - [Cl^-] + [H^+] - [OH^-]$

$\qquad\qquad = 1.2 - 0.5 + [H^+] - [OH^-]$

0.7 M $\gg [H^+] - [OH^-]$ であるので，$[CH_3COO^-] \fallingdotseq 0.7$ M

$[CH_3COOH] = 1 - 0.7 = 0.3$ M

$$\frac{[CH_3COOH][OH^-]}{[CH_3COO^-]} = K_b = \frac{K_w}{K_a} = \frac{10^{-14}}{1.8 \times 10^{-5}} = 5.56 \times 10^{-10}$$

$$\frac{0.3 \times [OH^-]}{0.7} = 5.56 \times 10^{-10} \quad [OH^-] = 1.3 \times 10^{-9} \, M$$

$$[H^+] = \frac{10^{-14}}{1.3 \times 10^{-9}} = 7.7 \times 10^{-6} \, M$$

$$pH = -\log(7.7 \times 10^{-6}) = 5.1$$

(3) $HCl \longrightarrow H^+ + Cl^- \quad NaOH \longrightarrow Na^+ + OH^-$

$CH_3COONa \longrightarrow CH_3COO^- + Na^+$

酸が過剰に存在するので次の平衡も存在する.

$CH_3COOH \rightleftharpoons CH_3COO^- + H^+$

$[CH_3COOH] + [CH_3COO^-] = 1 \, M$

$[Na^+] = 0.2 + 1.0 = 1.2 \, M \quad [Cl^-] = 2 \, M$

$[CH_3COO^-] + [Cl^-] + [OH^-] = [Na^+] + [H^+]$

$[CH_3COO^-] = 1.2 - 2 + [H^+] - [OH^-]$

$[H^+] \gg [OH^-]$ であるので,$[CH_3COO^-] \fallingdotseq [H^+] - 0.8$

$[CH_3COOH] = 1 - ([H^+] - 0.8) = 1.8 - [H^+]$

$$\frac{[CH_3COO^-][H^+]}{[CH_3COOH]} = \frac{([H^+] - 0.8)[H^+]}{1.8 - [H^+]} = 1.8 \times 10^{-5}$$

$[H^+] = 0.800\,04 \, M$

$[CH_3COO^-] = 4 \times 10^{-5} \, M \quad [CH_3COOH] = 1.0 \, M$

$pH = -\log 0.8 = 0.1$

(4) $NH_3 + H_2O \rightleftharpoons NH_4^+ + OH^-$

$NH_4Cl \longrightarrow NH_4^+ + Cl^-$

$NaOH \longrightarrow Na^+ + OH^-$

$[NH_3] + [NH_4^+] = 2 \, M \quad [Na^+] = 0.4 \, M \quad [Cl^-] = 1 \, M$

$[NH_4^+] + [H^+] + [Na^+] = [OH^-] + [Cl^-]$

$[NH_4^+] = [OH^-] - [H^+] + 1 - 0.4 \fallingdotseq [OH^-] + 0.6$

$[NH_3] = 2 - [NH_4^+] = 1.4 - [OH^-]$

$$\frac{[NH_4^+][OH^-]}{[NH_3]} = \frac{([OH^-] + 0.6)[OH^-]}{1.4 - [OH^-]} = K_b = \frac{K_w}{K_a} = 1.8 \times 10^{-5}$$

$[OH^-] = 4.2 \times 10^{-5} \, M$

$[NH_4^+] = 0.6 \, M \quad [NH_3] = 1.4 \, M$

$$[H^+] = \frac{10^{-14}}{4.2 \times 10^{-5}} = 2.4 \times 10^{-10} \, M$$

$pH = -\log(2.4 \times 10^{-10}) = 9.6$

(5) 1 M の NH_3 と 1 M の HCl から 1 M の NH_4Cl が生成する.

$NH_3 + HCl \longrightarrow NH_4Cl$

したがって,溶液には 1 M の NH_4Cl と 1 M の NH_3 が存在する.

1 M の NH_3 の解離平衡のみを考えると

$NH_3 + H_2O \rightleftharpoons NH_4^+ + OH^-$

$[NH_3] + [NH_4^+] = 1\,M \qquad [Cl^-] = 1\,M$

$[NH_4^+] = [OH^-]$

$\dfrac{[NH_4^+][OH^-]}{[NH_3]} = \dfrac{[OH^-]^2}{1-[OH^-]} = K_b = 1.8 \times 10^{-5}$

$[OH^-] \fallingdotseq 4.2 \times 10^{-3}\,M$

この解離で生成する $[NH_4^+]$ は $4.2 \times 10^{-3}\,M$ である．したがって，

$[NH_3] = 1 - 4.2 \times 10^{-3} = 0.9958 \fallingdotseq 1\,M$

NH_4^+ の濃度は平衡濃度の他に NH_4Cl の濃度を加えなければならない．

$[NH_4^+] = 1 + 4.2 \times 10^{-3} = 1.0042 \fallingdotseq 1\,M$

$[H^+] = \dfrac{10^{-14}}{4.2 \times 10^{-3}} = 2.4 \times 10^{-12}\,M$

$pH = -\log(2.4 \times 10^{-12}) = 11.6$

4.7[答] (1) 4.3, (2) 7.8

4.8[答] (1) 1.9, (2) 4.0

[解] (1) $HNO_2 \rightleftharpoons H^+ + NO_2^-$

$[HNO_2] + [NO_2^-] = 0.4\,M$

$[H^+] = [NO_2^-]$

$\dfrac{[H^+][NO_2^-]}{[HNO_2]} = \dfrac{[H^+]^2}{0.4-[H^+]} = 5.1 \times 10^{-4} \qquad [H^+]^2 \fallingdotseq 2.04 \times 10^{-4}$

$[H^+] = 1.4 \times 10^{-2}\,M$

$pH = -\log(1.4 \times 10^{-2}) = 1.9$

4.9[答] (1) 11.3, (2) 9.6

4.10[答] 8.9

[解] $CH_3COONa \longrightarrow CH_3COO^- + Na^+$

$CH_3COO^- + H_2O \rightleftharpoons CH_3COOH + OH^-$

$[CH_3COOH] = [OH^-] \qquad [CH_3COOH] + [CH_3COO^-] = 0.1\,M$

$\dfrac{[CH_3COOH][OH^-]}{[CH_3COO^-]} = \dfrac{[OH^-]^2}{0.1-[OH^-]} = K_b = 5.56 \times 10^{-10}$

$[OH^-] \fallingdotseq 7.46 \times 10^{-6}\,M$

$[H^+] = \dfrac{10^{-14}}{7.46 \times 10^{-6}} = 1.34 \times 10^{-9}\,M$

$pH = -\log(1.34 \times 10^{-9}) = 8.9$

4.11[答] 11.7

4.12[答] 4.7

[解] $H_2PO_4^- \rightleftharpoons HPO_4^{2-} + H^+ \qquad K_{a2} = 6.2 \times 10^{-8}$

$H_2PO_4^- + H_2O \rightleftharpoons H_3PO_4 + OH^- \qquad K_{b1} = 1.7 \times 10^{-12}$

$K_{a1} = \dfrac{K_w}{K_{b1}} = \dfrac{10^{-14}}{1.7 \times 10^{-12}} = 5.9 \times 10^{-3}$

$[H_2PO_4^-] = 0.1\,M$ であるので，式 (4.118) より

$$[\text{H}^+] = \sqrt{\frac{K_{a1}K_{a2}[\text{H}_2\text{PO}_4^-] + K_{a1}K_w}{K_{a1} + [\text{H}_2\text{PO}_4^-]}}$$

$$= \sqrt{\frac{5.9 \times 10^{-3} \times 6.2 \times 10^{-8} \times 0.1 + 5.9 \times 10^{-3} \times 10^{-14}}{5.9 \times 10^{-3} + 0.1}}$$

$$= 1.9 \times 10^{-5} \text{ M}$$

$$\text{pH} = -\log(1.9 \times 10^{-5}) = 4.7$$

4.13[答] 0.9 M

4.14[答] 37.4 g

[解] $\text{NH}_3 + \text{H}_2\text{O} \rightleftharpoons \text{NH}_4^+ + \text{OH}^-$

$$K_b = \frac{K_w}{K_a} = \frac{10^{-14}}{5.5 \times 10^{-10}} = 1.8 \times 10^{-5}$$

pH = 8.1　$[\text{H}^+] = 10^{-8.1} = 7.9 \times 10^{-9}$ M　$[\text{OH}^-] = \frac{10^{-14}}{7.9 \times 10^{-9}} = 1.27 \times 10^{-6}$ M

$C_B = 0.2$ M　$K_b = 1.8 \times 10^{-5}$

式 (4.58) より

$$C_A = \frac{K_b C_B}{[\text{OH}^-]} = \frac{1.8 \times 10^{-5} \times 0.2}{1.27 \times 10^{-6}} = 2.8 \text{ M}$$

$[\text{NH}_4\text{Cl}] = 2.8$ M にするための NH_4Cl のモル数は

$2.8 (\text{mol/dm}^3) \times 0.25 (\text{dm}^3) = 0.7$ mol

このモル数に対応する質量は

$0.7 (\text{mol}) \times 53.49 (\text{g/mol}) = 37.4$ g

4.15[答] 0.027 M

4.16[答] 2.1×10^{-5} g

[解] $\text{KCN} \longrightarrow \text{K}^+ + \text{CN}^-$

$\text{CN}^- + \text{H}_2\text{O} \rightleftharpoons \text{HCN} + \text{OH}^-$

$[\text{HCN}] = [\text{OH}^-]$

$[\text{HCN}] + [\text{CN}^-] = x$ M

pH = 7.8　$[\text{H}^+] = 10^{-7.8}$　$[\text{OH}^-] = \frac{10^{-14}}{10^{-7.8}} = 6.3 \times 10^{-7}$ M

$$K_b = \frac{K_w}{K_a} = \frac{10^{-14}}{7.2 \times 10^{-10}} = 1.4 \times 10^{-5}$$

$$K_b = \frac{[\text{HCN}][\text{OH}^-]}{[\text{CN}^-]} = \frac{(6.3 \times 10^{-7})^2}{x - 6.3 \times 10^{-7}} = 1.4 \times 10^{-5}$$

$x = 6.6 \times 10^{-7}$ M

溶液は 0.5 dm³ であるので，溶質のモル数は

$6.6 \times 10^{-7} (\text{mol/dm}^3) \times 0.5 (\text{dm}^3) = 3.3 \times 10^{-7}$ mol

これに相当する KCN の質量は

$3.3 \times 10^{-7} (\text{mol}) \times 65.12 (\text{g/mol}) = 2.1 \times 10^{-5}$ g

4.17[答] 1.6×10^{-5}

4.18[答] (1) 55,　(2) 1.1,　(3) 5.5×10^{-6}

[解] 式 (4.64) より

$$\log\frac{[\text{OAc}^-]}{[\text{HOAc}]} = \text{pH} - \text{p}K_a$$

$$\frac{[\text{HOAc}]}{[\text{OAc}^-]} = 10^{\text{p}K_a - \text{pH}}$$

(1) $\dfrac{[\text{HOAc}]}{[\text{OAc}^-]} = 10^{4.74-3.0} = 55.0$

(2) $\dfrac{[\text{HOAc}]}{[\text{OAc}^-]} = 10^{4.74-4.7} = 1.1$

(3) $\dfrac{[\text{HOAc}]}{[\text{OAc}^-]} = 10^{4.74-10.0} = 5.5 \times 10^{-6}$

4.19[答] (1) 8.49, (2) 9.26, (3) 9.88

4.20[答] (1) 2.74, (2) 4.74, (3) 6.74

[解] $\text{pH} = \text{p}K_a + \log\dfrac{[\text{OAc}^-]}{[\text{HOAc}]}$

(1) $\text{pH} = 4.74 + \log\dfrac{10^{-4}}{10^{-2}} = 2.74$

(2) $\text{pH} = 4.74 + \log\dfrac{10^{-2}}{10^{-2}} = 4.74$

(3) $\text{pH} = 4.74 + \log\dfrac{10^{-2}}{10^{-4}} = 6.74$

4.21[答] (1) 2.74 ⇒ 2.92, (2) 4.74 ⇒ 4.74, (3) 6.74 ⇒ 7.04

4.22[答] (1) 4.74 ⇒ 4.83, (2) 4.74 ⇒ 11.7

[解] (1) この溶液は緩衝液である. 式 (4.64) より

$$\text{pH} = \text{p}K_a + \log\frac{[\text{CH}_3\text{COO}^-]}{[\text{CH}_3\text{COOH}]}$$

$$= 4.74 + \log\frac{0.1}{0.1} = 4.74$$

この溶液に NaOH を加えると，CH_3COOH の一部は CH_3COO^- となる．

残存する CH_3COOH のモル数：

$$0.1(\text{mol/dm}^3) \times 0.5(\text{dm}^3) - 0.01(\text{mol/dm}^3) \times 0.5(\text{dm}^3)$$

$$= 0.045 \text{ mol}$$

$$[\text{CH}_3\text{COOH}] = \frac{0.045 \,(\text{mol})}{(0.5+0.5)\,(\text{dm}^3)} = 0.045 \text{ M}$$

残存する CH_3COO^- のモル数：

$$0.1(\text{mol/dm}^3) \times 0.5(\text{dm}^3) + 0.01(\text{mol/dm}^3) \times 0.5(\text{dm}^3)$$

$$= 0.055 \text{ mol}$$

$$[\text{CH}_3\text{COO}^-] = 0.055 \text{ M}$$

$$\text{pH} = 4.74 + \log\frac{0.055}{0.045} = 4.83$$

(2) NaOH を加える前の $[\text{H}^+]$ と pH は

$$[\text{H}^+] = 1.8 \times 10^{-5} \text{ M}$$

$$pH = -\log(1.8 \times 10^{-5}) = 4.74$$

である．加えられた NaOH の一部は H^+ によって中和される．
残存する OH^- のモル数：

$$0.01(mol/dm^3) \times 0.5(dm^3) - 1.8 \times 10^{-5}(mol/dm^3) \times 0.5(dm^3)$$
$$= 5.0 \times 10^{-3} mol$$

$$[OH^-] = \frac{5.0 \times 10^{-3}(mol)}{1(dm^3)} = 5.0 \times 10^{-3} M$$

$$[H^+] = \frac{10^{-14}}{5.0 \times 10^{-3}} = 2 \times 10^{-12} M$$

$$pH = -\log(2 \times 10^{-12}) = 11.7$$

4.23[答] $4.74 \Rightarrow 4.73$

4.24[答] 10.1

[解] NH_3 のモル数： $0.5(mol/dm^3) \times 0.1(dm^3) = 0.05\ mol$

H_2SO_4 のモル数： $0.1(mol/dm^3) \times 0.03(dm^3) = 3 \times 10^{-3}\ mol$

$$2\ NH_3 + H_2SO_4 \longrightarrow (NH_4)_2SO_4$$

H_2SO_4 はすべて $(NH_4)_2SO_4$ になると考えられるので，$(NH_4)_2SO_4$ のモル数は $3 \times 10^{-3}\ mol$ である．$(NH_4)_2SO_4$ が 1 モル生成すると NH_3 は 2 モル消失する．
残存する NH_3 のモル数： $0.05(mol) - 2 \times 3 \times 10^{-3}(mol) = 0.044\ mol$

$$[NH_3] = \frac{0.044(mol)}{0.13(dm^3)} = 0.34\ M$$

$$[NH_4^+] = \frac{2 \times 3 \times 10^{-3}(mol)}{0.13(dm^3)} = 0.046\ M$$

$$pH = pK_w - pK_b + \log\frac{[NH_3]}{[NH_4^+]}$$

$$= 14 - 4.74 + \log\frac{0.34}{0.046} = 10.1$$

4.25[答] 5.56

第 5 章

5.1[答]
(1) $7.8 \times 10^{-5}\ mol/dm^3$, $2.59\ mg/100\ cm^3$
(2) $7.1 \times 10^{-5}\ mol/dm^3$, $1.4\ mg/100\ cm^3$
(3) $5.6 \times 10^{-3}\ mol/dm^3$, $218\ mg/100\ cm^3$
(4) $1.8 \times 10^{-4}\ mol/dm^3$, $5.1\ mg/100\ cm^3$
(5) $3.5 \times 10^{-5}\ mol/dm^3$, $0.3\ mg/100\ cm^3$

5.2[答]
(1) $[Ag^+] = 1.6 \times 10^{-4}\ M$, $[CrO_4^{2-}] = 7.8 \times 10^{-5}\ M$
(2) $[Ba^{2+}] = 7.1 \times 10^{-5}\ M$, $[CO_3^{2-}] = 7.1 \times 10^{-5}\ M$
(3) $[Ca^{2+}] = 5.6 \times 10^{-3}\ M$, $[IO_3^-] = 1.1 \times 10^{-2}\ M$
(4) $[Ag^+] = 1.8 \times 10^{-4}\ M$, $[IO_3^-] = 1.8 \times 10^{-4}\ M$
(5) $[Mn^{2+}] = 3.5 \times 10^{-5}\ M$, $[OH^-] = 7.0 \times 10^{-5}\ M$

[解] (1) $[Ag^+] = 2s = 2 \times 7.8 \times 10^{-5} = 1.6 \times 10^{-4}\ M$

$[CrO_4^{2-}] = s = 7.8 \times 10^{-5}$ M
(2) $[Ba^{2+}] = s = 7.1 \times 10^{-5}$ M
$[CO_3^{2-}] = s = 7.1 \times 10^{-5}$ M

5.3[答] (1) 5.8×10^{-10}, (2) 1.1×10^{-31}, (3) 4.3×10^{-36}, (4) 1.6×10^{-5}, (5) 4.0×10^{-8}

5.4[答] (1) $[CO_3^{2-}] = 2.1 \times 10^{-9}$ M, 2.1×10^{-6} M
(2) $[Cl^-] = 1.9 \times 10^{-3}$ M, 1.9 M
(3) $[AsO_4^{3-}] = 1.4 \times 10^{-12}$ M, 4.5×10^{-8} M
(4) $[F^-] = 6.3 \times 10^{-5}$ M, 2.0×10^{-3} M
(5) $[PO_4^{3-}] = 2.1 \times 10^{-15}$ M, 2.1×10^{-6} M

[解] (2) $TlCl \rightleftharpoons Tl^+ + Cl^-$
$[Tl^+][Cl^-] = 1.9 \times 10^{-4}$
$[Cl^-] = \dfrac{1.9 \times 10^{-4}}{0.1} = 1.9 \times 10^{-3}$ M
$[Cl^-] = \dfrac{1.9 \times 10^{-4}}{0.1 \times 10^{-3}} = 1.9$ M

(4) $CaF_2 \rightleftharpoons Ca^{2+} + 2F^-$
$[Ca^{2+}][F^-]^2 = 4.0 \times 10^{-9}$
$[F^-]^2 = \dfrac{4.0 \times 10^{-11}}{0.01} = 4.0 \times 10^{-9}$
$[F^-] = 6.3 \times 10^{-5}$ M
$[F^-] = \sqrt{\dfrac{4.0 \times 10^{-11}}{0.01 \times 10^{-3}}} = 2.0 \times 10^{-3}$ M

5.5[答] (1) $[Ca^{2+}] = 4.0 \times 10^{-9}$ M, $[F^-] = 0.1$ M, $[Na^+] = 0.1$ M,
$s = 4.0 \times 10^{-9}$ mol/dm^3
(2) $[Ca^{2+}] = 0.2$ M, $[Cl^-] = 0.4$ M, $[F^-] = 1.4 \times 10^{-5}$ M,
$s = 7.0 \times 10^{-6}$ mol/dm^3
(3) $[K^+] = 0.5$ M, $[IO_3^-] = 0.5$ M, $[Cu^{2+}] = 3.0 \times 10^{-7}$ M,
$s = 3.0 \times 10^{-7}$ mol/dm^3
(4) $[Cu^{2+}] = 0.3$ M, $[NO_3^-] = 0.6$ M, $[IO_3^-] = 5.0 \times 10^{-4}$ M,
$s = 2.5 \times 10^{-4}$ mol/dm^3

5.6[答] $[I^-] = 1.0 \times 10^{-2}$ M, $[Ag^+] = 8.3 \times 10^{-15}$ M, $[K^+] = 0.04$ M, $[NO_3^-] = 0.03$ M

[解] $KI \longrightarrow K^+ + I^-$ $AgNO_3 \longrightarrow Ag^+ + NO_3^-$
I^- のモル数： $0.1 (\text{mol/dm}^3) \times 0.2 (\text{dm}^3) = 0.02$ mol
Ag^+ のモル数： $0.05 (\text{mol/dm}^3) \times 0.3 (\text{dm}^3) = 0.015$ mol
I^- は Ag^+ と反応して沈殿するが，I^- の一部は残存する．
$Ag^+ + I^- \rightleftharpoons AgI$
残存する I^- のモル数： $0.02 (\text{mol}) - 0.015 (\text{mol}) = 5.0 \times 10^{-3}$ mol
$[I^-] = \dfrac{5.0 \times 10^{-3} (\text{mol})}{0.5 (\text{dm}^3)} = 1.0 \times 10^{-2}$ M

演習問題解答   189

$$[Ag^+] = \frac{K_{sp}}{[I^-]} = \frac{8.3 \times 10^{-17}}{1.0 \times 10^{-2}} = 8.3 \times 10^{-15} \text{ M}$$

$$[K^+] = \frac{0.02 \text{ (mol)}}{0.5 \text{ (dm}^3\text{)}} = 0.04 \text{ M}$$

$$[NO_3^-] = \frac{0.015 \text{ (mol)}}{0.5 \text{ (dm}^3\text{)}} = 0.03 \text{ M}$$

5.7[答] $[Ca^{2+}] = 8.8 \times 10^{-2}$ M, $[F^-] = 2.1 \times 10^{-5}$ M, $[Na^+] = 0.025$ M, $[Cl^-] = 0.2$ M

5.8[答] $[SO_4^{2-}] = 0.63$ M, $[Ag^+] = 5.0 \times 10^{-3}$ M, $[K^+] = 1.5$ M, $[NO_3^-] = 0.25$ M

[解] $AgNO_3 \longrightarrow Ag^+ + NO_3^-$ $K_2SO_4 \longrightarrow 2K^+ + SO_4^{2-}$

Ag^+ のモル数： $1 \text{(mol/dm}^3\text{)} \times 0.1 \text{(dm}^3\text{)} = 0.1$ mol

SO_4^{2-} のモル数： $1 \text{(mol/dm}^3\text{)} \times 0.3 \text{(dm}^3\text{)} = 0.3$ mol

Ag^+ は SO_4^{2-} と反応して沈殿する.

$$2Ag^+ + SO_4^{2-} \rightleftharpoons Ag_2SO_4$$

残存する SO_4^{2-} のモル数： $0.3 \text{(mol)} - \frac{1}{2} \times 0.1 \text{(mol)} = 0.25$ mol

$$[SO_4^{2-}] = \frac{0.25 \text{ (mol)}}{0.4 \text{ (dm}^3\text{)}} = 0.63 \text{ M}$$

$$[Ag^+]^2 = \frac{K_{sp}}{[SO_4^{2-}]} = \frac{1.6 \times 10^{-5}}{0.63} = 2.5 \times 10^{-5}$$

$$[Ag^+] = 5.0 \times 10^{-3} \text{ M}$$

$$[K^+] = \frac{2 \times 0.3 \text{ (mol/dm}^3\text{)}}{0.4 \text{ (dm}^3\text{)}} = 1.5 \text{ M}$$

$$[NO_3^-] = \frac{0.1 \text{ (mol)}}{0.4 \text{ (dm}^3\text{)}} = 0.25 \text{ M}$$

5.9[答] 1.6×10^{-4} g/dm^3

5.10[答] 4.7×10^{-6} g

[解] 0.01 N の H_2SO_4 は 0.005 M に相当する.

$$BaSO_4 \rightleftharpoons Ba^{2+} + SO_4^{2-}$$

$[Ba^{2+}] = s$ mol/dm^3, $[SO_4^{2-}] = (s + 0.005)$ mol/dm^3

$K_{sp} = [Ba^{2+}][SO_4^{2-}] = (s)(s + 0.005) = 1.0 \times 10^{-10}$

$s \ll 0.005$ M であるので,

$s = 2.0 \times 10^{-8}$ mol/dm^3

$[BaSO_4] = s = 2.0 \times 10^{-8} \text{(mol/dm}^3\text{)} \times 233.4 \text{(g/mol)} = 4.7 \times 10^{-6}$ g/dm^3

5.11[答] 0.9

5.12[答] 0.4

[解] 次の平衡が存在する.

$SrF_2 \rightleftharpoons Sr^{2+} + 2F^-$ $[Sr^{2+}][F^-]^2 = K_{sp} = 2.5 \times 10^{-9}$

$HF \rightleftharpoons H^+ + F^-$ $\dfrac{[H^+][F^-]}{[HF]} = K_a = 6.7 \times 10^{-4}$

完全に溶解しているので

$[Sr^{2+}] = 0.05$ M

$[F^-] + [HF] = 2 \times 0.05 \, (\text{mol/dm}^3) = 0.1 \, \text{M}$

$[F^-]^2 = \dfrac{K_{sp}}{[Sr^{2+}]} = \dfrac{2.5 \times 10^{-9}}{0.05} = 5.0 \times 10^{-8}$

$[F^-] = 2.2 \times 10^{-4} \, \text{M}$

$[HF] = 0.1 - [F^-] = 0.1 - 2.2 \times 10^{-4} \fallingdotseq 0.1 \, \text{M}$

$K_a = \dfrac{[H^+](2.2 \times 10^{-4})}{0.1} = 6.7 \times 10^{-4}$

$[H^+] = 0.3 \, \text{M}$

この水素イオン濃度は次の反応の平衡濃度である.

$\quad SrF_2 + 2H^+ \rightleftarrows Sr^{2+} + 2HF$

さらに，0.1 M の HF 生成のために 0.1 M の水素イオンが必要である．したがって，全水素イオン濃度は

$[H^+] = 0.3 + 0.1 = 0.4 \, \text{M}$

$pH = -\log 0.4 = 0.4$

5.13 [答] 1.8

5.14 [答] $6.9 \times 10^{-3} \, \text{mol/dm}^3$

[解] $PbCO_3 \rightleftarrows Pb^{2+} + CO_3^{2-}$ $\quad [Pb^{2+}][CO_3^{2-}] = K_{sp} = 1.0 \times 10^{-13}$

$HCO_3^- \rightleftarrows H^+ + CO_3^{2-}$ $\quad K_{a2} = 4.7 \times 10^{-11}$

$H_2CO_3 \rightleftarrows H^+ + HCO_3^-$ $\quad K_{a1} = 4.5 \times 10^{-7}$

式 (5.33) より

$\alpha_2 = \dfrac{K_{a1}K_{a2}}{[H^+]^2 + K_{a1}[H^+] + K_{a1}K_{a2}}$

$= \dfrac{4.5 \times 10^{-7} \times 4.7 \times 10^{-11}}{(10^{-4})^2 + 4.5 \times 10^{-7} \times 10^{-4} + 4.5 \times 10^{-7} \times 4.7 \times 10^{-11}}$

$= 2.1 \times 10^{-9}$

式 (5.35) より

$s^2 = \dfrac{K_{sp}}{\alpha_2} = \dfrac{1.0 \times 10^{-13}}{2.1 \times 10^{-9}} = 4.8 \times 10^{-5}$

$s = 6.9 \times 10^{-3} \, \text{mol/dm}^3$

5.15 [答] $PbCrO_4$ が先に沈殿する．

5.16 [答] (1) 1.0×10^{-2} M, (2) 5.7×10^{-5} M, (3) CaF_2 が先に沈殿する，(4) 4.0×10^{-7} M

[解] (1) $[Ba^{2+}] = \dfrac{3 \, (\text{g})}{261.3 \, (\text{g/mol})} = 1.1 \times 10^{-2} \, \text{mol}$

$[F^-]^2 = \dfrac{K_{sp}}{[Ba^{2+}]} = \dfrac{1.1 \times 10^{-6}}{1.1 \times 10^{-2}} = 1.0 \times 10^{-4}$

$[F^-] = 1.0 \times 10^{-2} \, \text{M}$

(2) $[Ca^{2+}] = \dfrac{2 \, (\text{g})}{164.0 \, (\text{g/mol})} = 1.2 \times 10^{-2} \, \text{M}$

$[F^-]^2 = \dfrac{K_{sp}}{[Ca^{2+}]} = \dfrac{4.0 \times 10^{-11}}{1.2 \times 10^{-2}} = 3.3 \times 10^{-9}$

$[F^-] = 5.7 \times 10^{-5} \, \text{M}$

(3) 飽和に必要な $[F^-]$ は CaF_2 の方が少ないので，CaF_2 が先に沈殿する．

(4) $[Ca^{2+}] = \dfrac{K_{sp}}{[F^-]^2} = \dfrac{4.0 \times 10^{-11}}{(1.0 \times 10^{-2})^2} = 4.0 \times 10^{-7}$ M

5.17 [答] (1) 1.7×10^{-2} M, (2) 0.1 M, (3) TlCl が先に沈殿する, (4) $[Tl^+] = 1.9 \times 10^{-3}$ M

5.18 [答] 0.1 M

[解] $NH_4OH \rightleftharpoons NH_4^+ + OH^-$ $\dfrac{[NH_4^+][OH^-]}{[NH_4OH]} = K_b = 1.8 \times 10^{-5}$

$NH_4Cl \longrightarrow NH_4^+ + Cl^-$

$Mg(OH)_2 \rightleftharpoons Mg^{2+} + 2OH^-$ $K_{sp} = [Mg^{2+}][OH^-]^2 = 1.1 \times 10^{-11}$

$[NH_4^+] + [NH_4OH] = 0.5 + 0.9 = 1.4$ M

$[Cl^-] = 0.9$ M

$[NH_4^+] + [H^+] = [OH^-] + [Cl^-]$

$[NH_4^+] = 0.9 + [OH^-] - [H^+] \fallingdotseq 0.9 + [OH^-]$

$[NH_4OH] = 1.4 - [NH_4^+] = 0.5 - [OH^-]$

$K_b = \dfrac{(0.9 + [OH^-])[OH^-]}{(0.5 - [OH^-])} = 1.8 \times 10^{-5}$

$[OH^-] \ll 0.5$ M であるので，

$\dfrac{0.9[OH^-]}{0.5} \fallingdotseq 1.8 \times 10^{-5}$ $[OH^-] = 1.0 \times 10^{-5}$ M

$[Mg^{2+}] = \dfrac{K_{sp}}{[OH^-]^2} = \dfrac{1.1 \times 10^{-11}}{(1.0 \times 10^{-5})^2} = 0.1$ M

5.19 [答] $-0.4 < \mathrm{pH} < 0.9$

5.20 [答] $-1.1 < \mathrm{pH} < 2.9$

[解] $[Pb^{2+}][S^{2-}] = K_{sp} = 7.1 \times 10^{-29}$

$[Fe^{2+}][S^{2-}] = K_{sp} = 6 \times 10^{-18}$

0.1 M の Pb^{2+} を 99.9% 沈殿させるために必要な $[S^{2-}]$ は

$[S^{2-}] = \dfrac{7.1 \times 10^{-29}}{0.1 \times 10^{-3}} = 7.1 \times 10^{-25}$ M

Fe^{2+} の沈殿が始まる $[S^{2-}]$ は

$[S^{2-}] = \dfrac{6 \times 10^{-18}}{0.1} = 6.0 \times 10^{-17}$ M

となる．したがって，$[S^{2-}]$ の範囲は

7.1×10^{-25} M $< [S^{2-}] < 6.0 \times 10^{-17}$ M

この $[S^{2-}]$ に相当する $[H^+]$ は式 (5.40) で与えられる．

$[H^+]^2 = \dfrac{1.1 \times 10^{-22}}{[S^{2-}]} = \dfrac{1.1 \times 10^{-22}}{7.1 \times 10^{-25}} = 1.5 \times 10^2$

$[H^+] = 12.2$ M,   pH $= -\log 12.2 = -1.1$

$[H^+]^2 = \dfrac{1.1 \times 10^{-22}}{6.0 \times 10^{-17}} = 1.8 \times 10^{-6}$

$[H^+] = 1.3 \times 10^{-3}$ M   pH $= -\log(1.3 \times 10^{-3}) = 2.9$

したがって，pH 範囲は次のようになる．

$-1.1 < pH < 2.9$

第6章

6.1 [答] (1) $[Zn(NH_3)_4^{2+}] = 0.01$ M, $[Zn^{2+}] = 5.6 \times 10^{-13}$ M, $[SO_4^{2-}] = 0.01$ M, $[NH_3] = 1.96$ M

(2) $[AlY^-] = 0.01$ M, $[Al^{3+}] = 7.2 \times 10^{-19}$ M, $[Y^{4-}] = 0.99$ M, $[Cl^-] = 0.03$ M

(3) $[CaY^{2-}] = 0.05$ M, $[Ca^{2+}] = 4.1 \times 10^{-13}$ M, $[Y^{4-}] = 2.45$ M, $[Cl^-] = 0.1$ M

(4) $[Fe(C_2O_4)_3^{3-}] = 0.02$ M, $[Fe^{3+}] = 4.2 \times 10^{-23}$ M, $[C_2O_4^{2-}] = 1.44$ M, $[Na^+] = 3$ M, $[SO_4^{2-}] = 0.03$ M

(5) $[Pb(CN)_4^{2-}] = 0.005$ M, $[Pb^{2+}] = 5.4 \times 10^{-13}$ M, $[CN^-] = 0.98$ M, $[Na^+] = 1$ M, $[SO_4^{2-}] = 0.005$ M

6.2 [答] (1) $[NH_3] = 0.18$ M, (2) $[CN^-] = 0.32$ M, (3) $[F^-] = 13.5$ M, (4) $[CN^-] = 2.8$ M, (5) $[Y^{4-}] = 3.8 \times 10^{-5}$ M

[解] (2) $NiS \rightleftharpoons Ni^{2+} + S^{2-}$ $[Ni^{2+}][S^{2-}] = K_{sp} = 1.0 \times 10^{-24}$

$[S^{2-}] = 0.01$ M

$[Ni^{2+}] = \dfrac{1.0 \times 10^{-24}}{0.01} = 1.0 \times 10^{-22}$ M

$Ni^{2+} + 4\,CN^- \rightleftharpoons Ni(CN)_4^{2-}$ $\quad \dfrac{[Ni(CN)_4^{2-}]}{[Ni^{2+}][CN^-]^4} = K_{stab} = 1.0 \times 10^{22}$

$[Ni^{2+}] + [Ni(CN)_4^{2-}] = 0.01$ M

$[Ni^{2+}] \ll [Ni(CN)_4^{2-}]$ であるので，$[Ni(CN)_4^{2-}] \fallingdotseq 0.01$ M

$K_{stab} = \dfrac{0.01}{(1.0 \times 10^{-22})[CN^-]^4} = 1.0 \times 10^{22}$

$[CN^-]^4 = 1.0 \times 10^{-2}$ $\quad [CN^-] = 0.32$ M

(4) $Ag_2S \rightleftharpoons 2\,Ag^+ + S^{2-}$ $\quad [Ag^+]^2[S^{2-}] = K_{sp} = 6.3 \times 10^{-50}$

$[S^{2-}] = 0.01$ M

$[Ag^+]^2 = \dfrac{6.3 \times 10^{-50}}{0.01} = 6.3 \times 10^{-48}$

$[Ag^+] = 2.5 \times 10^{-24}$ M

$Ag^+ + 2\,CN^- \rightleftharpoons Ag(CN)_2^-$

$[Ag^+] + [Ag(CN)_2^-] = 2 \times 0.01$ M $\quad [Ag(CN)_2^-] \fallingdotseq 0.02$ M

$K_{stab} = \dfrac{[Ag(CN)_2^-]}{[Ag^+][CN^-]^2} = \dfrac{0.02}{(2.5 \times 10^{-24})[CN^-]^2} = 1.0 \times 10^{21}$

$[CN^-]^2 = 8$ $\quad [CN^-] = 2.8$ M

6.3 [答] 3.2×10^{-3} M

6.4 [答] $s = 1.6 \times 10^{-12}$ mol/dm³, $[Ag(NH_3)_2^+] = 3.2 \times 10^{-12}$ M, $[NH_3] = 1$ M, $[Ag^+] = 1.9 \times 10^{-19}$ M, $[S^{2-}] = 1.6 \times 10^{-12}$ M

[解] $Ag_2S \rightleftharpoons 2\,Ag^+ + S^{2-}$ $\quad K_{sp} = [Ag^+]^2[S^{2-}] = 6.3 \times 10^{-50}$

$Ag^+ + 2\,NH_3 \rightleftharpoons Ag(NH_3)_2^+$ $\quad K_{stab} = \dfrac{[Ag(NH_3)_2^+]}{[Ag^+][NH_3]^2} = 1.7 \times 10^7$

演習問題解答　193

$[NH_3] = 1\,M$

$[Ag^+] + [Ag(NH_3)_2^+] = 2[S^{2-}]$

$[Ag^+] \ll [Ag(NH_3)_2^+]$ であるので，$[Ag(NH_3)_2^+] \fallingdotseq 2[S^{2-}]$

$K_{stab} = \dfrac{2[S^{2-}]}{[Ag^+] \times 1} = 1.7 \times 10^7$

$[S^{2-}] = 8.5 \times 10^6 [Ag^+]$

$K_{sp} = [Ag^+]^2 \times 8.5 \times 10^6 \times [Ag^+] = 6.3 \times 10^{-50}$

$[Ag^+]^3 = \dfrac{6.3 \times 10^{-50}}{8.5 \times 10^6} = 7.4 \times 10^{-57}$

$[Ag^+] = 1.9 \times 10^{-19}\,M$

$[S^{2-}] = 8.5 \times 10^6 \times 1.9 \times 10^{-19} = 1.6 \times 10^{-12}\,M$

$[Ag(NH_3)_2^+] = 2 \times 1.6 \times 10^{-12} = 3.2 \times 10^{-12}\,M$

$s = [S^{2-}] = 1.6 \times 10^{-12}\,mol/dm^3$

6.5[答]　$s = 4.8 \times 10^{-2}\,mol/dm^3$，$[CH_3COO^-] = 2\,M$，$[I^-] = 9.5 \times 10^{-2}\,M$
$[Pb^{2+}] = 7.4 \times 10^{-7}\,M$，$[Pb(CH_3COO)_2] = 4.8 \times 10^{-2}\,M$，$[Na^+] = 2.0\,M$

6.6[答]　$s = 2.5 \times 10^{-16}\,mol/dm^3$，$[Y^{4-}] = 0.1\,M$，$[Hg^{2+}] = 4 \times 10^{-37}\,M$，
$[S^{2-}] = 2.5 \times 10^{-16}\,M$，$[HgY^{2-}] = 2.5 \times 10^{-16}\,M$

[解]　$HgS \rightleftharpoons Hg^{2+} + S^{2-}$　　$[Hg^{2+}][S^{2-}] = K_{sp} = 1.0 \times 10^{-52}$

$Hg^{2+} + Y^{4-} \rightleftharpoons HgY^{2-}$　　$\dfrac{[HgY^{2-}]}{[Hg^{2+}][Y^{4-}]} = K_{stab} = 6.3 \times 10^{21}$

$[Hg^{2+}] + [HgY^{2-}] = [S^{2-}]$

$[Hg^{2+}] \ll [HgY^{2-}]$ であるので，$[HgY^{2-}] \fallingdotseq [S^{2-}]$

$[Y^{4-}] = 0.1\,M$

$K_{stab} = \dfrac{[S^{2-}]}{[Hg^{2+}] \times 0.1} = 6.3 \times 10^{21}$

$[S^{2-}] = 6.3 \times 10^{20} [Hg^{2+}]$

$K_{sp} = 6.3 \times 10^{20} [Hg^{2+}]^2 = 1.0 \times 10^{-52}$

$[Hg^{2+}] = 4.0 \times 10^{-37}\,M$

$[S^{2-}] = 6.3 \times 10^{20} \times 4.0 \times 10^{-37} = 2.5 \times 10^{-16}\,M$

$[HgY^{2-}] = 2.5 \times 10^{-16}\,M$

$s = [S^{2-}] = 2.5 \times 10^{-16}\,mol/dm^3$

6.7[答]　$2.9 \times 10^{-3}\,mol/dm^3$

6.8[答]　(1) $[Zn^{2+}] = 0.2\,M$，$[Zn(OH)_4^{2-}] = 6.2 \times 10^{-18}\,M$
(2) $[Zn^{2+}] = 2.0 \times 10^{-9}\,M$，$[Zn(OH)_4^{2-}] = 6.2 \times 10^{-10}\,M$
(3) $[Zn^{2+}] = 2.0 \times 10^{-17}\,M$，$[Zn(OH)_4^{2-}] = 6.2 \times 10^{-2}\,M$

[解]　$Zn(OH)_2 \rightleftharpoons Zn^{2+} + 2\,OH^-$

$\quad [Zn^{2+}][OH^-]^2 = K_{sp} = 2.0 \times 10^{-17}$

$Zn^{2+} + 4\,OH^- \rightleftharpoons Zn(OH)_4^{2-}$

$\quad \dfrac{[Zn(OH)_4^{2-}]}{[Zn^{2+}][OH^-]^4} = K_{stab} = 3.1 \times 10^{15}$

(2) pH = 10 $[H^+] = 10^{-10}$ M $[OH^-] = 10^{-4}$ M

$$[Zn^{2+}] = \frac{2.0 \times 10^{-17}}{(10^{-4})^2} = 2.0 \times 10^{-9} \text{ M}$$

$$\frac{[Zn(OH)_4^{2-}]}{(2.0 \times 10^{-9})(10^{-4})^4} = 3.1 \times 10^{15}$$

$[Zn(OH)_4^{2-}] = 6.2 \times 10^{-10}$ M

6.9[答] (1) 4.1×10^{-4} M, (2) 8.3×10^{-7} M

6.10[答] $[M^{2+}] = 1.1 \times 10^{-3}$ M, $[ML^+] = 8.9 \times 10^{-3}$ M

[解] 混合前のモル数：

M^{2+} : 0.02 (mol/dm³) × 0.02 (dm³) = 4×10^{-4} mol

L^- : 4 (mol/dm³) × 0.02 (dm³) = 0.08 mol

$M^{2+} + L^- \rightleftharpoons ML^+$

混合によって生成する ML^+ の量は 4×10^{-4} モルに等しい．また，残存する L^- の量は $(0.08 - 4 \times 10^{-4}) \fallingdotseq 0.08$ モルである．M^{2+} の平衡濃度を x(M) とすると

$$[ML^+] = \frac{4 \times 10^{-4} \text{(mol)}}{0.04 \text{(dm}^3\text{)}} - x = (1.0 \times 10^{-2} - x) \text{ M}$$

$$[L^-] = \frac{0.08 \text{(mol)}}{0.04 \text{(dm}^3\text{)}} + x = 2.0 + x \fallingdotseq 2.0 \text{ M}$$

となるので，この値を平衡定数の式に代入して

$$K_{stab} = \frac{[ML^+]}{[M^{2+}][L^-]} = \frac{1.0 \times 10^{-2} - x}{2.0 x} = 4$$

$x = [M^{2+}] = 1.1 \times 10^{-3}$ M

$[ML^+] = 1.0 \times 10^{-2} - 1.1 \times 10^{-3} = 8.9 \times 10^{-3}$ M

6.11[答] 6.7×10^{-4} mol/dm³

6.12[答] 1.1×10^{-10} mol/dm³

[解] $Cd^{2+} + en \rightleftharpoons Cd(en)^{2+}$ $K_1 = 3.2 \times 10^5$

$Cd(en)^{2+} + en \rightleftharpoons Cd(en)_2^{2+}$ $K_2 = 3.9 \times 10^4$

[L] = 0.1 M であるので式 (6.48) より

$$\alpha_0 = \frac{1}{1 + K_1[L] + K_1 K_2 [L]^2}$$

$$= \frac{1}{1 + 3.2 \times 10^5 \times 0.1 + 3.2 \times 10^5 \times 3.9 \times 10^4 \times (0.1)^2} \fallingdotseq \frac{1}{1.25 \times 10^8}$$

$\alpha_0 = 8 \times 10^{-9}$

CdS の K_{sp} は 1.0×10^{-28} であるので式 (6.52) より

$$s^2 = \frac{K_{sp}}{\alpha_0} = \frac{1.0 \times 10^{-28}}{8 \times 10^{-9}} = 1.3 \times 10^{-20}$$

$s = 1.1 \times 10^{-10}$ mol/dm³

6.13[答] 0.21 M

6.14[答] 2.96×10^7

[解] $K_{a1} = 1.0 \times 10^{-2}$, $K_{a2} = 2.1 \times 10^{-3}$, $K_{a3} = 6.9 \times 10^{-7}$, $K_{a4} = 6.0 \times 10^{-11}$

$[H^+] = 10^{-3}$ M であるので，式 (6.71) より α_4 を求める．

$$\frac{1}{a_4}=1+\frac{10^{-3}}{6.0\times10^{-11}}+\frac{10^{-6}}{4.1\times10^{-17}}+\frac{10^{-9}}{8.7\times10^{-20}}+\frac{10^{-12}}{8.7\times10^{-22}}$$
$$=3.71\times10^{10}$$

式 (6.73) より

$K'_{stab}=a_4 K_{stab}=2.69\times10^{-11}\times1.1\times10^{18}=2.96\times10^{7}$

6.15[答] (1) 1.7, (2) 4.8, (3) 7.7

6.16[答] (1) 1, (2) 1.5, (3) 5.8, (4) 10.0

[解] $Ca^{2+}+Y^{4-} \rightleftharpoons CaY^{2-}$　　$K_{stab}=5.0\times10^{10}$

pH $=10$　　$[H^+]=10^{-10}$

式 (6.71) より

$$\frac{1}{a_4}=1+\frac{10^{-10}}{6.0\times10^{-11}}+\frac{(10^{-10})^2}{4.1\times10^{-17}}+\frac{(10^{-10})^3}{8.7\times10^{-20}}+\frac{(10^{-10})^4}{8.7\times10^{-22}}=2.7$$

$a_4=0.37$

$K'_{stab}=a_4 K_{stab}=0.37\times5.0\times10^{10}=1.9\times10^{10}$

(2) 初めの Ca^{2+} のモル数： $0.1(mol/dm^3)\times0.1(dm^3)=0.01$ mol
　加えられた EDTA のモル数： $0.1(mol/dm^3)\times0.05(dm^3)=5\times10^{-3}$ mol
　残存する Ca^{2+} のモル数： $0.01(mol)-5\times10^{-3}(mol)=5\times10^{-3}$ mol

$[Ca^{2+}]=\dfrac{5\times10^{-3}(mol)}{0.15(dm^3)}=3.3\times10^{-2}$ M

pCa $=-\log(3.3\times10^{-2})=1.5$

(4) 加えられた EDTA のモル数： $0.1(mol/dm^3)\times0.15(dm^3)=0.015$ mol

Ca^{2+} の量よりも EDTA の方が多い.

過剰の EDTA の量： $0.015(mol)-0.01(mol)=0.005$ mol

$[EDTA]=\dfrac{0.005(mol)}{0.25(dm^3)}=0.02$ M

この EDTA は錯体を作っていないので, [EDTA] は C_L' に相当する.
CaY^{2-} の量は初めの Ca^{2+} のモル数に等しい.

$[CaY^{2-}]=\dfrac{0.01(mol)}{0.25(dm^3)}=0.04$ M

$K'_{stab}=\dfrac{[CaY^{2-}]}{[Ca^{2+}]C_L'}=\dfrac{0.04}{[Ca^{2+}]\times0.02}=1.9\times10^{10}$

$[Ca^{2+}]=1.1\times10^{-10}$ M

pCa $=-\log(1.1\times10^{-10})=10.0$

6.17[答] 9.8×10^{-17} M

6.18[答] 8×10^{-7} M

[解] EDTA のモル数： $0.1(mol/dm^3)\times0.01(dm^3)=10^{-3}$ mol
　Ca^{2+} のモル数： $5\times10^{-2}(mol/dm^3)\times0.01(dm^3)=5\times10^{-4}$ mol
　過剰の EDTA のモル数： $10^{-3}(mol)-5\times10^{-4}(mol)=5\times10^{-4}$ mol
　生成する CaY^{2-} のモル数は EDTA と錯体を作った Ca^{2+} のモル数に等しい. 残存する Ca^{2+} の濃度を x(M) とすると

$$[\text{CaY}^{2-}] = \frac{5 \times 10^{-4}(\text{mol})}{0.02(\text{dm}^3)} - x = 2.5 \times 10^{-2} - x \fallingdotseq 2.5 \times 10^{-2} \text{ M}$$

$$[\text{EDTA}] = \frac{5 \times 10^{-4}(\text{mol})}{0.02(\text{dm}^3)} + x = 2.5 \times 10^{-2} + x \fallingdotseq 2.5 \times 10^{-2} \text{ M}$$

この EDTA 濃度は錯体を作っていないので，C_L' に相当する．

pH=6 に対する a_4 を問題 [6.17] と同様に計算すると 2.5×10^{-5} となる．式 (6.73) より

$$\frac{[\text{CaY}^{2-}]}{[\text{Ca}^{2+}]C_L'} = a_4 K_{\text{stab}}$$

$$\frac{2.5 \times 10^{-2}}{[\text{Ca}^{2+}] \times 2.5 \times 10^{-2}} = 2.5 \times 10^{-5} \times 5.0 \times 10^{10}$$

$$[\text{Ca}^{2+}] = 8.0 \times 10^{-7} \text{ M}$$

6.19[答] 5.5×10^{-7} M

6.20[答] 5.2×10^{-9} M

[解] $\text{Ba}^{2+} + \text{Y}^{4-} \rightleftharpoons \text{BaY}^{2-}$ $K_{\text{stab}} = 5.8 \times 10^{7}$

EDTA のモル数： $0.1(\text{mol}/\text{dm}^3) \times 0.1(\text{dm}^3) = 0.01$ mol

Ba^{2+} のモル数： $0.01(\text{mol}/\text{dm}^3) \times 0.1(\text{dm}^3) = 1.0 \times 10^{-3}$ mol

残存する EDTA のモル数： $0.01(\text{mol}) - 1.0 \times 10^{-3}(\text{mol}) = 9 \times 10^{-3}$ mol

残存する Ba^{2+} の濃度を $x(\text{M})$ とすると

$$[\text{BaY}^{2-}] = \frac{1.0 \times 10^{-3}(\text{mol})}{0.2(\text{dm}^3)} - x \fallingdotseq 5 \times 10^{-3} \text{ M}$$

$$[\text{EDTA}] = \frac{9 \times 10^{-3}(\text{mol})}{0.2(\text{dm}^3)} + x \fallingdotseq 4.5 \times 10^{-2} \text{ M}$$

$$\frac{[\text{BaY}^{2-}]}{[\text{Ba}^{2+}]C_L'} = a_4 K_{\text{stab}}$$

pH=10 における a_4 を計算すると，0.37 である．

$$\frac{5 \times 10^{-3}}{[\text{Ba}^{2+}] \times 4.5 \times 10^{-2}} = 0.37 \times 5.8 \times 10^{7}$$

$$[\text{Ba}^{2+}] = 5.2 \times 10^{-9} \text{ M}$$

第7章

7.1[答] (1) $2\text{V}^{3+} + \text{Sn} \rightleftharpoons 2\text{V}^{2+} + \text{Sn}^{2+}$

(2) $\text{Ce}^{4+} + \text{Co}^{2+} \rightleftharpoons \text{Ce}^{3+} + \text{Co}^{3+}$

(3) $2\text{Fe}^{3+} + 2\text{Hg} \rightleftharpoons 2\text{Fe}^{2+} + \text{Hg}_2^{2+}$

7.2[答] (1) $\text{Sn}^{4+} + 2\text{Cr}^{2+} \rightleftharpoons \text{Sn}^{2+} + 2\text{Cr}^{3+}$

$$K = \frac{[\text{Sn}^{2+}][\text{Cr}^{3+}]^2}{[\text{Sn}^{4+}][\text{Cr}^{2+}]^2}$$

(2) $\text{Cr}_2\text{O}_7^{2-} + 3\text{H}_2\text{O}_2 + 8\text{H}^+ \rightleftharpoons 2\text{Cr}^{3+} + 3\text{O}_2(\text{g}) + 7\text{H}_2\text{O}$

$$K = \frac{[\text{Cr}^{3+}]^2 P_{\text{O}_2}^3}{[\text{Cr}_2\text{O}_7^{2-}][\text{H}_2\text{O}_2]^3[\text{H}^+]^8}$$

(3) $4\text{Co}^{3+} + 2\text{H}_2\text{O} \rightleftharpoons 4\text{Co}^{2+} + \text{O}_2 + 4\text{H}^+$

$$K = \frac{[\text{Co}^{2+}]^4[\text{O}_2][\text{H}^+]^4}{[\text{Co}^{3+}]^4}$$

[解] (2) $\text{Cr}_2\text{O}_7^{2-} + 14\,\text{H}^+ + 6\,\text{e}^- \rightleftharpoons 2\,\text{Cr}^{3+} + 7\,\text{H}_2\text{O}$

$E^{0\prime}(\text{Cr}_2\text{O}_7^{2-},\ \text{Cr}^{3+}) = +1.33\,\text{V}$

$\text{O}_2(\text{g}) + 2\,\text{H}^+ + 2\,\text{e}^- \rightleftharpoons \text{H}_2\text{O}_2$

$E^{0\prime}(\text{O}_2,\ \text{H}_2\text{O}_2) = +0.682\,\text{V}$

両反応を比較すると $E^{0\prime}(\text{O}_2,\ \text{H}_2\text{O}_2)$ の方が卑 (よりマイナス側) であるので H_2O_2 が酸化され, $\text{Cr}_2\text{O}_7^{2-}$ が還元される.

① $\text{Cr}_2\text{O}_7^{2-} + 14\,\text{H}^+ + 6\,\text{e}^- \rightleftharpoons 2\,\text{Cr}^{3+} + 7\,\text{H}_2\text{O}$
② $\text{O}_2(\text{g}) + 2\,\text{H}^+ + 2\,\text{e}^- \rightleftharpoons \text{H}_2\text{O}_2$

①−3×② $\text{Cr}_2\text{O}_7^{2-} + 3\,\text{H}_2\text{O}_2 + 8\,\text{H}^+ \rightleftharpoons 2\,\text{Cr}^{3+} + 3\,\text{O}_2(\text{g}) + 7\,\text{H}_2\text{O}$

7.3 [答] (1) $E^0_{\text{cell}} = +0.824\,\text{V}$, $K = 8.5 \times 10^{27}$
(2) $E^0_{\text{cell}} = +0.316\,\text{V}$, $K = 5.1 \times 10^{10}$
(3) $E^0_{\text{cell}} = +0.989\,\text{V}$, $K = 6.5 \times 10^{83}$

7.4 [答] (1) 2.0×10^{39}, (2) 2.3×10^{31}, (3) 1.3×10^{81}

[解] (2) $E(\text{Ag}^+,\ \text{Ag}) = E^{0\prime}(\text{Ag}^+,\ \text{Ag}) + 0.059 \log[\text{Ag}^+]$
$\qquad = +0.799 + 0.059 \log(0.1) = +0.740\,\text{V}$

$E(\text{Pb}^{2+},\ \text{Pb}) = -0.126 + \dfrac{0.059}{2} \log(10^{-2}) = -0.185\,\text{V}$

$E_{\text{cell}} = +0.74 - (-0.185) = 0.925\,\text{V}$

式 (7.31) より

$\log K = \dfrac{nE_{\text{cell}}}{0.059} = \dfrac{2 \times 0.925}{0.059} = 31.4 \qquad K = 2.5 \times 10^{31}$

7.5 [答] (1) 1.7×10^6, (2) 6.3×10^9

7.6 [答] (1) $K = 2.0 \times 10^{37}$, $[\text{Zn}^{2+}] = 0.01\,\text{M}$, $[\text{Cu}^{2+}] = 5.0 \times 10^{-40}\,\text{M}$, $[\text{Cl}^-] = 0.02\,\text{M}$
(2) $K = 5.6 \times 10^{18}$, $[\text{Cd}^{2+}] = [\text{Sn}^{2+}] = 0.05\,\text{M}$, $[\text{Sn}^{4+}] = 4.5 \times 10^{-22}\,\text{M}$, $[\text{Cl}^-] = 0.2\,\text{M}$
(3) $K = 3.0 \times 10^{36}$, $[\text{Ag}^+] = 1.8 \times 10^{-19}\,\text{M}$, $[\text{Co}^{2+}] = 0.1\,\text{M}$, $[\text{NO}_3^-] = 0.1\,\text{M}$

[解] (2) ① $\text{Sn}^{4+} + 2\,\text{e}^- \rightleftharpoons \text{Sn}^{2+}$ $\qquad E^{0\prime}(\text{Sn}^{4+},\ \text{Sn}^{2+}) = +0.15\,\text{V}$
② $\text{Cd}^{2+} + 2\,\text{e}^- \rightleftharpoons \text{Cd}$ $\qquad E^{0\prime}(\text{Cd}^{2+},\ \text{Cd}) = -0.403\,\text{V}$

①−② $\text{Sn}^{4+} + \text{Cd} \rightleftharpoons \text{Sn}^{2+} + \text{Cd}^{2+}$

$E^0_{\text{cell}} = 0.15 - (-0.403) = +0.553\,\text{V}$

$\log K = \dfrac{2 \times 0.553}{0.059} = 18.75 \qquad K = 5.6 \times 10^{18}$

$[\text{Cd}^{2+}] = [\text{Sn}^{2+}] = 0.05\,\text{M}$

$K = \dfrac{[\text{Cd}^{2+}][\text{Sn}^{2+}]}{[\text{Sn}^{4+}]} = \dfrac{(0.05)^2}{[\text{Sn}^{4+}]} = 5.6 \times 10^{18}$

$[\text{Sn}^{4+}] = 4.5 \times 10^{-22}\,\text{M}$

7.7 [答] $0.024\,\text{M}$

7.8 [答] 0.315 g

[解]
① $MnO_4^- + 8H^+ + 5e^- \rightleftharpoons Mn^{2+} + 4H_2O$
② $2CO_2 + 2e^- \rightleftharpoons C_2O_4^{2-}$

$2×①-5×②$ $2MnO_4^- + 5C_2O_4^{2-} + 16H^+ \rightleftharpoons 2Mn^{2+} + 10CO_2 + 8H_2O$

シュウ酸の1モルは2g当量である．必要なシュウ酸結晶の質量を $x(g)$ とする．

$$0.1(\text{eq/dm}^3) \times 0.05(\text{dm}^3) = \frac{x(g)}{126.1(\text{g/mol})} \times 2(\text{eq/mol})$$

$x = 0.315 \text{ g}$

7.9 [答] (1) $Fe^{3+} + Cr^{2+} \rightleftharpoons Fe^{2+} + Cr^{3+}$, (2) 1.0×10^{20}, (3) $+0.181$ V

7.10 [答] (1) $2Fe^{3+} + Sn^{2+} \rightleftharpoons 2Fe^{2+} + Sn^{4+}$, (2) 1.3×10^{21}, (3) $+0.358$ V

[解]
① $Fe^{3+} + e^- \rightleftharpoons Fe^{2+}$ $E^{0\prime}(Fe^{3+}, Fe^{2+}) = +0.771$ V
② $Sn^{4+} + 2e^- \rightleftharpoons Sn^{2+}$ $E^{0\prime}(Sn^{4+}, Sn^{2+}) = +0.15$ V

$2×①-②$ $2Fe^{3+} + Sn^{2+} \rightleftharpoons 2Fe^{2+} + Sn^{4+}$

$E^0_{\text{cell}} = 0.771 - 0.15 = 0.621$ V

$\log K = \frac{2 \times 0.621}{0.059} = 21.1$ $K = 1.3 \times 10^{21}$

$K = \frac{[Fe^{2+}]^2[Sn^{4+}]}{[Fe^{3+}]^2[Sn^{2+}]} = 1.3 \times 10^{21}$

当量点では，$[Fe^{3+}] = 2[Sn^{2+}]$，$[Fe^{2+}] = 2[Sn^{4+}]$* であるので

$\frac{4[Sn^{4+}]^2[Sn^{4+}]}{4[Sn^{2+}]^2[Sn^{2+}]} = 1.3 \times 10^{21}$

$\frac{[Sn^{4+}]}{[Sn^{2+}]} = 1.1 \times 10^7$

$E(Sn^{4+}, Sn^{2+}) = E^{0\prime}(Sn^{4+}, Sn^{2+}) + \frac{0.059}{2} \log \frac{[Sn^{4+}]}{[Sn^{2+}]}$

$= +0.15 + \frac{0.059}{2} \log(1.1 \times 10^7)$

$= +0.358$ V

7.11 [答] (1) $Ce^{4+} + Cu^+ \rightleftharpoons Ce^{3+} + Cu^{2+}$, (2) 5.0×10^{24}, (3) $+0.882$ V

7.12 [答] $+1.333$ V

[解] $MnO_4^- + 8H^+ + 5e^- \rightleftharpoons Mn^{2+} + 4H_2O$

$[MnO_4^-] = 10^{-2}$ M, $[Mn^{2+}] = 10^{-3}$ M, $[H^+] = 10^{-2}$ M

$E(MnO_4^-, Mn^{2+}) = E^{0\prime}(MnO_4^-, Mn^{2+}) + \frac{0.059}{5} \log \frac{[MnO_4^-][H^+]^8}{[Mn^{2+}]}$

$= +1.51 + \frac{0.059}{5} \log \frac{(10^{-2})(10^{-2})^8}{(10^{-3})}$

$= +1.333$ V

---

* p.136 脚注参照．

7.13[答] (1) $4\,Br^- + O_2 + 4\,H^+ \rightleftharpoons 2\,Br_2 + 2\,H_2O$, (2) 2.4 以上

7.14[答] -2.2

[解] $Co^{3+} + e^- \rightleftharpoons Co^{2+}$　　$E^{0\prime}(Co^{3+},\ Co^{2+}) = +1.808\,V$

$H_2O_2 + 2\,H^+ + 2\,e^- \rightleftharpoons 2\,H_2O$　　$E^{0\prime}(H_2O_2,\ H_2O) = +1.776\,V$

$[Co^{2+}] = 0.01\,(mol/dm^3) \times \dfrac{1}{100} = 1.0 \times 10^{-4}\,M$

$[Co^{3+}] = 0.01\,(M) - 1.0 \times 10^{-4}\,(M) = 9.9 \times 10^{-3}\,M$

$E(Co^{3+},\ Co^{2+}) = +1.808 + 0.059\log\dfrac{9.9 \times 10^{-3}}{10^{-4}} = 1.926\,V$

$E(H_2O_2,\ H_2O) = +1.776 + \dfrac{0.059}{2}\log[H^+]^2[H_2O_2]$

$\qquad\qquad\quad = +1.776 - 0.059\,pH + \dfrac{0.059}{2}\log 5$

$\qquad\qquad\quad = +1.797 - 0.059\,pH$

$E(Co^{3+},\ Co^{2+}) = E(H_2O_2,\ H_2O)$ であるので

$1.926 = 1.797 - 0.059\,pH$

$\quad pH = -2.2$

7.15[答] 1.8

7.16[答] $+1.362\,V$

[解]　　① $Ce^{4+} + e^- \rightleftharpoons Ce^{3+}$　　$E^{0\prime}(Ce^{4+},\ Ce^{3+}) = +1.61\,V$
　　　　② $Tl^{3+} + 2\,e^- \rightleftharpoons Tl^+$　　$E^{0\prime}(Tl^{3+},\ Tl^+) = +1.25\,V$

$2 \times ① - ②$　$2\,Ce^{4+} + Tl^+ \rightleftharpoons 2\,Ce^{3+} + Tl^{3+}$

$E^0_{cell} = +1.61 - 1.25 = +0.36\,V$

$\log K = \dfrac{2 \times 0.36}{0.059} = 12.2$　　$K = 1.6 \times 10^{12}$

残存する Tl^+ の濃度を $x\,(M)$ とする．

$[Ce^{4+}] = 2x\,M$

$[Ce^{3+}] = \dfrac{0.5\,(mol/dm^3) \times 0.02\,(dm^3)}{0.04\,(dm^3)} - 2x \fallingdotseq 0.25\,M$

$[Tl^{3+}] = \dfrac{0.1\,(mol/dm^3) \times 0.02\,(dm^3)}{0.04\,(dm^3)} - x \fallingdotseq 0.05\,M$

$K = \dfrac{[Ce^{3+}]^2[Tl^{3+}]}{[Ce^{4+}]^2[Tl^+]} = \dfrac{(0.25)^2(0.05)}{(2x)^2(x)} = 1.6 \times 10^{12}$

$x^3 = 4.9 \times 10^{-16}$　　$x = [Tl^+] = 7.9 \times 10^{-6}\,M$

$E(Tl^{3+},\ Tl^+) = +1.25 + \dfrac{0.059}{2}\log\dfrac{0.05}{7.9 \times 10^{-6}} = +1.362\,V$

7.17[答] $+0.003\,V$

7.18[答] $+0.994\,V$

[解]

① $MnO_4^- + 8H^+ + 5e^- \rightleftharpoons Mn^{2+} + 4H_2O$
② $Sn^{4+} + 2e^- \rightleftharpoons Sn^{2+}$

$2×①-5×②$ $2MnO_4^- + 5Sn^{2+} + 16H^+ \rightleftharpoons 2Mn^{2+} + 5Sn^{4+} + 8H_2O$

$E^{0\prime}(MnO_4^-,\ Mn^{2+})=+1.51\,V$, $E^{0\prime}(Sn^{4+},\ Sn^{2+})=+0.15\,V$ であるので
$E^0_{cell}=+1.51-0.15\,V=+1.36\,V$
$\log K=\dfrac{10×1.36}{0.059}=230.5$ $K=3.2×10^{230}$

Sn^{2+} は MnO_4^- によって Sn^{4+} に酸化される．残存する Sn^{2+} のモル数を x (mol) とする．

反応前の Sn^{2+} のモル数： $0.05\,(mol/dm^3)×0.1\,(dm^3)=5×10^{-3}\,mol$

生成する Sn^{4+} のモル数： $5×10^{-3}-x \fallingdotseq 5×10^{-3}\,mol$

生成する Mn^{2+} のモル数： $\dfrac{2}{5}×5×10^{-3}=2×10^{-3}\,mol$

残存する MnO_4^- のモル数： $\dfrac{2x}{5}\,mol$

反応前の H^+ のモル数： $2×0.1\,(mol/dm^3)×0.1\,(dm^3)=0.02\,mol$
H^+ は Sn^{4+} が1モル生成するとき $16/5$ モル消費される．

H^+ の消費量： $\dfrac{16}{5}×5×10^{-3}\,(mol)=1.6×10^{-2}\,mol$

残存する H^+ のモル数： $0.02\,(mol)-1.6×10^{-2}\,(mol)=4×10^{-3}\,mol$

当量点では，

$[Sn^{2+}]=\dfrac{5}{2}[MnO_4^-]$

である．当量点までに必要な MnO_4^- の容積を $y\,dm^3$ とすると次式が成立する．

$0.05\,(mol/dm^3)×0.1\,(dm^3)=\dfrac{5}{2}×0.01\,(mol/dm^3)×y\,(dm^3)$

$y=0.2\,dm^3$ となる．当量点における全容積は

$0.2\,(dm^3)+0.1\,(dm^3)=0.3\,dm^3$

となるので，各イオンの濃度が次のようになる．

$[Sn^{4+}]=\dfrac{5×10^{-3}\,(mol)}{0.3\,(dm^3)}=1.7×10^{-2}\,M$

$[Sn^{2+}]=\dfrac{x\,(mol)}{0.3\,(dm^3)}=3.3x\,M$

$[Mn^{2+}]=\dfrac{2×10^{-3}\,(mol)}{0.3\,(dm^3)}=6.7×10^{-3}\,M$

$[MnO_4^-]=\dfrac{2x}{5}\,(mol)×\dfrac{1}{0.3\,(dm^3)}=1.3x\,M$

$[H^+]=\dfrac{4×10^{-3}\,(mol)}{0.3\,(dm^3)}=1.3×10^{-2}\,M$

$K=\dfrac{[Sn^{4+}]^5[Mn^{2+}]^2}{[Sn^{2+}]^5[MnO_4^-]^2[H^+]^{16}}$

$$= \frac{(1.7\times10^{-2})^5(6.7\times10^{-3})^2}{(3.3x)^5(1.3x)^2(1.3\times10^{-2})^{16}} = 3.2\times10^{230}$$

$x^7 = 4.6\times10^{-217}$ $x = 1.3\times10^{-31}$ mol

$[\text{Sn}^{2+}] = 3.3\times1.3\times10^{-31} = 4.3\times10^{-31}$ M

$[\text{Sn}^{4+}] = 1.7\times10^{-2}$ M

$$E(\text{Sn}^{4+},\ \text{Sn}^{2+}) = E^{0\prime}(\text{Sn}^{4+},\ \text{Sn}^{2+}) + \frac{0.059}{2}\log\frac{[\text{Sn}^{4+}]}{[\text{Sn}^{2+}]}$$

$$= 0.15 + \frac{0.059}{2}\log\frac{1.7\times10^{-2}}{4.3\times10^{-31}}$$

$$= +0.994\ \text{V}$$

7.19[答] $+1.167$ V

7.20[答] $+0.811$ V

[解]　　① $\text{IO}_3^- + 6\,\text{H}^+ + 5\,\text{e}^- \rightleftharpoons 1/2\,\text{I}_2 + 3\,\text{H}_2\text{O}$

　　　② $\text{Sn}^{4+} + 2\,\text{e}^- \rightleftharpoons \text{Sn}^{2+}$

$2\times①-5\times②$　 $2\,\text{IO}_3^- + 5\,\text{Sn}^{2+} + 12\,\text{H}^+ \rightleftharpoons \text{I}_2 + 5\,\text{Sn}^{4+} + 6\,\text{H}_2\text{O}$

$E^{0\prime}(\text{IO}_3^-, \text{I}^-) = 1.195$ V, $E^{0\prime}(\text{Sn}^{4+},\ \text{Sn}^{2+}) = 0.15$ V であるので

$E^0_{\text{cell}} = 1.195 - 0.15 = 1.045$ V

$\log K = \dfrac{10\times1.045}{0.059} = 177.1$　　$K = 1.3\times10^{177}$

Sn^{2+} の残存量を $x\,(\text{mol})$ とする．

生成する Sn^{4+} のモル数：　$0.02\,(\text{mol/dm}^3)\times0.1\,(\text{dm}^3) - x \approx 2\times10^{-3}$ mol

生成する I_2 のモル数：　$\dfrac{1}{5}\times2\times10^{-3}\,(\text{mol}) - \dfrac{2x}{5} \approx 4\times10^{-4}$ mol

残存する IO_3^-：　$\dfrac{2x}{5} = 0.4x$ mol

当量点では，$[\text{Sn}^{2+}] = \dfrac{5}{2}[\text{IO}_3^-]$ である．当量点までに必要な IO_3^- の容積を y dm³ とすると

$$0.02\,(\text{mol/dm}^3)\times0.1\,(\text{dm}^3) = \frac{5}{2}\times0.01\,(\text{mol/dm}^3)\times y\,(\text{dm}^3)$$

$y = 0.08$ dm³

全容積は，$0.1 + 0.08 = 0.18$ dm³ となる．

$[\text{Sn}^{2+}] = \dfrac{x\,(\text{mol})}{0.18\,(\text{dm}^3)} = 5.6x$ M

$[\text{Sn}^{4+}] = \dfrac{2\times10^{-3}\,(\text{mol})}{0.18\,(\text{dm}^3)} = 1.1\times10^{-2}$ M

$[\text{I}_2] = \dfrac{6.4\times10^{-4}\,(\text{mol})}{0.18\,(\text{dm}^3)} = 2.2\times10^{-3}$ M

$[\text{IO}_3^-] = \dfrac{0.4x\,(\text{mol})}{0.18\,(\text{dm}^3)} = 2.2x$ M

反応前の H^+ のモル数：　$0.1\,(\text{mol/dm}^3)\times0.1\,(\text{dm}^3) = 0.01$ mol

H^+ は Sn^{4+} が 1 モル生成するとき 12/5 モル消費される。

H^+ の消費量： $\dfrac{12}{5} \times 2 \times 10^{-3}$ (mol) $= 4.8 \times 10^{-3}$ mol

残存する H^+ のモル数： 0.01 (mol) $- 4.8 \times 10^{-3}$ (mol) $= 5.2 \times 10^{-3}$ mol

$[H^+] = \dfrac{5.2 \times 10^{-3} (\text{mol})}{0.18 (\text{dm}^3)} = 2.9 \times 10^{-2}$ M

$K = \dfrac{[I_2][Sn^{4+}]^5}{[IO_3^-]^2[Sn^{2+}]^5[H^+]^{12}} = \dfrac{(2.2 \times 10^{-3})(1.1 \times 10^{-2})^5}{(2.2x)^2(5.6x)^5(2.9 \times 10^{-2})^{12}} = 1.3 \times 10^{177}$

$x^7 = 2.9 \times 10^{-176}$ $\quad x = 7.9 \times 10^{-26}$ mol

$[Sn^{2+}] = 5.6 \times 7.9 \times 10^{-26} = 4.4 \times 10^{-25}$ M

$[Sn^{4+}] = 1.1 \times 10^{-2}$ M

$E(Sn^{4+}, Sn^{2+}) = E^{0\prime}(Sn^{4+}, Sn^{2+}) + \dfrac{0.059}{2} \log \dfrac{[Sn^{4+}]}{[Sn^{2+}]}$

$\qquad = +0.15 + \dfrac{0.059}{2} \log \dfrac{1.1 \times 10^{-2}}{4.4 \times 10^{-25}}$

$\qquad = +0.811$ V

7.21 [答] -0.9

7.22 [答] 1.1

[解] ① $AgBr + e^- \rightleftarrows Ag + Br^-$ $\quad E^{0\prime}(AgBr, Ag) = +0.071$ V

② $TiO^{2+} + 2H^+ + e^- \rightleftarrows Ti^{3+} + H_2O$ $\quad E^{0\prime}(TiO^{2+}, Ti^{3+}) = +0.099$ V

①−② $Ti^{3+} + AgBr + H_2O \rightleftarrows TiO^{2+} + Ag + Br^- + 2H^+$

$E^0_{\text{cell}} = 0.071 - 0.099 = -0.028$ V

$\log K = \dfrac{1 \times (-0.028)}{0.059} = -0.475 \quad K = 0.335$

$[Ti^{3+}] = 0.05 (\text{mol/dm}^3) \times \dfrac{0.1}{100} = 5 \times 10^{-5}$ M

$[TiO^{2+}] = 0.05 (\text{mol/dm}^3) \times \dfrac{99.9}{100} = 0.05$ M

$[Br^-] = 0.05$ M

$K = \dfrac{[TiO^{2+}][Br^-][H^+]^2}{[Ti^{3+}]} = \dfrac{(0.05)(0.05)[H^+]^2}{5 \times 10^{-5}} = 0.335$

$[H^+]^2 = 6.7 \times 10^{-3}$ M $\quad [H^+] = 8.2 \times 10^{-2}$ M

pH $= -\log(8.2 \times 10^{-2}) = 1.1$

7.23 [答] 1.8

7.24 [答] 2.2

[解] $5Fe^{2+} + MnO_4^- + 8H^+ \rightleftarrows 5Fe^{3+} + Mn^{2+} + 4H_2O$

$E^0_{\text{cell}} = E^{0\prime}(MnO_4^-, Mn^{2+}) - E^{0\prime}(Fe^{3+}, Fe^{2+}) = 1.51 - 0.771 = +0.739$ V

$\log K = \dfrac{5 \times 0.739}{0.059} = 62.6 \quad K = 4.0 \times 10^{62}$

当量点では，$[Fe^{2+}] = 5[MnO_4^-]$，$[Fe^{3+}] = 5[Mn^{2+}]$ である。

$$K = \frac{[Fe^{3+}]^5([Fe^{3+}]/5)}{[Fe^{2+}]^5([Fe^{2+}]/5)[H^+]^8} = 4.0 \times 10^{62}$$

$$\log \frac{[Fe^{3+}]}{[Fe^{2+}]} = -1.33\,pH + 10.4$$

$$E(Fe^{3+},\ Fe^{2+}) = E^{0\prime}(Fe^{3+},\ Fe^{2+}) + 0.059 \log \frac{[Fe^{3+}]}{[Fe^{2+}]}$$

$$= +0.771 + 0.059(-1.33\,pH + 10.4) = 1.21$$

$$pH = 2.2$$

7.25[答] 3.9

第8章

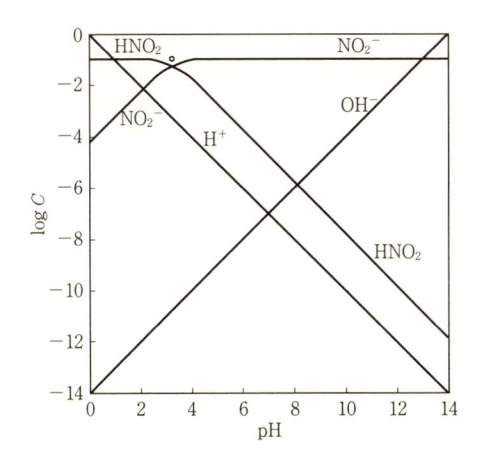

8.1[答] 解答図1

8.2[答] (1) $pH = 2.1$, $[H^+] = 7.9 \times 10^{-3}$ M, $[HNO_2] = 0.1$ M, $[NO_2^-] = 7.9 \times 10^{-3}$ M, $[OH^-] = 1.1 \times 10^{-12}$ M

(2) $pH = 8.1$, $[H^+] = 7.9 \times 10^{-9}$ M, $[HNO_2] = 1.3 \times 10^{-6}$ M, $[OH^-] = 1.3 \times 10^{-6}$ M, $[NO_2^-] = 0.1$ M

[解] (1) $HNO_2 \rightleftharpoons H^+ + NO_2^-$

ゼロ準位は H_2O と HNO_2 である。プロトン条件は

$$[H^+] = [NO_2^-] + [OH^-]$$

である。解答図1より, $[NO_2^-] \gg [OH^-]$ であるので平衡の条件は

$$\log[H^+] = \log[NO_2^-]$$

となる。この点における pH と化学種の濃度は次のとおりである。

$pH = 2.1$, $[H^+] = 7.9 \times 10^{-3}$ M, $[HNO_2] = 0.1$ M, $[NO_2^-] = 7.9 \times 10^{-3}$ M, $[OH^-] = 1.3 \times 10^{-12}$ M

204 演習問題解答

8.4[答]　解答図2

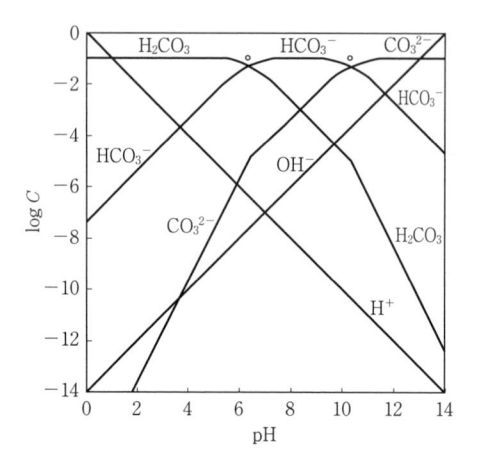

8.5[答]　(1) pH=3.7, [H$^+$]=2.0×10^{-4} M, [HCO$_3^-$]=2.0×10^{-4} M,
[H$_2$CO$_3$]=0.1 M, [OH$^-$]=5.0×10^{-11} M, [CO$_3^{2-}$]=5.0×10^{-11} M
(2) pH=8.4, [H$^+$]=4.0×10^{-9} M, [H$_2$CO$_3$]=1.0×10^{-3} M,
[HCO$_3^-$]=0.1 M, [CO$_3^{2-}$]=1.0×10^{-3} M, [OH$^-$]=2.5×10^{-6} M
(3) pH=11.7, [H$^+$]=2.0×10^{-12} M, [HCO$_3^-$]=5.0×10^{-3} M,
[H$_2$CO$_3$]=2×10^{-8} M, [OH$^-$]=5.0×10^{-3} M

8.6[答]　解答図3

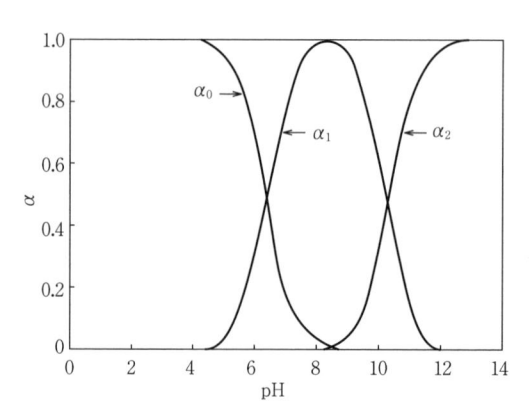

8.7 [答] 解答図 4

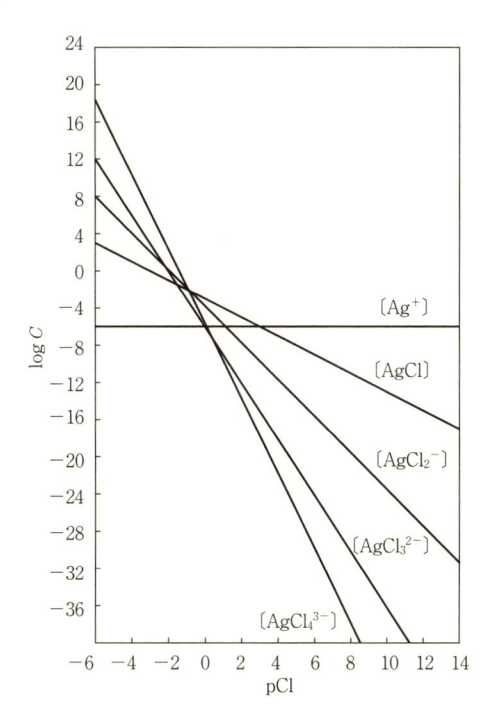

8.8 [答] （1）解答図 5

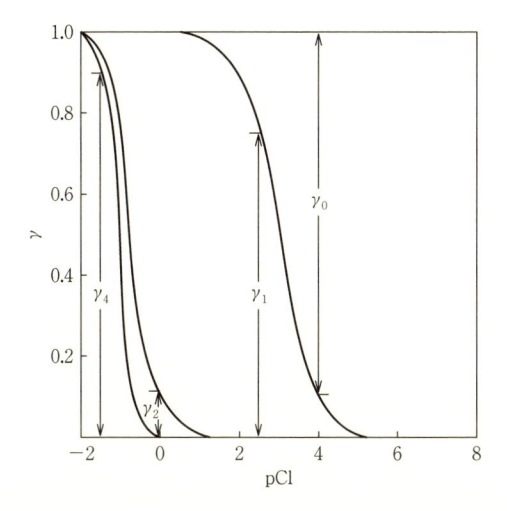

8.8[答]　(2)　解答図6

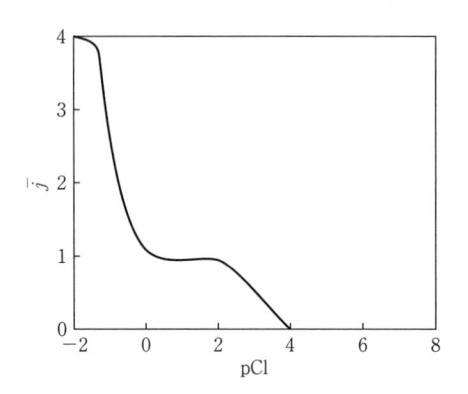

8.9[答]　解答図7

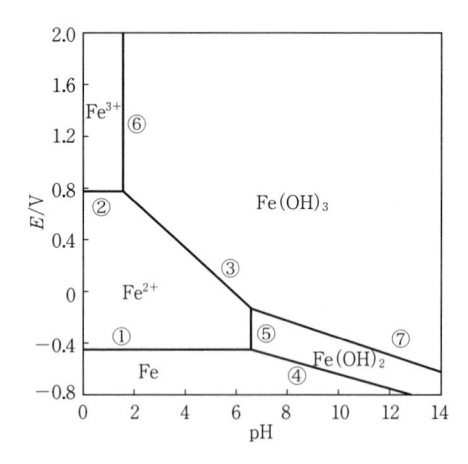

付　表

付表 A　25℃における酸の解離定数

酸	平衡	K_a
亜硝酸	$HNO_2 \rightleftharpoons H^+ + NO_2^-$	5.1×10^{-4}
アニリニウムイオン	$C_6H_5NH_3^+ \rightleftharpoons H^+ + C_6H_5NH_2$	2.5×10^{-5}
亜硫酸 (1)	$H_2SO_3 \rightleftharpoons H^+ + HSO_3^-$	1.7×10^{-2}
(2)	$HSO_3^- \rightleftharpoons H^+ + SO_3^{2-}$	6.5×10^{-8}
安息香酸	$C_6H_5COOH \rightleftharpoons H^+ + C_6H_5COO^-$	6.3×10^{-5}
アンモニウムイオン	$NH_4^+ \rightleftharpoons H^+ + NH_3$	5.5×10^{-10}
エチルアンモニウム	$C_2H_5NH_3^+ \rightleftharpoons H^+ + C_2H_5NH_2$	2.1×10^{-11}
エチレンジアミン四酢酸 $(C_2H_4[N(CH_2COOH)_2]_2 : H_4Y)$		
EDTA (1)	$H_4Y \rightleftharpoons H^+ + H_3Y^-$	1.0×10^{-2}
(2)	$H_3Y^- \rightleftharpoons H^+ + H_2Y^{2-}$	2.1×10^{-3}
(3)	$H_2Y^{2-} \rightleftharpoons H^+ + HY^{3-}$	6.9×10^{-7}
(4)	$HY^{3-} \rightleftharpoons H^+ + Y^{4-}$	6.0×10^{-11}
ギ　酸	$HCOOH \rightleftharpoons H^+ + HCOO^-$	1.7×10^{-4}
クエン酸 (1)	$H_3C_6H_5O_7 \rightleftharpoons H^+ + H_2C_6H_5O_7^-$	7.4×10^{-4}
(2)	$H_2C_6H_5O_7^- \rightleftharpoons H^+ + HC_6H_5O_7^{2-}$	1.8×10^{-5}
(3)	$HC_6H_5O_7^{2-} \rightleftharpoons H^+ + C_6H_5O_7^{3-}$	4.0×10^{-7}
クロム酸 (1)	$H_2CrO_4 \rightleftharpoons H^+ + HCrO_4^-$	1.8×10^{-1}
(2)	$HCrO_4^- \rightleftharpoons H^+ + CrO_4^{2-}$	3.2×10^{-7}
コハク酸 (1)	$H_2C_4H_4O_4 \rightleftharpoons H^+ + HC_4H_4O_4^-$	6.2×10^{-5}
(2)	$HC_4H_4O_4^- \rightleftharpoons H^+ + C_4H_4O_4^{2-}$	2.3×10^{-6}
酢　酸	$CH_3COOH \rightleftharpoons H^+ + CH_3COO^-$	1.8×10^{-5}
サリチル酸	$HOC_6H_4CO_2H \rightleftharpoons H^+ + HOC_6H_4CO_2^-$	1.1×10^{-3}
シアン化水素	$HCN \rightleftharpoons H^+ + CN^-$	7.2×10^{-10}
シアン酸	$HOCN \rightleftharpoons H^+ + OCN^-$	2.2×10^{-4}
次亜塩素酸	$HClO \rightleftharpoons H^+ + ClO^-$	3.0×10^{-8}
次亜臭素酸	$HBrO \rightleftharpoons H^+ + BrO^-$	2.1×10^{-9}
シュウ酸 (1)	$(COOH)_2 \rightleftharpoons H^+ + COOHCOO^-$	5.6×10^{-2}
(2)	$COOHCOO^- \rightleftharpoons H^+ + (COO)_2^{2-}$	5.2×10^{-5}
酒石酸 (1)	$H_2C_4H_4O_6 \rightleftharpoons H^+ + HC_4H_4O_6^-$	9.1×10^{-4}
(2)	$HC_4H_4O_6^- \rightleftharpoons H^+ + C_4H_4O_6^{2-}$	4.3×10^{-5}
セレン化水素 (1)	$H_2Se \rightleftharpoons H^+ + HSe^-$	1.3×10^{-4}
(2)	$HSe^- \rightleftharpoons H^+ + Se^{2-}$	1.0×10^{-11}
炭酸 (1)	$H_2CO_3 \rightleftharpoons H^+ + HCO_3^-$	4.5×10^{-7}
(2)	$HCO_3^- \rightleftharpoons H^+ + CO_3^{2-}$	4.7×10^{-11}

酸	平衡	K_a
ヒ酸(1)	$H_3AsO_4 \rightleftharpoons H^+ + H_2AsO_4^-$	6.0×10^{-3}
(2)	$H_2AsO_4^- \rightleftharpoons H^+ + HAsO_4^{2-}$	1.0×10^{-7}
(3)	$HAsO_4^{2-} \rightleftharpoons H^+ + AsO_4^{3-}$	3.0×10^{-12}
ヒドラジニウムイオン	$N_2H_5^+ \rightleftharpoons H^+ + N_2H_4$	1.0×10^{-8}
ピリジニウムイオン	$C_5H_5NH^+ \rightleftharpoons H^+ + C_5H_5N$	6.8×10^{-6}
フェノール	$C_6H_5OH \rightleftharpoons H^+ + C_6H_5O^-$	1.1×10^{-10}
フッ化水素酸	$HF \rightleftharpoons H^+ + F^-$	6.7×10^{-4}
フタル酸(1)	$C_6H_4(COOH)_2 \rightleftharpoons H^+ + C_6H_4COOH(COO)^-$	1.1×10^{-3}
(2)	$C_6H_4COOH(COO)^- \rightleftharpoons H^+ + C_6H_4(COO)_2^{2-}$	3.9×10^{-6}
ホウ酸	$HBO_2 \rightleftharpoons H^+ + BO_2^-$	5.9×10^{-10}
メタ亜ヒ酸	$HAsO_2 \rightleftharpoons H^+ + AsO_2^-$	6.0×10^{-10}
硫化水素(1)	$H_2S \rightleftharpoons H^+ + HS^-$	1.1×10^{-7}
(2)	$HS^- \rightleftharpoons H^+ + S^{2-}$	1.0×10^{-14}
硫酸水素イオン	$HSO_4^- \rightleftharpoons H^+ + SO_4^{2-}$	1.0×10^{-2}
リン酸(1)	$H_3PO_4 \rightleftharpoons H^+ + H_2PO_4^-$	5.9×10^{-3}
(2)	$H_2PO_4^- \rightleftharpoons H^+ + HPO_4^{2-}$	6.2×10^{-8}
(3)	$HPO_4^{2-} \rightleftharpoons H^+ + PO_4^{3-}$	4.8×10^{-13}

付表 B　25℃における溶解度積

化合物	平　衡	K_{sp}
亜硝酸塩	$AgNO_2 \rightleftharpoons Ag^+ + NO_2^-$	1.6×10^{-4}
塩化物	$AgCl \rightleftharpoons Ag^+ + Cl^-$	1.8×10^{-10}
	$CuCl \rightleftharpoons Cu^+ + Cl^-$	1.9×10^{-7}
	$Hg_2Cl_2 \rightleftharpoons Hg_2^{2+} + 2\,Cl^-$	1.3×10^{-18}
	$HgCl_2 \rightleftharpoons Hg^{2+} + 2\,Cl^-$	6.1×10^{-15}
	$PbCl_2 \rightleftharpoons Pb^{2+} + 2\,Cl^-$	1.6×10^{-5}
	$TlCl \rightleftharpoons Tl^+ + Cl^-$	1.9×10^{-4}
クロム酸塩	$Ag_2CrO_4 \rightleftharpoons 2\,Ag^+ + CrO_4^{2-}$	1.9×10^{-12}
	$BaCrO_4 \rightleftharpoons Ba^{2+} + CrO_4^{2-}$	1.2×10^{-10}
	$CaCrO_4 \rightleftharpoons Ca^{2+} + CrO_4^{2-}$	7.1×10^{-4}
	$Hg_2CrO_4 \rightleftharpoons 2\,Hg^+ + CrO_4^{2-}$	2.0×10^{-9}
	$PbCrO_4 \rightleftharpoons Pb^{2+} + CrO_4^{2-}$	1.6×10^{-14}
	$SrCrO_4 \rightleftharpoons Sr^{2+} + CrO_4^{2-}$	3.6×10^{-5}
	$Tl_2CrO_4 \rightleftharpoons 2\,Tl^+ + CrO_4^{2-}$	9.8×10^{-13}
酢酸塩	$CH_3COOAg \rightleftharpoons Ag^+ + CH_3COO^-$	2.3×10^{-3}
シアン化物	$AgCN \rightleftharpoons Ag^+ + CN^-$	1.6×10^{-14}
	$CuCN \rightleftharpoons Cu^+ + CN^-$	1.0×10^{-11}
	$Hg_2(CN)_2 \rightleftharpoons Hg_2^{2+} + 2\,CN^-$	5.0×10^{-40}
シュウ酸塩	$Ag_2C_2O_4 \rightleftharpoons 2\,Ag^+ + C_2O_4^{2-}$	1.1×10^{-11}
	$BaC_2O_4 \rightleftharpoons Ba^{2+} + C_2O_4^{2-}$	1.5×10^{-8}
	$CaC_2O_4 \rightleftharpoons Ca^{2+} + C_2O_4^{2-}$	1.3×10^{-9}
	$CdC_2O_4 \rightleftharpoons Cd^{2+} + C_2O_4^{2-}$	1.8×10^{-8}
	$Ce_2(C_2O_4)_3 \rightleftharpoons 2\,Ce^{3+} + 3\,C_2O_4^{2-}$	2.5×10^{-29}
	$CoC_2O_4 \rightleftharpoons Co^{2+} + C_2O_4^{2-}$	4.0×10^{-8}
	$CuC_2O_4 \rightleftharpoons Cu^{2+} + C_2O_4^{2-}$	2.9×10^{-8}
	$FeC_2O_4 \rightleftharpoons Fe^{2+} + C_2O_4^{2-}$	2.0×10^{-7}
	$MgC_2O_4 \rightleftharpoons Mg^{2+} + C_2O_4^{2-}$	8.6×10^{-5}
	$MnC_2O_4 \rightleftharpoons Mn^{2+} + C_2O_4^{2-}$	1.1×10^{-15}
	$NiC_2O_4 \rightleftharpoons Ni^{2+} + C_2O_4^{2-}$	4.0×10^{-10}
	$PbC_2O_4 \rightleftharpoons Pb^{2+} + C_2O_4^{2-}$	8.3×10^{-12}
	$SrC_2O_4 \rightleftharpoons Sr^{2+} + C_2O_4^{2-}$	5.6×10^{-10}
臭化物	$AgBr \rightleftharpoons Ag^+ + Br^-$	5.0×10^{-13}
	$CuBr \rightleftharpoons Cu^+ + Br^-$	5.3×10^{-9}
	$Hg_2Br_2 \rightleftharpoons Hg_2^{2+} + 2\,Br^-$	5.6×10^{-23}
	$HgBr_2 \rightleftharpoons Hg^{2+} + 2\,Br^-$	1.1×10^{-19}
	$PbBr_2 \rightleftharpoons Pb^{2+} + 2\,Br^-$	4.0×10^{-5}
	$TlBr \rightleftharpoons Tl^+ + Br^-$	3.9×10^{-6}
臭素酸塩	$AgBrO_3 \rightleftharpoons Ag^+ + BrO_3^-$	5.5×10^{-5}
	$Ba(BrO_3)_2 \rightleftharpoons Ba^{2+} + 2\,BrO_3^-$	5.5×10^{-6}
水酸化物	$AgOH \rightleftharpoons Ag^+ + OH^-$	1.9×10^{-8}
	$Al(OH)_3 \rightleftharpoons Al^{3+} + 3\,OH^-$	1.0×10^{-32}
	$Bi(OH)_3 \rightleftharpoons Bi^{3+} + 3\,OH^-$	4.0×10^{-31}
	$Ca(OH)_2 \rightleftharpoons Ca^{2+} + 2\,OH^-$	5.5×10^{-6}
	$Cd(OH)_2 \rightleftharpoons Cd^{2+} + 2\,OH^-$	1.2×10^{-14}
	$Ce(OH)_3 \rightleftharpoons Ce^{3+} + 3\,OH^-$	6.3×10^{-21}
	$Co(OH)_2 \rightleftharpoons Co^{2+} + 2\,OH^-$	1.3×10^{-15}

化合物	平衡	K_{sp}
	$Cr(OH)_3 \rightleftharpoons Cr^{3+} + 3OH^-$	6.0×10^{-31}
	$Cu(OH)_2 \rightleftharpoons Cu^{2+} + 2OH^-$	2.2×10^{-20}
	$Fe(OH)_2 \rightleftharpoons Fe^{2+} + 2OH^-$	2.2×10^{-15}
	$Fe(OH)_3 \rightleftharpoons Fe^{3+} + 3OH^-$	2.5×10^{-39}
	$Hg_2(OH)_2 \rightleftharpoons Hg_2^{2+} + 2OH^-$	1.0×10^{-23}
	$Hg(OH)_2 \rightleftharpoons Hg^{2+} + 2OH^-$	3.0×10^{-26}
	$Mg(OH)_2 \rightleftharpoons Mg^{2+} + 2OH^-$	1.1×10^{-11}
	$Mn(OH)_2 \rightleftharpoons Mn^{2+} + 2OH^-$	1.7×10^{-13}
	$Ni(OH)_2 \rightleftharpoons Ni^{2+} + 2OH^-$	1.0×10^{-15}
	$Pb(OH)_2 \rightleftharpoons Pb^{2+} + 2OH^-$	1.2×10^{-15}
	$Sn(OH)_2 \rightleftharpoons Sn^{2+} + 2OH^-$	1.0×10^{-25}
	$Zn(OH)_2 \rightleftharpoons Zn^{2+} + 2OH^-$	2.0×10^{-17}
炭酸塩	$Ag_2CO_3 \rightleftharpoons 2Ag^+ + CO_3^{2-}$	6.3×10^{-12}
	$BaCO_3 \rightleftharpoons Ba^{2+} + CO_3^{2-}$	5.0×10^{-9}
	$CaCO_3 \rightleftharpoons Ca^{2+} + CO_3^{2-}$	4.8×10^{-9}
	$FeCO_3 \rightleftharpoons Fe^{2+} + CO_3^{2-}$	3.5×10^{-11}
	$Hg_2CO_3 \rightleftharpoons Hg_2^{2+} + CO_3^{2-}$	8.9×10^{-17}
	$MgCO_3 \rightleftharpoons Mg^{2+} + CO_3^{2-}$	1.0×10^{-5}
	$MnCO_3 \rightleftharpoons Mn^{2+} + CO_3^{2-}$	2.0×10^{-11}
	$NiCO_3 \rightleftharpoons Ni^{2+} + CO_3^{2-}$	6.6×10^{-9}
	$PbCO_3 \rightleftharpoons Pb^{2+} + CO_3^{2-}$	1.0×10^{-13}
	$SrCO_3 \rightleftharpoons Sr^{2+} + CO_3^{2-}$	1.1×10^{-10}
	$ZnCO_3 \rightleftharpoons Zn^{2+} + CO_3^{2-}$	2.1×10^{-11}
チオシアン酸塩	$AgNCS \rightleftharpoons Ag^+ + NCS^-$	1.0×10^{-12}
	$CuNCS \rightleftharpoons Cu^+ + NCS^-$	2.0×10^{-13}
	$Pb(NCS)_2 \rightleftharpoons Pb^{2+} + 2NCS^-$	3.0×10^{-8}
	$Hg_2(NCS)_2 \rightleftharpoons Hg_2^{2+} + 2NCS^-$	2.0×10^{-20}
ヒ酸塩	$Ag_3AsO_4 \rightleftharpoons 3Ag^+ + AsO_4^{3-}$	1.0×10^{-22}
	$Ba_3(AsO_4)_2 \rightleftharpoons 3Ba^{2+} + 2AsO_4^{3-}$	8.0×10^{-51}
	$BiAsO_4 \rightleftharpoons Bi^{3+} + AsO_4^{3-}$	4.0×10^{-10}
	$Ca_3(AsO_4)_2 \rightleftharpoons 3Ca^{2+} + 2AsO_4^{3-}$	6.4×10^{-19}
	$Cd_3(AsO_4)_2 \rightleftharpoons 3Cd^{2+} + 2AsO_4^{3-}$	2.0×10^{-33}
	$Cu_3(AsO_4)_2 \rightleftharpoons 3Cu^{2+} + 2AsO_4^{3-}$	8.0×10^{-36}
	$FeAsO_4 \rightleftharpoons Fe^{3+} + AsO_4^{3-}$	6.0×10^{-21}
	$Mg_3(AsO_4)_2 \rightleftharpoons 3Mg^{2+} + 2AsO_4^{3-}$	2.0×10^{-20}
	$Mn_3(AsO_4)_2 \rightleftharpoons 3Mn^{2+} + 2AsO_4^{3-}$	2.0×10^{-29}
	$Pb_3(AsO_4)_2 \rightleftharpoons 3Pb^{2+} + 2AsO_4^{3-}$	4.0×10^{-36}
	$Sr_3(AsO_4)_2 \rightleftharpoons 3Sr^{2+} + 2AsO_4^{3-}$	1.0×10^{-18}
	$Zn_3(AsO_4)_2 \rightleftharpoons 3Zn^{2+} + 2AsO_4^{3-}$	1.3×10^{-28}
フッ化物	$BaF_2 \rightleftharpoons Ba^{2+} + 2F^-$	1.1×10^{-6}
	$CaF_2 \rightleftharpoons Ca^{2+} + 2F^-$	4.0×10^{-11}
	$PbF_2 \rightleftharpoons Pb^{2+} + 2F^-$	4.0×10^{-8}
	$SrF_2 \rightleftharpoons Sr^{2+} + 2F^-$	2.5×10^{-9}
ヨウ化物	$AgI \rightleftharpoons Ag^+ + I^-$	8.3×10^{-17}
	$CuI \rightleftharpoons Cu^+ + I^-$	1.4×10^{-12}
	$Hg_2I_2 \rightleftharpoons Hg_2^{2+} + 2I^-$	4.7×10^{-29}
	$PbI_2 \rightleftharpoons Pb^{2+} + 2I^-$	6.7×10^{-9}

化合物	平衡	K_{sp}
ヨウ素酸塩	$TlI \rightleftarrows Tl^+ + I^-$	6.5×10^{-8}
	$AgIO_3 \rightleftarrows Ag^+ + IO_3^-$	3.1×10^{-8}
	$Ba(IO_3)_2 \rightleftarrows Ba^{2+} + 2\,IO_3^-$	1.5×10^{-9}
	$Ca(IO_3)_2 \rightleftarrows Ca^{2+} + 2\,IO_3^-$	7.1×10^{-7}
	$Ce(IO_3)_3 \rightleftarrows Ce^{3+} + 3\,IO_3^-$	3.2×10^{-10}
	$Cu(IO_3)_2 \rightleftarrows Cu^{2+} + 2\,IO_3^-$	7.4×10^{-8}
	$Hg_2(IO_3)_2 \rightleftarrows Hg_2^{2+} + 2\,IO_3^-$	2.0×10^{-14}
	$Pb(IO_3)_2 \rightleftarrows Pb^{2+} + 2\,IO_3^-$	2.8×10^{-13}
	$Sr(IO_3)_2 \rightleftarrows Sr^{2+} + 2\,IO_3^-$	3.3×10^{-7}
	$TlIO_3 \rightleftarrows Tl^+ + IO_3^-$	3.1×10^{-6}
硫化物	$Ag_2S \rightleftarrows 2\,Ag^+ + S^{2-}$	6.3×10^{-50}
	$Bi_2S_3 \rightleftarrows 2\,Bi^{3+} + 3\,S^{2-}$	1.0×10^{-97}
	$CdS \rightleftarrows Cd^{2+} + S^{2-}$	1.0×10^{-28}
	$CoS \rightleftarrows Co^{2+} + S^{2-}$	2.0×10^{-25}
	$Cu_2S \rightleftarrows 2\,Cu^+ + S^{2-}$	2.5×10^{-48}
	$CuS \rightleftarrows Cu^{2+} + S^{2-}$	6.0×10^{-36}
	$FeS \rightleftarrows Fe^{2+} + S^{2-}$	6.0×10^{-18}
	$HgS \rightleftarrows Hg^{2+} + S^{2-}$	1.0×10^{-52}
	$MnS \rightleftarrows Mn^{2+} + S^{2-}$	7.1×10^{-16}
	$NiS \rightleftarrows Ni^{2+} + S^{2-}$	1.0×10^{-24}
	$PbS \rightleftarrows Pb^{2+} + S^{2-}$	7.1×10^{-29}
	$SnS \rightleftarrows Sn^{2+} + S^{2-}$	1.0×10^{-25}
	$Tl_2S \rightleftarrows 2\,Tl^+ + S^{2-}$	5.0×10^{-21}
	$ZnS \rightleftarrows Zn^{2+} + S^{2-}$	1.6×10^{-23}
硫酸塩	$Ag_2SO_4 \rightleftarrows 2\,Ag^+ + SO_4^{2-}$	1.6×10^{-5}
	$BaSO_4 \rightleftarrows Ba^{2+} + SO_4^{2-}$	1.0×10^{-10}
	$CaSO_4 \rightleftarrows Ca^{2+} + SO_4^{2-}$	1.0×10^{-5}
	$Hg_2SO_4 \rightleftarrows Hg_2^{2+} + SO_4^{2-}$	7.1×10^{-7}
	$PbSO_4 \rightleftarrows Pb^{2+} + SO_4^{2-}$	1.6×10^{-8}
	$SrSO_4 \rightleftarrows Sr^{2+} + SO_4^{2-}$	3.2×10^{-7}
リン酸塩	$Ag_3PO_4 \rightleftarrows 3\,Ag^+ + PO_4^{3-}$	2.1×10^{-21}
	$AlPO_4 \rightleftarrows Al^{3+} + PO_4^{3-}$	6.3×10^{-19}
	$BiPO_4 \rightleftarrows Bi^{3+} + PO_4^{3-}$	1.2×10^{-23}
	$Ca_3(PO_4)_2 \rightleftarrows 3\,Ca^{2+} + 2\,PO_4^{3-}$	1.0×10^{-29}
	$CrPO_4 \rightleftarrows Cr^{3+} + PO_4^{3-}$	2.4×10^{-23}
	$FePO_4 \rightleftarrows Fe^{3+} + PO_4^{3-}$	1.0×10^{-22}
	$Pb_3(PO_4)_2 \rightleftarrows 3\,Pb^{2+} + 2\,PO_4^{3-}$	1.0×10^{-42}
	$Sr_3(PO_4)_2 \rightleftarrows 3\,Sr^{2+} + 2\,PO_4^{3-}$	1.0×10^{-31}
	$Zn_3(PO_4)_2 \rightleftarrows 3\,Zn^{2+} + 2\,PO_4^{3-}$	1.0×10^{-32}

付表C 錯イオンの安定度定数

配位子	平衡	K_{stab}
アンモニア	$Ag^+ + 2\,NH_3 \rightleftharpoons Ag(NH_3)_2^+$	1.7×10^7
	$Cd^{2+} + 4\,NH_3 \rightleftharpoons Cd(NH_3)_4^{2+}$	8.3×10^6
	$Co^{2+} + 6\,NH_3 \rightleftharpoons Co(NH_3)_6^{2+}$	5.6×10^4
	$Co^{3+} + 6\,NH_3 \rightleftharpoons Co(NH_3)_6^{3+}$	1.6×10^{35}
	$Cu^+ + 2\,NH_3 \rightleftharpoons Cu(NH_3)_2^+$	6.3×10^{10}
	$Cu^{2+} + 4\,NH_3 \rightleftharpoons Cu(NH_4)_4^{2+}$	3.9×10^{12}
	$Hg^{2+} + 4\,NH_3 \rightleftharpoons Hg(NH_3)_4^{2+}$	2.5×10^{19}
	$Ni^{2+} + 6\,NH_3 \rightleftharpoons Ni(NH_3)_6^{2+}$	3.1×10^8
	$Zn^{2+} + 4\,NH_3 \rightleftharpoons Zn(NH_3)_4^{2+}$	1.2×10^9
エチレンジアミン ($H_2NCH_2CH_2NH_2$: en) en	$Ag^+ + 2\,en \rightleftharpoons Ag(en)_2^+$	5.0×10^7
	$Cd^{2+} + 2\,en \rightleftharpoons Cd(en)_2^{2+}$	1.1×10^{10}
	$Cu^{2+} + 2\,en \rightleftharpoons Cu(en)_2^{2+}$	4.0×10^{19}
	$Fe^{2+} + 2\,en \rightleftharpoons Fe(en)_2^{2+}$	3.4×10^7
	$Ni^{2+} + 2\,en \rightleftharpoons Ni(en)_2^{2+}$	4.8×10^{13}
	$Mn^{2+} + 2\,en \rightleftharpoons Mn(en)_2^{2+}$	6.1×10^4
	$Zn^{2+} + 2\,en \rightleftharpoons Zn(en)_2^{2+}$	2.3×10^{10}
EDTA ($= Y^{4-}$)	$Ag^+ + Y^{4-} \rightleftharpoons AgY^{3-}$	2.1×10^7
	$Al^{3+} + Y^{4-} \rightleftharpoons AlY^-$	1.4×10^{16}
	$Ba^{2+} + Y^{4-} \rightleftharpoons BaY^{2-}$	5.8×10^7
	$Ca^{2+} + Y^{4-} \rightleftharpoons CaY^{2-}$	5.0×10^{10}
	$Cd^{2+} + Y^{4-} \rightleftharpoons CdY^{2-}$	2.9×10^{16}
	$Co^{2+} + Y^{4-} \rightleftharpoons CoY^{2-}$	2.0×10^{16}
	$Co^{3+} + Y^{4-} \rightleftharpoons CoY^-$	1.0×10^{36}
	$Cu^{2+} + Y^{4+} \rightleftharpoons CuY^{2-}$	6.3×10^{18}
	$Fe^{2+} + Y^{4-} \rightleftharpoons FeY^{2-}$	2.1×10^{14}
	$Fe^{3+} + Y^{4-} \rightleftharpoons FeY^-$	1.3×10^{25}
	$Hg^{2+} + Y^{4-} \rightleftharpoons HgY^{2-}$	6.3×10^{21}
	$Mg^{2+} + Y^{4-} \rightleftharpoons MgY^{2-}$	4.9×10^8
	$Mn^{2+} + Y^{4-} \rightleftharpoons MnY^{2-}$	1.1×10^{14}
	$Ni^{2+} + Y^{4-} \rightleftharpoons NiY^{2-}$	4.1×10^{18}
	$Pb^{2+} + Y^{4-} \rightleftharpoons PbY^{2-}$	1.1×10^{18}
	$Zn^{2+} + Y^{4-} \rightleftharpoons ZnY^{2-}$	3.1×10^{16}
塩化物	$Ag^+ + 2\,Cl^- \rightleftharpoons AgCl_2^-$	4.0×10^5
	$Hg^{2+} + 4\,Cl^- \rightleftharpoons HgCl_4^{2-}$	1.7×10^{15}
酢酸	$Pb^{2+} + 2\,CH_3COO^- \rightleftharpoons Pb(CH_3COO)_2$	1.6×10^4
シアン化物	$Ag^+ + 2\,CN^- \rightleftharpoons Ag(CN)_2^-$	1.0×10^{21}
	$Cd^{2+} + 4\,CN^- \rightleftharpoons Cd(CN)_4^{2-}$	7.1×10^{18}
	$Co^{2+} + 6\,CN^- \rightleftharpoons Co(CN)_6^{4-}$	1.0×10^{19}
	$Cu^+ + 3\,CN^- \rightleftharpoons Cu(CN)_3^{2-}$	4.0×10^{28}
	$Cu^{2+} + 4\,CN^- \rightleftharpoons Cu(CN)_4^{2-}$	1.0×10^{25}
	$Fe^{2+} + 6\,CN^- \rightleftharpoons Fe(CN)_6^{4-}$	1.0×10^{24}
	$Fe^{3+} + 6\,CN^- \rightleftharpoons Fe(CN)_6^{3-}$	1.0×10^{31}
	$Hg^{2+} + 4\,CN^- \rightleftharpoons Hg(CN)_4^{2-}$	3.1×10^{41}
	$Ni^{2+} + 4\,CN^- \rightleftharpoons Ni(CN)_4^{2-}$	1.0×10^{22}

配位子	平　衡	K_{stab}
	$Pb^{2+} + 4\,CN^- \rightleftharpoons Pb(CN)_4{}^{2-}$	1.0×10^{10}
	$Zn^{2+} + 4\,CN^- \rightleftharpoons Zn(CN)_4{}^{2-}$	8.3×10^{17}
臭化物	$Ag^+ + 2\,Br^- \rightleftharpoons AgBr_2{}^-$	8.5×10^7
	$Hg^{2+} + 4\,Br^- \rightleftharpoons HgBr_4{}^{2-}$	5.0×10^{21}
酒石酸 ($C_4H_4O_6{}^{2-}$: Tar^{2-}) Tar^{2-}	$Cu^{2+} + 2\,Tar^{2-} \rightleftharpoons Cu(Tar)_2{}^{2-}$	1.3×10^5
シュウ酸 ($C_2O_4{}^{2-}$: Ox^{2-}) Ox^{2-}	$Al^{3+} + 3\,Ox^{2-} \rightleftharpoons Al(Ox)_3{}^{3-}$	2.0×10^{16}
	$Cu^{2+} + 2\,Ox^{2-} \rightleftharpoons Cu(Ox)_2{}^{2-}$	2.0×10^{10}
	$Fe^{3+} + 3\,Ox^{2-} \rightleftharpoons Fe(Ox)_3{}^{3-}$	1.6×10^{20}
	$Mg^{2+} + 2\,Ox^{2-} \rightleftharpoons Mg(Ox)_2{}^{2-}$	2.4×10^4
	$Mn^{2+} + 2\,Ox^{2-} \rightleftharpoons Mn(Ox)_2{}^{2-}$	1.8×10^5
	$Ni^{2+} + 2\,Ox^{2-} \rightleftharpoons Ni(Ox)_2{}^{2-}$	3.2×10^6
	$Pb^{2+} + 2\,Ox^{2-} \rightleftharpoons Pb(Ox)_2{}^{2-}$	3.4×10^6
	$Zn^{2+} + 2\,Ox^{2-} \rightleftharpoons Zn(Ox)_2{}^{2-}$	2.3×10^7
水酸化物	$Al^{3+} + 4\,OH^- \rightleftharpoons Al(OH)_4{}^-$	2.0×10^{33}
	$Cd^{2+} + 4\,OH^- \rightleftharpoons Cd(OH)_4{}^{2-}$	1.0×10^{10}
	$Zn^{2+} + 4\,OH^- \rightleftharpoons Zn(OH)_4{}^{2-}$	3.1×10^{15}
フッ化物	$Al^{3+} + 6\,F^- \rightleftharpoons AlF_6{}^{3-}$	6.9×10^{19}
	$Sn^{4+} + 6\,F^- \rightleftharpoons SnF_6{}^{2-}$	1.0×10^{25}
ヨウ化物	$Cd^{2+} + 6\,I^- \rightleftharpoons CdI_6{}^{4-}$	1.0×10^6
	$Hg^{2+} + 4\,I^- \rightleftharpoons HgI_4{}^{2-}$	1.6×10^{30}

付表 D 25°C における半反応の形式電位

半反応	$E^{o\prime}$ (V)
$Li^+ + e^- \rightleftharpoons Li$	-3.045
$K^+ + e^- \rightleftharpoons K$	-2.925
$Ba^{2+} + 2e^- \rightleftharpoons Ba$	-2.906
$Ca^{2+} + 2e^- \rightleftharpoons Ca$	-2.866
$Na^+ + e^- \rightleftharpoons Na$	-2.714
$Mg^{2+} + 2e^- \rightleftharpoons Mg$	-2.363
$Al^{3+} + 3e^- \rightleftharpoons Al$	-1.662
$Fe(OH)_2 + 2e^- \rightleftharpoons Fe + 2OH^-$	-0.891
$Zn^{2+} + 2e^- \rightleftharpoons Zn$	-0.763
$Cr^{3+} + 3e^- \rightleftharpoons Cr$	-0.744
$U^{4+} + e^- \rightleftharpoons U^{3+}$	-0.607
$Fe(OH)_3 + e^- \rightleftharpoons Fe(OH)_2 + OH^-$	-0.556
$2CO_2(g) + 2H^+ + 2e^- \rightleftharpoons H_2C_2O_4(aq)$	-0.475
$Fe^{2+} + 2e^- \rightleftharpoons Fe$	-0.440
$Cr^{3+} + e^- \rightleftharpoons Cr^{2+}$	-0.408
$Cd^{2+} + 2e^- \rightleftharpoons Cd$	-0.403
$Cu_2O + H_2O + 2e^- \rightleftharpoons 2Cu + 2OH^-$	-0.365
$Tl^+ + e^- \rightleftharpoons Tl$	-0.336
$CuO + H_2O + 2e^- \rightleftharpoons Cu + 2OH^-$	-0.29
$Co^{2+} + 2e^- \rightleftharpoons Co$	-0.277
$V^{3+} + e^- \rightleftharpoons V^{2+}$	-0.256
$Ni^{2+} + 2e^- \rightleftharpoons Ni$	-0.250
$2CuO + H_2O + 2e^- \rightleftharpoons Cu_2O + 2OH^-$	-0.22
$CO_2(g) + 2H^+ + 2e^- \rightleftharpoons HCOOH(aq)$	-0.199
$AgI + e^- \rightleftharpoons Ag + I^-$	-0.152
$Sn^{2+} + 2e^- \rightleftharpoons Sn$	-0.136
$CrO_4^{2-} + 4H_2O + 3e^- \rightleftharpoons [Cr(OH)_4]^- + 4OH^-$	-0.13
$Pb^{2+} + 2e^- \rightleftharpoons Pb$	-0.126
$2H^+ + 2e^- \rightleftharpoons H_2$	0.000
$CuBr + e^- \rightleftharpoons Cu + Br^-$	$+0.033$
$UO_2^{2+} + e^- \rightleftharpoons UO_2^+$	$+0.05$
$[Co(NH_3)_6]^{3+} + e^- \rightleftharpoons [Co(NH_3)_6]^{2+}$	$+0.058$
$AgBr + e^- \rightleftharpoons Ag + Br^-$	$+0.071$
$TiO^{2+} + 2H^+ + e^- \rightleftharpoons Ti^{3+} + H_2O$	$+0.099$
$CuCl + e^- \rightleftharpoons Cu + Cl^-$	$+0.121$
$Sn^{4+} + 2e^- \rightleftharpoons Sn^{2+}$	$+0.15$
$Cu^{2+} + e^- \rightleftharpoons Cu^+$	$+0.153$
$CO_2(g) + 4H^+ + 4e^- \rightleftharpoons C + 2H_2O$	$+0.206$
$AgCl + e^- \rightleftharpoons Ag + Cl^-$	$+0.222$
$HAsO_2 + 3H^+ + 3e^- \rightleftharpoons As + 2H_2O$	$+0.248$
$Hg_2Cl_2 + 2e^- \rightleftharpoons 2Hg + 2Cl^-$	$+0.268$
$Cu^{2+} + 2e^- \rightleftharpoons Cu$	$+0.337$
$VO^{2+} + 2H^+ + e^- \rightleftharpoons V^{3+} + H_2O$	$+0.359$
$Fe(CN)_6^{3-} + e^- \rightleftharpoons Fe(CN)_6^{4-}$	$+0.36$
$O_2 + 2H_2O + 4e^- \rightleftharpoons 4OH^-$	$+0.401$
$Cu^+ + e^- \rightleftharpoons Cu$	$+0.521$

半反応	$E^{o\prime}$(V)
$I_2(s) + 2e^- \rightleftharpoons 2I^-$	+0.536
$I_3^- + 2e^- \rightleftharpoons 3I^-$	+0.536
$H_3AsO_4 + 2H^+ + 2e^- \rightleftharpoons H_3AsO_3 + H_2O$	+0.559
$UO_2^+ + 4H^+ + e^- \rightleftharpoons U^{4+} + 2H_2O$	+0.62
$PtCl_6^{2-} + 2e^- \rightleftharpoons PtCl_4^{2-} + 2Cl^-$	+0.68
$O_2(g) + 2H^+ + 2e^- \rightleftharpoons H_2O_2$	+0.682
$PtCl_4^{2-} + 2e^- \rightleftharpoons Pt + 4Cl^-$	+0.73
$Fe^{3+} + e^- \rightleftharpoons Fe^{2+}$	+0.771
$Hg_2^{2+} + 2e^- \rightleftharpoons 2Hg$	+0.788
$Ag^+ + e^- \rightleftharpoons Ag$	+0.799
$2Hg^{2+} + 2e^- \rightleftharpoons Hg_2^{2+}$	+0.920
$NO_3^- + 4H^+ + 3e^- \rightleftharpoons NO + 2H_2O$	+0.96
$V(OH)_4^+ + 2H^+ + e^- \rightleftharpoons VO^{2+} + 3H_2O$	+1.00
$Br_2 + 2e^- \rightleftharpoons 2Br^-$	+1.087
$[Fe(bpy)_3]^{3+} + e^- \rightleftharpoons [Fe(bpy)_3]^{2+}$	+1.11
$IO_3^- + 6H^+ + 5e^- \rightleftharpoons 1/2\,I_2 + 3H_2O$	+1.195
$O_2 + 4H^+ + 4e^- \rightleftharpoons 2H_2O$	+1.229
$Tl^{3+} + 2e^- \rightleftharpoons Tl^+$	+1.25
$Cr_2O_7^{2-} + 14H^+ + 6e^- \rightleftharpoons 2Cr^{3+} + 7H_2O$	+1.33
$Cl_2 + 2e^- \rightleftharpoons 2Cl^-$	+1.360
$HIO + H^+ + e^- \rightleftharpoons 1/2\,I_2 + H_2O$	+1.45
$PbO_2 + 4H^+ + 2e^- \rightleftharpoons Pb^{2+} + 2H_2O$	+1.455
$Au^{3+} + 3e^- \rightleftharpoons Au$	+1.498
$Mn^{3+} + e^- \rightleftharpoons Mn^{2+}$	+1.51
$MnO_4^- + 8H^+ + 5e^- \rightleftharpoons Mn^{2+} + 4H_2O$	+1.51
$Ce^{4+} + e^- \rightleftharpoons Ce^{3+}$	+1.61
$2NO + 4H^+ + 4e^- \rightleftharpoons N_2 + 2H_2O$	+1.678
$Au^+ + e^- \rightleftharpoons Au$	+1.691
$N_2O + 2H^+ + 2e^- \rightleftharpoons N_2 + H_2O$	+1.77
$H_2O_2 + 2H^+ + 2e^- \rightleftharpoons 2H_2O$	+1.776
$Co^{3+} + e^- \rightleftharpoons Co^{2+}$	+1.808
$F_2O + 2H^+ + 4e^- \rightleftharpoons 2F^- + H_2O$	+2.153
$F_2 + 2e^- \rightleftharpoons 2F^-$	+2.87
$F_2 + 2H^+ + 2e^- \rightleftharpoons 2HF$	+3.06

付表 E 単位換算表（エネルギー）

J mol^{-1}	cal* mol^{-1}	eV	cm^{-1}
1	0.2390	1.0364×10^{-5}	8.3595×10^{-2}
4.184	1	4.3363×10^{-5}	3.4976×10^{-1}
9.6485×10^{4}	2.3060×10^{4}	1	8.0655×10^{3}
1.1963×10^{1}	2.8592	1.2399×10^{-4}	1

* 熱化学カロリー

付表 F 基本物理定数の値

物 理 量	記 号	数　　値	単　　位
真空中の光速度	c_0	299 792 458	m s^{-1}
電気素量	e	$1.60217733(49) \times 10^{-19}$	C
プランク定数	h	$6.6260755(40) \times 10^{-34}$	J s
アボガドロ定数	L, N_A	$6.0221367(36) \times 10^{23}$	mol^{-1}
ファラデー定数	F	$9.6485309(29) \times 10^{4}$	C mol^{-1}
気体定数	R	8.314510(70)	J K^{-1} mol^{-1}
ボルツマン定数	k, k_B	$1.380658(12) \times 10^{-23}$	J K^{-1}
自由落下の標準加速度	g_n	9.80665	m s^{-2}
セルシウス温度目盛のゼロ点	T (0℃)	273.15	K

索　引

あ　行

亜ヒ酸滴定　*137*
安定度定数　*99, 107*
安定領域　*167*
イオン強度　*12*
イオンサイズパラメーター　*14*
イオン積　*40*
イオン雰囲気　*14*
一塩基酸　*57*
1次標準物質　*63*
エチレンジアミン四酢酸（EDTA）
　　111, 112, 115
塩基　*39*
塩基解離定数　*40*
塩基性　*41*
塩効果　*11*
オキソニウムイオン　*39*

か　行

解離定数
　　水の——　*146*
解離平衡定数　*87*
化学当量　*2*
化学平衡
　　——と質量作用の法則　*23*
　　——の移動　*28*
加水分解　*46, 48*

活量　*11, 79, 126*
　　——と濃度　*11*
活量係数　*11, 14, 126*
過飽和　*80*
過マンガン酸カリウム滴定　*137*
カロメル電極　*124*
還元　*123*
還元剤　*123*
還元体　*123*
緩衝液　*50*
緩衝作用　*50〜52*
関与電子数　*125*
基準電極　*124*
気体定数　*26*
規定液　*7*
規定度　*1〜3*
規定度係数　*6*
起電力　*123, 126, 129*
ギブスの自由エネルギー　*26*
逆反応　*23*
吸光度　*106*
　　最大——　*105, 106*
吸熱反応　*27, 29*
競合　*109*
強酸
　　——と強塩基の混合　*54*
　　——と強塩基の滴定　*64*
　　——と弱塩基の混合　*54*
共通イオン　*82, 83*
共通イオン効果　*29*

強電解質　16
共役塩基　39, 46
共役酸　39, 48
供与体　39
極限当量伝導度　19
極性溶媒　16
キレート化合物　111
キレート試薬　115
キレート滴定　115
銀イオン　92
銀-塩化銀電極　124
近似解　32
金属イオン濃度　104
金属水酸化物　157
グラフ
　　錯体平衡における──　160
　　酸化還元平衡における──　164
　　沈殿平衡における──　157
　　溶液内イオン平衡と──　145
g当量　2
形式電位　127
原系　23
混合
　　酸と塩基の──　54, 55
混合物　1

さ　行

最高配位数　105, 160
最大吸光度　105, 106
錯体　99
錯体平衡　99, 107, 109, 160
　　──におけるグラフ　160
酸　39
　　──と塩基の混合　54
酸塩基混合溶液　152
三塩基酸　58
酸塩基滴定曲線　63
酸塩基平衡　39, 145
酸化　123

酸解離定数　40, 107
酸解離平衡　112
酸化還元指示薬　137
酸化還元滴定　137
酸化還元反応　123, 131
酸化還元平衡　164
　　──におけるグラフ　164
酸化剤　123
酸化体　123
酸性　41
式量濃度　1, 4
指示薬　93
システムポイント　148～152, 155, 165
質量作用の法則　24
　　化学平衡と──　23
弱塩基　42, 48
　　──の溶液　150
　　──の滴定　69
弱酸　42, 46
　　──と強塩基の混合　54
　　──と弱塩基の混合　55
　　──の滴定　66
　　──の溶液　147
弱電解質　16
自由エネルギー　26
　　平衡定数と──　26
自由エネルギー変化　127, 130
重量パーセント　1, 4
重量モル濃度　1
主変数　145, 161, 165
主変数法　145
受容体　39
条件安定度定数　108, 113
条件溶解度積　88, 110
ジョブの連続変化法　103, 105
水素イオン濃度　41
生成系　23
静電気　14
正反応　23
セリウム滴定　137

セル定数　18
ゼロ準位　31
全安定度定数　100, 104, 110, 160
全金属イオン濃度　104
全配位子濃度　104
速度定数　23
存在割合　100

た　行

第1当量点　73
第2当量点　75
多塩基酸　57, 58
　——の塩　61
　——の滴定　72
　——の溶液　153
多座配位子　111
単座配位子　111
チオシアン酸イオン　92
逐次安定度定数　99, 101
中性　41
沈殿
　硫化物の——　90
沈殿滴定曲線　92
沈殿平衡　79, 82, 87, 109, 157〜159
　——におけるグラフ　157
　単純な——　81
定量的　85
滴定曲線　64, 65, 68, 71, 76, 94, 118, 140
デバイ-ヒュッケルの式　14
電位　131
電位-pH図　167
電解質　16
電気化学当量　2
電気中性条件　31
電気伝導度　18
電極電位　165, 167
電子対供与体　99
電子対受容体　99
電子濃度　136
電池　123
電池反応　124, 127
電離　16
電離度　17, 19
動的平衡状態　23, 79
当量イオン伝導度　19
当量関係　7
当量数　2
当量点　64, 67, 70, 93, 94, 116, 136, 139
当量伝導度　18
当量濃度　2

な　行

難溶性物質　81
二塩基酸　57, 153
熱力学的平衡定数　24, 27, 80
ネルンストの式　126
濃度
　活量と——　11
　溶液と——　1
濃度平衡定数　24

は　行

配位結合　99
配位子　99
配位子濃度　104, 160
発熱反応　27, 29
ハロゲン化物イオン　92
半反応　123, 126
pH　40
pH依存性　166
pH緩衝液　51
pOH　41
pK_w　41
比抵抗　18
非電解質　17

比伝導度　18
ppm　5
ppb　5
標準液　63
標準エンタルピー変化　27
標準エントロピー変化　27
標準自由エネルギー変化　27
標準状態　26
標準水素電極　124
標準水素電極反応　129
標準電極電位　124, 125, 127
ファクター　6
ファラデー定数　125
ファント・ホッフの式　28
フォルハルト法　94
物質収支条件　30
ブレーンステッド　39
プロトン供与体　39
プロトン受容体　39
プロトン条件　31, 149, 151, 153, 156
分別沈殿　84
平均活量係数　12
平均配位数　103, 104, 106, 162, 163
平衡　23
平衡定数　24, 26, 79, 99, 100, 129, 130
　　──と自由エネルギー　26
平衡濃度　100, 101
変数　145
飽和カロメル電極　125
飽和濃度　86
飽和溶液　79, 84
　　硫化水素──　90

ま　行

水の解離定数　146

無関係塩　11
無限希釈　19
モル濃度　1, 3
モール法　93

や　行

有効濃度　11
溶液　1
　　──と濃度　1
　　弱塩基の──　150
　　弱酸の──　147
　　多塩基酸の──　153
溶液内イオン平衡　145
　　──とグラフ　145
溶液内化学平衡　23
溶解度　79, 81〜83, 109
溶解度積　80, 81, 84, 87, 157
溶質　1
ヨウ素滴定　137
溶媒　1

ら　行

理想溶液　11
硫化水素　90
　　──飽和溶液　90
硫化物イオン　90
硫化物の沈殿　90
両性電解質　17
ルイス　39
ルイス塩基　99
ルイス酸　99
ル・シャトリエの原理　28, 29
連続変化法　105
ローリー　39

著者の略歴

昭和47年　テキサス大学大学院博士課程化学専攻修了
昭和48年　山口大学工学部応用化学科助教授
昭和62年　山口大学工学部応用化学科教授
平成18年　山口大学名誉教授
Ph. D. 工学博士

溶液内イオン平衡と分析化学

　　　　　　　　平成17年 5 月30日　発　　　行
　　　　　　　　令和 7 年 1 月20日　第11刷発行

著作者　　小　倉　興　太　郎

発行者　　池　田　和　博

発行所　　丸善出版株式会社
　　　　　〒101-0051　東京都千代田区神田神保町二丁目17番
　　　　　編集：電話（03）3512-3263／FAX（03）3512-3272
　　　　　営業：電話（03）3512-3256／FAX（03）3512-3270
　　　　　https://www.maruzen-publishing.co.jp

© Kotaro Ogura, 2005

組版印刷・中央印刷株式会社／製本・株式会社 松岳社

ISBN 978-4-621-07600-2 C3043　　　Printed in Japan

JCOPY 〈(一社)出版者著作権管理機構　委託出版物〉
本書の無断複写は著作権法上での例外を除き禁じられています．複写
される場合は，そのつど事前に，(一社)出版者著作権管理機構（電話
03-5244-5088, FAX 03-5244-5089, e-mail : info@jcopy.or.jp）の許諾
を得てください．

元　素　の

凡例:
- 原子番号
- 元素記号[注1]
- 原子量[注2]
- 元素名

周期/族	1	2	3	4	5	6	7	8	9
1	1 H 1.008 水素								
2	3 Li 6.941† リチウム	4 Be 9.012 ベリリウム							
3	11 Na 22.99 ナトリウム	12 Mg 24.31 マグネシウム							
4	19 K 39.10 カリウム	20 Ca 40.08 カルシウム	21 Sc 44.96 スカンジウム	22 Ti 47.87 チタン	23 V 50.94 バナジウム	24 Cr 52.00 クロム	25 Mn 54.94 マンガン	26 Fe 55.85 鉄	27 Co 58.93 コバルト
5	37 Rb 85.47 ルビジウム	38 Sr 87.62 ストロンチウム	39 Y 88.91 イットリウム	40 Zr 91.22 ジルコニウム	41 Nb 92.91 ニオブ	42 Mo 95.95 モリブデン	43 Tc* (99) テクネチウム	44 Ru 101.1 ルテニウム	45 Rh 102.9 ロジウム
6	55 Cs 132.9 セシウム	56 Ba 137.3 バリウム	57〜71 ランタノイド	72 Hf 178.5 ハフニウム	73 Ta 180.9 タンタル	74 W 183.8 タングステン	75 Re 186.2 レニウム	76 Os 190.2 オスミウム	77 Ir 192.2 イリジウム
7	87 Fr* (223) フランシウム	88 Ra* (226) ラジウム	89〜103 アクチノイド	104 Rf* (267) ラザホージウム	105 Db* (268) ドブニウム	106 Sg* (271) シーボーギウム	107 Bh* (272) ボーリウム	108 Hs* (277) ハッシウム	109 Mt* (276) マイトリウム

	57 La 138.9 ランタン	58 Ce 140.1 セリウム	59 Pr 140.9 プラセオジム	60 Nd 144.2 ネオジム	61 Pm* (145) プロメチウム	62 Sm 150.4 サマリウム	63 Eu 152.0 ユウロウム
57〜71 ランタノイド							

	89 Ac* (227) アクチニウム	90 Th* 232.0 トリウム	91 Pa* 231.0 プロトアクチニウム	92 U* 238.0 ウラン	93 Np* (237) ネプツニウム	94 Pu* (239) プルトニウム	95 Am* (243) アメリウム
89〜103 アクチノイド							

[注1] 安定同位体が存在しない元素には元素記号の右肩に*を付す。そのような元素については，放射性同位体の質量数の一例を（　）に示す。ただし，Bi, Th, Pa, U については天然で特定の同位体組成を示すので原子量が与えられる。

[注2] 有効数字4桁で示す。原子量の信頼性は4桁目で±1以内であるが，‡を付したものは

周期表

	10	11	12	13	14	15	16	17	18	族/周期
									2 He 4.003 ヘリウム	1
				5 B 10.81 ホウ素	6 C 12.01 炭素	7 N 14.01 窒素	8 O 16.00 酸素	9 F 19.00 フッ素	10 Ne 20.18 ネオン	2
				13 Al 26.98 アルミニウム	14 Si 28.09 ケイ素	15 P 30.97 リン	16 S 32.07 硫黄	17 Cl 35.45 塩素	18 Ar 39.95 アルゴン	3
	.69 ッケル	29 Cu 63.55 銅	30 Zn 65.38‡ 亜鉛	31 Ga 69.72 ガリウム	32 Ge 72.63 ゲルマニウム	33 As 74.92 ヒ素	34 Se 78.97 セレン	35 Br 79.90 臭素	36 Kr 83.80 クリプトン	4
	6.4 ラジウ	47 Ag 107.9 銀	48 Cd 112.4 カドミウム	49 In 114.8 インジウム	50 Sn 118.7 スズ	51 Sb 121.8 アンチモン	52 Te 127.6 テルル	53 I 126.9 ヨウ素	54 Xe 131.3 キセノン	5
	5.1 金	79 Au 197.0 金	80 Hg 200.6 水銀	81 Tl 204.4 タリウム	82 Pb 207.2 鉛	83 Bi* 209.0 ビスマス	84 Po* (210) ポロニウム	85 At* (210) アスタチン	86 Rn* (222) ラドン	6
	0 s* 81) ームスチウム	111 Rg* (280) レントゲニウム	112 Cn* (285) コペルニシウム	113 Nh* (278) ニホニウム	114 Fl* (289) フレロビウム	115 Mc* (289) モスコビウム	116 Lv* (293) リバモリウム	117 Ts* (293) テネシン	118 Og* (294) オガネソン	7

	65 Tb 158.9 テルビウム	66 Dy 162.5 ジスプロシウム	67 Ho 164.9 ホルミウム	68 Er 167.3 エルビウム	69 Tm 168.9 ツリウム	70 Yb 173.0 イッテルビウム	71 Lu 175.0 ルテチウム
7.3 ドリニム							
n* 47) ュリウ	97 Bk* (247) バークリウム	98 Cf* (252) カリホルニウム	99 Es* (252) アインスタイニウム	100 Fm* (257) フェルミウム	101 Md* (258) メンデレビウム	102 No* (259) ノーベリウム	103 Lr* (262) ローレンシウム

±2，†市販中のリチウム化合物のリチウムの原子量は 6.938 から 6.997 の幅をもつ．

備考：超アクチノイド（原子番号 104 番以降の元素）の周期表の位置は暫定的である．